Mes expériences avec les volcans

Thomas Auguste Jaggar

Writat

Cette édition parue en 2024

ISBN :

Publié par
Writat
email : info@writat.com

Contenu

PRÉFACE

Ceci, mon dernier livre, est une autre expérience. Après soixante ans de volcans, j'ai appris à renverser les idées préconçues. Petit à petit, j'ai appris une approche totalement différente.

Shaler de Harvard était mon inspirateur, travaillant dans les merveilles des marais, des plages de glace et de la mer. Il m'a mis au travail et m'a relâché ; parmi les livres, les vagues de tempête et les hommes ; surtout parmi les hommes, les jeunes hommes, qui récoltent toujours quelque chose de nouveau. Lorsque j'ai choisi des volcans pour mon champ, Shaler m'a dit : « Vous avez certainement sélectionné les plus difficiles. » C'était un champ missionnaire, car on y tuait des gens. Mais les produits des fluides terrestres internes, des fonds marins de lave et des vastes fusions anciennes au Canada semblaient promettre une véritable histoire naturelle. Les volcans projettent des éléments très anciens du système solaire. Là, je le savais, il devait y avoir quelque chose à découvrir ultérieurement. L'investigation était un champ libre, si l'action était le but.

Ma formation de terrain en géologie a été dispensée par Hague, l'ami d'Archibald Geikie. Par Emmons, expert en gisements de minerai, et comme Hague, formé par Clarence King. Par Bailey Willis, fils d'un poète, dessinateur et homme de terrain exceptionnel et brillant expérimentateur. Je suis allé dans l'Ouest américain avec ces hommes.

Mais cette histoire de la vie d'un expérimentateur de volcans n'aurait abouti à rien sans Frank Alvord Perret, que j'ai rencontré pour la première fois sur les pentes du Vésuve en 1906. J'ai tout de suite su qu'il était le plus grand volcanologue du monde. Son talent consistait à prendre des photos. Le mien faisait des expériences. Nous avons convenu que ces deux compétences en action accompliraient ce que les théories ne pourraient jamais atteindre.

Perret était un inventeur. C'était un artiste. C'était un poète. Il aimait les petits enfants et adorait la musique des étoiles. Toujours de santé délicate, il a fait le tour du monde. J'étais avec lui à Sakurajima, à Kilauea et à Montserrat. Nous n'étions pas d'accord. Il avait un grand amour pour le romantique et le bizarre. J'ai toujours été sceptique. Mais je remercie le Ciel que son livre posthume et noblement illustré ait connu une magnifique publication. Ses autres livres établissent une norme de tous les temps en ce qui concerne la science de terrain des volcans.

Perret et son appareil photo étaient mes modèles. Il m'a donné toutes ses photos à utiliser comme je le souhaitais, et lui et Tempest Anderson m'ont appris la photographie des volcans. Ce dernier, un Yorkshireman, était un géographe britannique et nous nous sommes rencontrés sur de nombreux volcans.

Le but de ce livre est de raconter ce qu'un homme a vu. J'étais animé par la volonté d'apprendre. Je voulais copier les ondulations au fond de la mer, comprendre quelle force poussait Harney Peak sous forme de granit grossier dans les Black Hills et imiter les geysers de Yellowstone jaillissant en rythme. Je voulais savoir comment les fissures provoquaient l'empilement des montagnes des Cascades.

Enfin, j'ai étudié la faille sismique de San Francisco, qui s'ouvrait parallèlement au rivage sur des centaines de kilomètres. Quelle était l'épaisseur de la croûte du globe ? Ensuite, j'ai été appelé à Hawaï, des îles situées sur une crête de 1 700 milles de long avec des volcans à une extrémité et des atolls coralliens à l'autre. Et j'ai démarré une station d'expérimentation volcanique à un moment très chanceux. Les volcans se sont révélés étonnamment faciles à expérimenter.

Quarante années de cela nous amènent bien loin de la géologie de Lyell – la géologie des processus uniformes passés et présents – et des brachiopodes et des trilobites. Cela conduit à l'ancêtre des volcans. Cela conduit au gaz ancestral. Cela remonte à 10 milliards d'années. Une éclaboussure de lave pourrait être un souvenir vivant de cette époque. Plus que toute autre chose, cette croyance dirigeait nos instruments vers l'intérieur du globe.

Six décennies de la vie d'un homme. Des décennies de géologie, d'exploration, de fondation, d'expansion, de prédiction et de réalisation. Le fait que cela se concrétise en vaut la peine. L'éducation géologique était une incrédulité. La réalisation était une croyance, vérifiée par la croissance d'une science unifiée. Le point culminant n'était pas la géologie mais la science. L'uniformité, l'évolution et la symétrie sont dans la nature. La valeur et le nombre sont humains. J'ai été appelé géologue et sismologue, volcanologue et géophysicien. Je ne suis rien de tout cela. Je m'intéresse à l'évolution de ce que Hoyle appelle « cet univers assez incroyable ». Je suis tout aussi intéressé par « L'évolution créatrice » de Bergson que par la « Nouvelle cosmologie » de Hoyle et Lyttleton. Et plus intéressé par la vie que par les deux. Les éléments de réalisation sont une épaisse croûte terrestre, un motif comparable pour la Terre et la Lune, et un mécanisme pour le noyau terrestre. C'est l'histoire de soixante ans de volcanisme.

Chapitre I
Jeune scientifique

« L'or de ce pays est bon : il y a du bdellium et de la pierre d'onyx. »

C'est l'éducation de ma jeunesse auprès d'un père qui aimait le plein air de Dieu qui m'a conduit aux oiseaux d'Audubon ; parcourir des kilomètres sur des transporteurs dans le Maine, le Labrador et la Nouvelle-Écosse ; et à la pêche avec un autre enfant de huit ans, nommé Willie Grant.

Quand j'avais quatorze ans, mon père, le révérend Thomas Augustus Jaggar, a emmené notre famille en Europe, où la botanique et l'avifaune faisaient autant partie de mon éducation que la géographie, le français et l'italien. Et c'est lors de notre visite en Italie que j'ai fait mon premier voyage jusqu'au Vésuve. Tous ces premiers intérêts m'ont convaincu que je voulais devenir naturaliste.

C'est Nathaniel Shaler de Harvard qui m'a dit d'aller étudier les plages de Lynn et de Nahant. J'ai donc marché, photographié et mesuré les rides. J'ai trouvé un promontoire et une accumulation littorale avec des pétoncles qui diminuaient régulièrement le long du niveau de la marée haute. J'ai trouvé des marques d'inclinaison d'un pied de large qui se formaient à mesure que la marée descendait. Sur les dunes se trouvaient d'autres vagues de sable magnifiquement régulières.

Essayez-le. Allongez-vous sur le ventre et observez-les. Ils sont perpendiculaires au vent. Lissez-les et voyez ce que fait le vent. Il empile de petits tas floculants de grains bien sûr, chacun avec un tourbillon sous le vent. Les matières fines remontent les pentes vers l'avant avec le vent, vers l'arrière du côté sous le vent. Les filets de poudreuse se rejoignent et prolongent les collines à droite et à gauche.

J'ai regardé les marques swash. Les vagues pleines de sable se sont précipitées sur la plage, se sont dégagées soudainement et se sont retirées, laissant une crête le long de la plage. Cette élévation est devenue la limite de marée et une nouvelle série a commencé plus bas. Les swash ne pouvaient pas franchir la crête parce que la marée descendait. Et ainsi pendant des heures, crête après crête fut construite.

J'ai observé les pétoncles à marée haute, espacés de six pieds, formant des tas au sommet de la plage. Les vagues cycliques se déversaient dans les baies entre les tas pendant les heures de crue, provoquant une montée et une aspiration. La montée était boueuse, la descente était claire. Des cailloux et du sable s'accumulaient sur les flancs des petits promontoires. Chaque tas était en forme de fer à cheval, avec le bout tourné vers la mer. Quarante ou cinquante croissants sont devenus plus petits et plus sablonneux vers le milieu de la plage. Il y avait là une force rythmique qui faisait la répétition. Les ondulations et les marques d'emballement se répétaient vers le large. De toute évidence, le promontoire rocheux formait des cailloux et du sable, envoyant des pulsations le long de la plage plutôt que de l'autre côté.

Les rides étaient constituées de sable compacté du plat à marée basse, formé totalement sous l'eau parallèlement aux vagues. Le mouvement de va-et-vient des vagues créait un motif de balayage et de tourbillons sur le fond. Les plages étaient-elles donc des choses habituelles comme les oiseaux ? Il y avait quatre sortes de vagues de sable, toutes sur une seule plage, toutes compliquées par le vent, l'eau et la marée ; grand et petit; galbé et régulier. La plage était vivante. Cela se construisait depuis le bout, cela ondulait sous l'action des vagues. Il nourrissait le vent en séchant, et le vent créait un motif de dunes exquis avec les grains. Peut-être que les plages relèvent de l'histoire naturelle, tout autant que les oiseaux qui ont inspiré mon intérêt pour la nature lorsque j'avais huit ans.

Le mystère des plages m'a conduit à une nouvelle découverte ; à la bibliothèque universitaire, où j'ai trouvé des références françaises et anglaises aux ripplemarks. J'ai trouvé des expériences, des sondages, des ondulations de grès fossiles. J'ai appris que de grands auteurs comme le botaniste De Candolle et Sir George Darwin s'étaient profondément intéressés à ce qui arrivait aux grains de sable. De la bibliothèque, je suis allé aux flaques de boue dans un réservoir et à l'expérimentation. J'ai ainsi pu passer de la plage aux livres et des livres à la confection de plages pour bébés.

Plus tard, à Harvard, la zoologie et la botanique étaient toutes des cellules, des embryons et un microscope. Les habitudes des animaux entraient à peine dans nos études. L'histoire naturelle d'Audubon et de mon enfance avait disparu. Les nouveaux mots étaient phylogénie et cytologie, développement de l'individu et développement cellulaire.

Ainsi, en minéralogie, le microscope et le petit cristal gouvernaient ; les molécules du cristal et les atomes chimiques de la molécule. La science se dirige vers l'infiniment petit, mais plus tard, grâce au spectroscope, elle fera un bond vers l'infiniment grand du ciel. Je n'ai jamais appris à penser que l'univers est fini.

Le professeur Shaler écrivait en 1893 : « Au siècle prochain, il y aura un état de la science dans lequel l'inconnu sera conçu comme peuplé de pouvoirs dont l'existence est justement et nécessairement déduite de la connaissance obtenue à partir de leurs manifestations. En d'autres termes, il me semble que le naturaliste est le plus susceptible d'approcher la position du théologien philosophique par des voies qui semblaient au premier abord très éloignées de son domaine. C'est exactement ce qui s'est produit dans le monde des galaxies et des électrons, donnant naissance à Einstein et Planck, Jeans et Eddington, Hubble et Hoyle. Et je soupçonne que les fonds marins et les volcans sont « peuplés de pouvoirs » qui n'ont pas encore été déduits.

Grâce à Josiah Cooke et ses merveilles d'appareils de projection ; à travers le neveu de Cook, Oliver Huntington et ses cristaux minéraux ; par l'intermédiaire de John Eliot Wolff, dont je suis devenu l'assistant en microscopie optique ; à travers Robert Jackson avec sa technique de collection muséale et les plaques hexagonales sur oursins fossiles ; à travers tout cela, j'ai découvert les collections et les instruments du laboratoire. J'ai découvert un monde fascinant.

Le théâtre a également enrichi mon éducation. Comme beaucoup d'étudiants de Harvard, j'ai « suppléé » plusieurs grands acteurs et actrices, parmi lesquels Julia Marlowe et Sarah Bernhardt. Et dans une pièce, j'ai même eu un rôle parlant : « Monseigneur, Posthumus est dehors. » J'ai également pratiqué le tour de passe-passe en tant qu'assistant amateur de Kellar et Hermann, qui m'ont appelé hors du public et ont sorti des lapins de mon manteau et des œufs de ma bouche. J'ai ainsi appris la psychologie du public, comment expérimenter en public et à quel point l'esprit moyen est facilement trompé. C'est exactement ainsi que la nature peut nous tromper si le scientifique ne garde pas son sang-froid. Mais j'ai aussi appris la valeur d'une démonstration vivante devant les étudiants. Un grand représentant de cette méthode d'enseignement est le professeur Hubert Alyea de Princeton. Ses expériences chimiques sont merveilleuses. Son manuel de chimie est la chimie physique moderne à son meilleur. Il démontre que l'art du magicien remonte au XXe siècle et que même la science mathématique peut passer du côté du profane. Je soupçonne que la géophysique n'a pas besoin d'être enterrée sous des équations différentielles comme c'est le cas aujourd'hui. Il est certain que la volcanologie expérimentale rendue passionnante à la table des conférences pourrait faire des merveilles pour explorer le globe.

À Harvard, on nous a appris que la géologie était une histoire policière. Vaguement, les mêmes fossiles avaient le même âge. Vaguement, l'homme était issu d'un poisson qui grimpait sur la terre. C'est beaucoup plus tard que l'activité radio des roches a été acceptée comme déterminant des âges en millions d'années. King et Kelvin nous ont appris que l'âge de la terre était de 24 millions d'années et que le soleil était en train de mourir. Un demi-siècle plus tard, on comptait 2 milliards d'années et le soleil se réchauffait. Aujourd'hui, les cosmogones parlent facilement de 10 milliards d'années comme d'un élément de l'histoire des étoiles. J'ai appris que chacun peut avoir la théorie de son choix et qu'une nouvelle découverte la renversera probablement. Une découverte est la découverte d'une idée attrayante et lumineuse.

L'idée de la géologie comme histoire basée sur l'évolution de Darwin n'a jamais pris racine dans ma conscience. Pour moi, la géologie est la science du globe. La science étudie comment les choses fonctionnent, comment les choses changent, comment elles accomplissent ce qu'elles font, comment elles grandissent et comment elles se comparent. Il n'étudie pas le « pourquoi » ni la nécessité d'une origine de quoi que ce soit. L'origine est éternellement en cours. L'astronomie d'aujourd'hui abandonne ses origines. Une histoire basée sur quelques reliques semble futile. Les reliques, ou spécimens, doivent être comparés à l'action.

Supposer que nous devons provenir d'un poisson, sans séquence d'évolution dans les strates successives et sans aucun mammifère dans des strates très anciennes et sans aucune préservation possible de créatures molles, semble être une contradiction avec le propre témoignage de Darwin. Il a insisté sur « l'imperfection des archives géologiques ». Mais il n'avait aucune idée que le Cambrien remontait à 500 millions d'années avant JC, ni que le fougueux Keewatin du lac Supérieur datait de 1 800 millions d'années avant JC. Darwin savait que le brachiopode bivalve *Lingula* , vivant aujourd'hui dans des mers calmes, est exactement le même aujourd'hui qu'à l'époque. .

Lingula se trouve fossilisée dans les époques géologiques intermédiaires. Nous n'avons aucune preuve que des êtres intelligents à bord de navires venus de terres inconnues ne l'ont pas déterré à l'époque cambrienne. Cinq cents millions d'années, c'est si absurdement long qu'il peut y avoir eu au moins vingt floraisons différentes d'intelligence sur terre, sans aucun rapport avec nous. Les continents sont des lieux de catastrophe. Les fonds marins sont des lieux de constance. L'homme vit sur des continents et ses os fossilisés sont de courte durée.

Si chaque Adam a précédé une nouvelle humanité de 100 000 ans, le temps écoulé depuis le Cambrien permet 5 000 déluges, ou conflagrations éruptives. Chacun exterminerait les descendants de cet Adam particulier. Si les périodes glaciaires sont des déluges, on connaît leurs rochers rayés remontant à 400 millions d'années avant *Lingula* . Ces calottes glaciaires plus anciennes se trouvaient au Canada. Mais on connaît des crues ardentes de lave 1 300 millions d'années avant *Lingula* , sur la rive nord du lac Supérieur.

Nous n'avons aucune preuve qu'avant la disparition de la race, des volcanologues primordiaux, qui étaient des types très étranges, auraient pu étudier ces éruptions avec des instruments coûteux. Certes, ils disposaient de beaucoup de cuivre. Peut-être que les grands lacs étaient une mer continentale et qu'un ancêtre de *Lingula* ait été ramassé pour se nourrir par ces êtres condamnés.

Mais la géologie à Harvard n'était pas uniquement de l'histoire. Lorsque RA Daly et moi étions étudiants diplômés, nous avons travaillé sur le mont Ascutney, étudiant d'anciens granites fabriqués par le feu. Les collines étaient des morceaux de pâtes anciennes cristallisées. Les cristaux étaient des feldspaths, du mica, du quartz et des oxydes de fer. Les prismes les plus anciens étaient du phosphate de chaux, l'apatite minérale contenant du verre brun emprisonné. Comment les différentes sortes de pâtes chauffées au rouge ont-elles envahi les ardoises sédimentaires altérées ? Le verre brun était-il l'ancêtre ? La lave est du verre brun. Certains cristaux de phosphate contiennent des bulles de gaz et des liquides. Daly, qui a publié l'ouvrage, a découvert que la lave ancienne remontait au plus profond des argiles et brisait un trou par la chaleur et la fissuration. Les morceaux coulaient et la pâte ou mousse gazeuse était injectée par grumeaux successifs. Chaque nouveau morceau contenait plus de silice.

Apparemment, les fragments ont fondu (certains des anciens sédiments du Silurien inférieur étaient de la silice) et le magma envahissant a été contaminé par de plus en plus de sable en fusion. Le basalte s'est donc transformé en granit. Ainsi, Ascutney Mountain, dans le Vermont, est devenue un lieu classique pour les fluides chauds jaillissant et recristallisant le sous-sol rocheux de la Nouvelle-Angleterre. Il a finalement façonné, par érosion, le paysage de la rivière Connecticut.

Daly est devenu spécialiste des granites, je suis devenu spécialiste des laves. Nous sommes devenus professeurs à Harvard et au Massachusetts Institute of Technology.

Quelque chose de nouveau est arrivé dans la géologie mondiale lorsque Wheeler, Hayden, King, Powell, Gilbert et Dutton ont étudié les montagnes des failles de bloc de l'Utah et les Rocheuses. Ils ont révélé le globe avec une croûte de gigantesques prismes profonds fissurés et une surface en érosion. Davis de Harvard, le géographe physique, était à son apogée, et de l'exemple de Powell et Gilbert sont nés ses vallées fluviales classées. Il a conçu des systèmes de magnifiques cartes et modèles topographiques, ainsi que des démonstrations de lits de vapeur et de deltas glaciaires. Il a fait de l'usure de la surface et des débris déversés un être vivant, et la terre en témoigne.

C'est ainsi que j'ai été ravi lorsqu'en 1893, j'ai reçu la convocation pour accompagner Arnold Hague au pays des geysers, des canyons colorés, des vieux volcans et des sources du Mississippi. Mon travail consistait à prendre des photos avec un énorme appareil photo, mais je me faisais aussi passer pour un homme au microscope. J'ai gravi les plus hauts sommets de la chaîne d'Absaroka et j'ai voyagé avec Hague et un train de mules à travers la chaîne pour collecter des spécimens. Hague avait été avec Clarence King lors de la 40e enquête parallèle pour les chemins de fer de l'Union Pacific.

La méthode de terrain de Hague consistait à gravir un sommet, à étudier la vue et à réfléchir aux strates, digues, vallées, escarpements et pinacles visibles à des kilomètres à la ronde, formulant ainsi chaque problème. Ensuite, nous avons déplacé le camp vers un nouvel endroit pour résoudre le problème.

Nous avons cherché les anciens cratères. Les tufs et agglomérats volcaniques couvraient des milliers de kilomètres carrés, datant d'il y a 30 millions d'années et se déversant jusqu'à il y a 2 millions d'années, et il y avait des coulées de lave, des filants ou des rochers. Ici se trouvaient des arbres pétrifiés ; on pouvait y trouver des feuilles fossiles. Les espèces d'arbres racontent les âges de formation de l'époque tertiaire. De nombreux sommets sont apparus mais aucun cône volcanique. Les cratères se trouvaient sur ce qui était maintenant des digues érodées ou des fissures remplies de lave, qui se détachaient en parois entrecroisées. Là où ils se sont regroupés, des minerais ont été trouvés : les claims miniers Sunlight, Crandall Creek et Stinking Water. C'étaient les racines de volcans disparus, perdus par la décomposition, les chutes, les précipitations, les glaciers et les rivières. Sous les laves montagneuses apparaissaient des falaises de calcaire marin blanc et, plus bas encore, d'anciens gneiss granitiques.

La géologie des anciens fonds marins, des fossiles, des éruptions et des glaciers a été peinte sur tout un panorama de montagnes et de bassins fluviaux. Du haut d'une montagne, regardant silencieusement à travers des jumelles – qu'il perdait et récupérait toujours – Hague regardait autour de lui pendant des heures. "Cette corniche est le calcaire de Madison, ceux-là sont les lits rouges, ces collines roses et arrondies sont des granites archéens."

Après une journée de voyage en train, j'étais libre de pêcher ou de chasser. C'était un privilège de chasser avec Anderson, le vieux cuisinier nègre, dont la barbe grise et la touffe de laine blanche dissimulaient ses yeux perçants. Il avait été esclave, puis soldat dans l'expédition Big Horn du général Custer, ainsi que pionnier et chasseur. Son père avait été massacré par des Indiens et Anderson avait juré de tuer n'importe quel Indien à sa vue.

L'un de nos voyages de chasse près de Crandall Creek a été particulièrement mémorable. "M. Jaggar, je sens l'odeur du mouton sur cette étagère ! », a déclaré Anderson. Et il grimpa sur un pin qui poussait au pied de la falaise calcaire. Il a posé son fusil Winchester au sommet de la pente rocheuse abrupte au pied de l'arbre, le canon vers le haut, la crosse vers le bas. "Faites attention à mon arme, je vais grimper sur une branche contre la falaise et monter sur l'étagère, et vous me remettez tous l'arme." Il atteignit la plate-forme, faite de calcaire cambrien célèbre pour les trilobites, et s'assit dessus, renversant immédiatement des dalles de roche. Ils tombèrent sur le canon qui commença à glisser sur la pente. J'ai attrapé le museau pointé vers ma gorge, la crosse s'agitant de droite à gauche. L'arme a explosé et j'ai senti une entaille à la cheville. Anderson avait laissé une cartouche dans le canon avec le marteau posé dessus, mais mon entaille a été faite par un caillou labouré par la balle. Alors les trilobites m'ont tiré dessus. "Eh bien, c'est de l'histoire naturelle", murmurai-je. Le vieux Anderson était moins philosophe. Il m'a insulté d'avoir laissé le fusil s'abattre loin parmi les arbres.

Les wapitis, les tétras, les cerfs à queue noire, les antilopes, les serpents à sonnettes, les chiens de prairie, les mouffettes, les blaireaux, les hiboux, les martres siffleuses, les mouflons et les grizzlis que nous n'avons jamais vus vivants faisaient tous partie du Grand Ouest. Il en était de même pour les cayus et les mulets avec lesquels nous vivions, de nombreux éleveurs, prospecteurs, soldats, sportifs et guides. Un jour, nous avons été rejoints par un shérif à la recherche d'un desperado évadé de la prison de Red Lodge.

Juste avant de quitter Yellowstone, j'ai visité les sources chaudes et les geysers. Avec plus de 4 000 bouches d'aération, les bassins de geysers sont des zones de vapeur dans la forêt. À Mammoth, les terrasses carbonatées présentent des ondulations exquises et des coupes sculptées en marches. Un groupe d'eaux plus chaudes, à travers les laves ignées et les granites, se remplit de silice et de dépôts agglomérés. L'autre, à travers les calcaires, dépose du travertin. Les eaux siliceuses alcalines déposent des édifices de silice si puissants qu'ils contiennent les chaudières à vapeur explosives des geysers. Les dépôts de silice et de chaux donnent lieu à de magnifiques sculptures et à des couleurs brillantes sur leurs bordures causées par les algues bleu-vert, qui vivent à des températures allant jusqu'à 150° Fahrenheit.

Les eaux bouillantes ont été surchauffées volcaniquement depuis l'époque des volcans tertiaires, lorsque d'abord des laves magnésiennes sombres, puis siliceuses, ont été éjectées. Voici la même commande que Daly et moi avons trouvée au Vermont ; les roches sombres en premier, traversant l'ardoise, les granites en dernier, le quartz coupant les roches sombres. Les cavités parmi les geysers de Yellowstone présentent du quartz.

Ce qui m'a surpris, c'est que les bassins de geysers se brisaient, se craquaient, se dissolvaient, créant ainsi de nouveaux geysers dans la forêt. Au lieu d'être principalement un dépôt, l'action des sources chaudes est principalement une érosion. Il s'agit d'un vaste cycle de gaz magmatiques chauds et d'eaux de pluie depuis l'époque tertiaire jusqu'à nos jours ; d'il y a 20 millions d'années à nos jours. Un long moment.

Rappelons que le dernier retrait de la glace de la période glaciaire remonte à seulement 20 000 ans. Cette glace a trouvé les bassins de geysers en plein essor. Mille fois plus loin se trouvaient les volcans de Yellowstone en pleine activité, et ils ont continué pendant que le continent se soulevait et poussait le golfe du Mexique des Grandes Plaines jusqu'à l'endroit où il se trouve aujourd'hui. Et pourtant, ces 20 millions d'années ne représentaient qu'un vingt-cinquième du temps remontant aux trilobites, et un fond marin de Yellowstone de cet âge se trouve sous toutes les laves. L'histoire de nos manuels scolaires est assez petite.

Dans toutes les directions, le sol du bassin Norris Geyser se fissure et change. Les geysers ne sont absolument pas fiables, ici aujourd'hui et demain de simples sources chaudes ou des fissures vides. Les intervalles Old Faithful varient de trente-huit à quatre-vingt-une minutes, assez irréguliers. Le Nouveau Cratère était un jet giclant et brûlant qui tuait les arbres et la végétation tout autour. Ses jets apparemment réguliers de vingt-cinq pieds jaillissaient à une inclinaison de quarante-cinq degrés environ toutes les trois minutes. Plus tard, en 1922, je devais trouver ce geyser totalement différent. Des études minutieuses ont montré que l'eau de cette altitude bout à 199° Fahrenheit ; un geyser dégageait 253° Fahrenheit, soit cinquante-quatre degrés de surchauffe, à soixante-douze pieds de son puits. C'est le seul endroit connu sur terre pour ses eaux surchauffées. La vapeur rugissante du Black Growler a une surchauffe de quatre-vingt-un degrés. La quantité de carbone, de soufre et de chlore dans les eaux est si excessive, bien qu'elle soit très-petite dans la roche, qu'il est certain qu'il s'agit d'une source de chaleur provenant du gaz volcanique.

Le résultat net est des milliers de sources d'eau de pluie bouillantes, imbibant une éponge de roche rhyolite sur des centaines de kilomètres carrés, éclatant au-dessus d'un four volcanique restant en dessous, et érodant et dissolvant les bassins situés à la source du Mississippi.

Voici une leçon de choses sur l'érosion volcanique. Voici une perpétuelle éruption de gaz volcaniques qui s'est amenuisée après des millions d'années de fonte des roches siliceuses et carbonées. Il les recristallise sous forme d'andésites, de rhyolites et d'obsidiennes, et mélange de la vapeur profonde avec de l'eau de pluie pour effectuer le travail d'érosion et de dissolution de l'eau et de dépôts, au-dessus d'un évent au cœur des montagnes Rocheuses. Comme d'habitude, cette cheminée s'est encombrée d'âge en âge avec la fonte de la croûte terrestre profonde, à savoir le basalte, que les laves de Yellowstone montrent à plusieurs reprises du bas vers le haut de ses accumulations. Et comme d'habitude, les bouches d'aération elles-mêmes sont difficiles à reconnaître, enfouies sous des tas.

En 1897, je suis retourné à Yellowstone, où j'ai visité Death Gulch, un ravin solfatarique lugubre avec un filet d'eau froide et acide près de Cache Creek. Accompagné du Dr FP King, j'ai gravi cette gorge, où régnait une mauvaise odeur et une oppression brûlante des poumons due au sulfure d'hydrogène. Il s'agissait d'une tranchée en forme de V de 50 pieds de profondeur dans des poudingstones volcaniques, blanchis avec de l'alun et des sels d'Epsom. Des bulles montaient dans l'eau à de nombreux endroits.

Les restes de huit gros ours ont été découverts dans la gorge, regroupés au même endroit. La dernière victime était un jeune grizzly avec un caillot de sang tachant ses narines suite à sa dernière hémorragie. Les gaz toxiques l'avaient tué. Des visiteurs précédents avaient trouvé des écureuils, des lièvres, des papillons et d'autres insectes tués par le gaz. Il est probable que l'hydrogène sulfuré et l'acide carbonique soient meurtriers par temps calme. Cependant, nous avons eu le vent qui a soufflé dans le ravin. Nous allumions des allumettes dans les creux et le dioxyde de carbone ne les éteignait pas. La même chose s'est produite lorsque M. Weed a testé en 1888 la présence de dioxyde de carbone à Death Gulch.

Maintenant, connaissant le cas de M. Clive, l'Anglais, et de son guide, Wylie, qui ont été submergés par du sulfure d'hydrogène alors qu'ils photographiaient le lac Boiling le 10 décembre 1901, il me semble que l'odeur d'œuf pourri peut jouer un rôle important. participé aux meurtres de Death Gulch, ainsi qu'à certaines tragédies empoisonnées de Java. Le Lac Bouillant se trouve à l'extrémité sud de l'île de la Dominique, au nord de la Martinique. Il y a quatre solfatares et le lac brûlant, ce dernier près du village intérieur de Laudat, à la tête d'une vallée volcanique, et à quatre milles à cheval de Roseau, une ville côtière au sud-ouest. Lorsque M. Clive, Wylie et Matson, un autre guide autochtone, ont regardé la piscine chaude, Matson a remarqué qu'elle bouillait sans vapeur et a attiré l'attention sur le danger. Ils continuèrent néanmoins leur route vers le lac. Matson a rapporté plus tard : « J'ai inhalé quelque chose d'offensant et j'avais l'impression d'être en train de mourir. J'ai couru et j'ai perdu connaissance. Je suis arrivé dans un ravin et j'ai trouvé Wylie allongé là où je l'avais laissé. Clive, refusant de quitter Wylie, a envoyé Matson à l'aide, mais lorsque les équipes de secours sont arrivées, les deux hommes étaient morts.

À Boiling Lake, il n'y avait ni éruption, ni vapeur, seulement une très mauvaise odeur. Tous les symptômes indiquaient un changement soudain dans la piscine, passant de la vapeur à un excès de sulfure d'hydrogène. Et cinq mois plus tard, à Pelée, de l'autre côté de la Manche, de l'autre côté de la Dominique, un excès de sulfure d'hydrogène a déclenché les grandes explosions.

Compte tenu de ces phénomènes, il semble probable que Death Gulch, dans le Yellowstone, tue également avec du gaz sulfureux, dont l'odeur y est si forte. Day et Allen associent le sulfure d'hydrogène aux zones limitées de sulfate de Yellowstone, de petites eaux rejetées, et telle est Death Gulch. Une partie de sulfure d'hydrogène dans 200 parties d'air est mortelle pour les mammifères et peut jaillir. L'acide carbonique asphyxie, mais ce n'est pas un poison et lorsqu'il est libre, il est si lourd qu'il se mélange très peu à l'air.

Death Gulch n'est pas un lieu de dépôt de calcaire comme Mammoth Hot Springs, où l'eau gazeuse décompose le calcaire sous-jacent.

L'Europe devait être la prochaine étape de mon éducation. En tant qu'assistant en pétrographie et étudiant diplômé à Harvard, Wolff m'a encouragé à planifier Heidelberg. Là, je devais trouver H. Rosenbusch, qui avait mis un système dans la série infinie des minéraux contenus dans les roches. Mais mon voyage à Heidelberg a commencé par un congrès de géographie à Londres et un congrès de géologie à Zurich. Ces réunions avaient lieu avec des gros bonnets comme Lord Curzon, Henry M. Stanley et de célèbres explorateurs de l'Arctique, et j'ai été surpris de constater que tous ces VIP ressemblaient à des hommes ordinaires. Malheureusement pour moi, cette prise de conscience est arrivée un peu tard.

À la recherche d'un café en plein air pour le déjeuner à Zurich, j'ai pris un petit Anglais aux moustaches latérales et je lui ai proposé de rejoindre un groupe de géologues étrangers autour d'un buffet. "Oh non," répondit-il, "pas de bière. Je veux seulement une tasse de thé et un biscuit. Je l'ai donc quitté et j'ai rejoint les plus jeunes dans la brasserie pour déguster de la choucroute, des saucisses fumées et de la bière munichoise. Plus tard, lors de la séance d'ouverture, le célèbre Sir Archibald Geikie, directeur général du Geological Survey de Grande-Bretagne et d'Irlande, et auteur du « Manuel de géologie », le plus grand des manuels de géologie, a prononcé un discours en français au Congrès géologique. C'était mon pick-up, que j'avais abandonné à l'heure du déjeuner. J'avais perdu l'occasion de ma vie, d'avoir un tête-à-tête avec le géologue le plus célèbre du monde.

Avant de nous rendre à Munich, Harry Gummeré de Haverford et moi avons traversé le Danemark dans une voiture de troisième classe au milieu de paysans fumant du tabac à l'odeur nauséabonde dans de longues pipes en porcelaine. Puis nous avons traversé jusqu'à Christiansand en Norvège. Nous avons traversé les fjords du nord jusqu'à Trondhjem en barque, dans des « tabourets » avec des petites filles conductrices. Ensuite nous avons voyagé à pied, et partout sous la pluie. Les cascades étaient si nombreuses que nous ne voulions jamais en entendre parler. Nous avons grimpé jusqu'à Stalheim depuis Bergen, vu le Jordalsknut, un magnifique demi-dôme dans un vaste canyon de granit comme Yosemite. Nous avons ramé autour du yacht du Kaiser dans le Nordfjord et avons essayé de le repérer sur le pont. Nous avons été trempés par des jours de pluie dans un village de l'arrière-pays, nous sommes allés à l'auberge, nous sommes couchés et avons envoyé nos vêtements sécher dans la cuisine.

La banque norvégienne locale a examiné notre lettre de crédit Brown Brothers et a déclaré : « Rien à faire », ce qui nous a inspiré à composer un poème :

> Nous sommes tellement heureux que nous ne savons pas quoi
> faire.
>
> Nous n'avons pas de vêtements à porter,
>
> Nous sommes mouillés de bout en bout.
>
> Nous n'avons pas d'argent et nous devrions nous sentir assez
> déprimés
>
> Mais nous ne le faisons pas, nous nous sentons si heureux, nous
> ne savons pas quoi faire.

Heureusement, l'aubergiste a été amusé par notre poème et compatissant à notre sort. Il a pris nos reconnaissances de dette et nous a dit que nous pourrions avoir tout l'argent que nous voulions et le renvoyer lorsque nous arriverions à Trondhjem.

De Trondhjem nous avons traversé la Scandinavie en train jusqu'à Stockholm, comme Venise ville de canaux. De charmantes jeunes filles gardaient la place du petit-déjeuner et nous servaient de nombreux pains étranges, du fromage de chèvre et une propreté sublime. Le bateau fluvial nous a fait traverser la Suède jusqu'à Göteborg. C'était un petit bateau à vapeur, du hublot duquel nous apercevions une vache paissant confortablement à quelques pas de là. Et nous avons vu et été impressionnés par le superbe aménagement paysager des pelouses, par l'horticulture arboricole et par la maçonnerie des écluses. En Norvège et en Suède, les gens parlaient anglais, les costumes nationaux étaient ravissants, les filles étaient jolies et tout le monde était propre et démocratique.

Le semestre d'hiver 1894-1895 s'est déroulé à Munich, où les collections de minéraux et de cristaux de Groth constituaient la principale attraction et où j'ai entendu les conférences de Sir Doktor, conseiller privé, chevalier Karl A. von Zittel, auteur de six énormes volumes sur les coquilles fossiles. , des chevaux fossiles, des dragons fossiles et des arbres fossiles, ainsi qu'une histoire de la géologie. Nous l'avons vu un jour arborant une tresse dorée et un bicorne d'amiral pour une fonction impériale.

C'était un conférencier énergique. L'assistant disposa les schémas sur le support, les étudiants se rassemblèrent, puis Sa Majesté entra. Tout le monde se leva et Zittel lança avec un pointeau en rotin : « Es gibt, meine Herren, ein ganze anzahl von ausgezeichnete beobachten über » et ainsi de suite. Puis il a détruit les dessins et a fait une allusion gracieuse aux enquêteurs américains en expliquant un stégosaure géant.

Dans le « Heidelberger Geologischer Panoptikum », comme on appelait une chambre mansardée sur le Neckar, j'ai ensuite posté une chanson basée sur « Ole Oncle Ned » :

> Il y avait un orthopode
>
> Stégosaure Marshii
>
> Il l'a allongé sur son lit jurassique.
>
> Il avait une rangée de pelles au milieu de son dos
>
> Mais il n'avait pas une très grosse tête.
>
> *Refrain* :
>
> Marteau, marteau, marteau sur la pierre
>
> Ciseau, ciseau, ciseau sur l'os
>
> Il n'y a plus de repos pour le pauvre vieux Steg
>
> Car Zittel ne pouvait pas le laisser tranquille.

Les journées de Heidelberg furent mémorables pour les conférences de Rosenbusch, Goldschmidt et Osann ; pour système de laboratoire ; et pour les longs déplacements de collecte. Avec un sac à spécimens et un marteau, nous sommes allés en Saxe, en Bohême et dans les Vosges, en Forêt-Noire et dans l'Oberwald. J'avais un gros marteau pointu nommé Umslopagaas, du nom du héros de Rider Haggard qui brandissait une telle arme. Lorsque Palache, Brock et moi étions dans une carrière et qu'il fallait briser un rocher encombrant, le cri s'est élevé : « Umslopagaas, venez vite ! La collecte d'échantillons de roches dans des localités « classiques » signifiait les roches classiques de Rosenbusch ou de Zirkel de Leipzig. Chaque étudiant rêvait d'avoir une collection privée.

Après l'expérience d'Ascutney, j'ai été impressionné par le granit du Schneeberg en Saxe. En bordure du granite se trouvent des ardoises, cuites dans des zones en retrait du bord du granite : roche à corne dure, roche tachetée, roche à mica, puis argile. La carte géologique colorée de la Saxe était superbe. Cela inclut la région minière du berceau de la géologie en Europe, où à Freiberg, AG Werner avait fondé au XVIIIe siècle une science arbitraire, imaginant des granites cristallisés à partir d'un océan mondial.

À un endroit, j'ai trouvé un spécimen de main avec de minuscules langues de granit qui s'étaient frayées un chemin, aussi liquides que de l'alcool, entre les feuilles noircies de l'ardoise. Le granit lui-même était composé uniquement de cristaux, mais il y avait ici la preuve de la présence d'un fluide lorsque le granit pénétrait. Qu'est-ce que c'était, quelle était sa température, un gaz, une mousse, une pâte ou un liquide ? Cela s'est produit des millions d'années avant l'empereur Guillaume. J'avais trouvé quelque chose de similaire dans le Yellowstone, les petites digues d'intrusifs sylvestres des montagnes Absaroka. Les plus petites langues montraient au microscope le granite le plus parfait, des stocks intrusifs du Tertiaire. C'était comme si dans ces invasions siliceuses d'agglomérat basaltique, la nature réalisait sa meilleure granitisation expérimentale à très petite échelle.

Nous avons profité des surprises de l'érudition européenne. Nous avons feuilleté les livres dans les librairies, nous sommes chargés de microscopes, de goniomètres et de manuels en quatre volumes. Nous avons trouvé toute la science de l'Europe sous une forme non reliée attrayante et l'avons fait relier en demi-maroquin. Les marchands de minéraux étaient partout, proposant des spécimens joliment étiquetés. En Europe, tout semblait bon marché.

Rosenbusch, qui avait de grands yeux marrons et une barbe grise, est venu examiner mes travaux sur le feldspath, dans son laboratoire. Lorsque je lui ai demandé avec enthousiasme quelle marque et quel modèle de microscope allemand je devais acheter, il m'a retourné et m'a regardé profondément dans les yeux : « Herr Jaggar », a-t-il répondu, « Es is nicht das Mikroskop, es ist der Mensch ».

Une autre fois, il a produit une roche noire et dense et a dit à Matteucci du Vésuve, à Palache et à moi : « Vous êtes des géologues. Qu'est-ce que c'est que ça ? Bien sûr, nous nous sommes trompés en pensant que ce devait être de la lave. Il s'est avéré qu'il s'agissait d'un calcaire noir, facilement identifiable si nous l'avions gratté au lieu de mettre nos lentilles dessus. Il rit de la crédulité des géologues.

Osann a donné un cours de chimie pétrographique qui s'est réuni à 7h DU MATIN ! Nous y arrivions habituellement, mais une ou deux fois, le professeur lui-même était en retard. Nous nous rassemblions autour d'Osann, qui était gros et génial, et disions : « Herr Professeur, que diriez-vous de quelques saucisses, de la bière et d'un petit petit-déjeuner ? Il répondait toujours : « Pourquoi pas ? Nous avons tout le temps », et nous cherchâmes le café le plus proche.

Certains professeurs se levaient à deux heures du matin et écrivaient, profitant des heures calmes. Rosenbusch avait un bureau haut et écrivait debout. Leurs objectifs étaient de produire d'énormes tomes répertoriant tous les cristaux et toutes les roches et toutes les publications, dans toutes les langues. C'est la science allemande. Son mot de passe est « rigueur ».

L'effet net de l'érudition allemande sur moi a été un sentiment d'irritation et de ressentiment, mais ce que j'ai appris sur la minutie et les mécanismes, j'apprécie extrêmement. J'honore la mémoire de ces professeurs et j'honore leurs élèves qui, par spécialisation, ont pénétré de plus en plus profondément dans les choses de plus en plus petites de la matière. L'ultime est le matériau de fond entre les galaxies de l'univers et les particules de fond inconnues de la vie. Mais pour moi, le domaine intermédiaire – le développement des montagnes, des rivières et des fonds marins, des continents et des volcans, des tremblements de terre et des dépressions terrestres, du ciel, des nuages et des eaux – tout le monde extérieur avait besoin d'ingénieurs expérimentaux. Des choses intermédiaires plus grandes comme la croûte terrestre et la lune, dans le temps mesuré en années humaines, semblaient avoir été négligées par la science, et pourtant accessibles à la puissance géante de l'ingénierie.

Rosenbusch m'a donné un spécimen de feldspath pendant tout un été. Je voulais que les choses bougent, changent et évoluent. Je voulais un récit de la cristallisation de ce feldspath tabulaire, ou mieux, un plat dans lequel le regarder cristalliser. Il me semblait que Faraday ou Pasteur auraient décrit la qualité d'un milieu feldspathique en mouvement en termes de pression, de chaleur, de gaz, de liquide ou de particules changeantes. L'enquêteur qualitatif aurait un fourneau, ferait de nombreux essais et produirait du feldspath synthétique, et il écrirait un récit se rapprochant de ce que le sous-sol doit faire. Il réussissait à créer des conditions de fusion ou de mousse en imitant des roches telles que le basalte ou le granit, en utilisant des gaz chauds.

Le problème du basalte et du granit a commencé à être reconnu au XVIIIe siècle. Werner a deviné et a enseigné à ses élèves que ces roches étaient des dépôts du fond marin. Au XIXe siècle, quelques Européens déterminés – Fouqué et Michel-Lévy, Doelter et Morozewicz – fondaient des mélanges minéraux et fabriquaient des roches ignées en les refroidissant. Le motif était l'approximation ; le résultat était bon et utile. Personne n'a atteint la fusion par les gaz chauds et l'absorption des gaz chauds. Personne n'a fabriqué du granit. Les roches volcaniques étaient imitées approximativement quant aux cristaux, mais pas quant aux gaz. Et il s'est avéré plus tard que l'ensemble du volcanisme était constitué de gaz, tout comme l'ensemble de la physique, de l'astronomie et de la biologie. L'homme est en grande partie une bouffée d'hydrogène.

C'est ces visions que j'ai ramenées d'Europe, ainsi que de nombreuses réflexions sur des expérimentateurs tels que Daubrée, Lacroix, Stanislas Meunier, Reyer et mon professeur Goldschmidt, tous de brillants imitateurs de la terre. Goldschmidt a donné un cours d'analyse à la sarbacane tout à fait original. Ses méthodes allaient bien au-delà de celles de ses prédécesseurs.

Pendant ce temps, WM Davis m'avait écrit pour que je revienne à Harvard et que je donne le cours de levé géologique sur le terrain. C'était en 1895-1896.

Mon enseignement a été conçu pour découper la carte de Boston. J'ai collé les morceaux dans des cahiers et j'ai envoyé les élèves par binômes, équipés de carnets de cartes. Ils devaient garder leurs crayons bien aiguisés, utiliser un système uniforme et arracher les spécimens des rebords à coups de marteau. Ils devaient examiner le rocher à la loupe, puis le nommer ; mais je les ai prévenus : « Si vous ne connaissez pas le rocher, appelez-le « FRDK, drôle de rocher, je ne sais pas ». » Les élèves ont marqué la page en face de chaque carte avec des symboles pour les rochers sur cette carte. Ensuite, ils se sont réunis en séminaire et nous avons réalisé une carte colorée de la géologie de Boston. Laurence La Forge, aujourd'hui professeur au Tufts College, fut mon élève puis mon assistante. Il a publié les résultats de nos travaux plusieurs années après la réalisation de l'étude.

Lorsque l'enseignement s'est étendu à la géologie expérimentale et à la géologie des États-Unis, des laboratoires ont été installés dans les sous-sols du musée Agassiz et j'ai eu carte blanche pour les aménager. Je les ai équipés d'un réservoir d'eau, d'un four à gaz pour faire fondre et recristalliser les minéraux, de machines à pression, d'un compresseur d'air et de moteurs. Les étudiants devaient expérimenter avec de la cire, du plâtre, du ciment, du sable, de la poussière de charbon et de la poussière de marbre. Ils ont imité des strates, des rivières, des deltas, des intrusions et des plis montagneux et se sont familiarisés avec la façon dont les solides se brisent.

Chaque homme a choisi un travail spécial pour sa thèse finale et a travaillé seul avec une horloge ou un métronome, un thermomètre ou un manomètre, une balance à ressort ou une échelle centimétrique, et il a passé en revue les expériences du passé. Parmi mes étudiants éminents figuraient Ralph Stone, ensuite géologue d'État de Pennsylvanie ; Vernon Marsters de l'Indiana ; Julius Eggleston de Riverside, Californie ; et Ernest Howe de Yale.

Dans le cours de géologie des États-Unis, il y avait des étudiants tels qu'Amadeus Grabau, qui devint le principal paléontologue de Chine ; Stefansson l'explorateur de l'Arctique ; Ellsworth Huntington, plus tard l'éminent auteur et géographe de Yale ; et Franklin Delano Roosevelt. Avec autant de Roosevelt à Harvard, j'ai complètement oublié mon célèbre étudiant jusqu'à sa première visite à Hawaï, en 1934. Cependant, M. Roosevelt s'était souvenu de son professeur de géologie et un assistant a téléphoné au quartier général de Volcano pour me demander d'être à Hilo lorsque le Le navire du président est arrivé.

Le cours de géologie aux États-Unis était le produit de mes deux saisons dans le Yellowstone et de mon intérêt pour les grandes enquêtes Hayden, King et

Powell. Les jeunes géologues avaient besoin de connaître le continent et ses détails.

Les grandes monographies et in-folios de Washington ont constitué une galerie d'images souterraines de l'un des plus grands continents, et celles-ci sont complétées par les travaux des géologues canadiens. L'Amérique présente des plis et des chevauchements des Appalaches, des blocs faillés des plateaux de l'Utah et des éruptions des Rocheuses. Il contient l'étonnant métamorphisme des fonds marins très récemment soulevés le long de la côte Pacifique. Il enregistre les restes de fonds marins et les dépôts de tempêtes de poussière des vastes plaines, portant, à côté des crânes de buffles évidents, de vieux os de baleines, de reptiles et de rhinocéros.

À tout cela se superpose ce qu'on appelle la physiographie, la science des chutes de matières et d'eau, de la pourriture des terres et de l'accumulation des débris. Un réseau de rivières sur terre et sous terre est ce qui ressort, et le modèle des rivières vivantes a constamment changé au fil des âges. Mais de bout en bout, c'est un processus en mouvement à travers les âges, cinétique, vivant de glaciers, de sources chaudes, de chaleur souterraine ou de froid de surface, de pluies détrempées et de tempêtes impétueuses, de tremblements de terre et de soulèvements, de mouvements de failles et d'affaissements. Tout est en mouvement pour celui qui ressent un mouvement lent, brisant parfois la résistance et chargeant en avant. Et la géologie, c'est une sensation de ralenti et de sauts sur 5 millions d'années, avec cette année humaine, ici et maintenant, d'une grande importance. La géologie, comme l'humanité, n'est pas seulement une histoire.

Au-dessous de tout se trouvent le gaz et la chaleur ; Saratoga Springs, Yellowstone, le Comstock Lode et le mont Shasta. La série devient plus chaude de New York à la Californie. Et en mer, les déchets du continent se déversent à longueur de journée. Et la science attend avec impatience de savoir à quel point les fonds marins sont chauds.

En plus du travail en laboratoire, je souhaitais organiser des randonnées à travers le pays sur des sujets tels que la botanique, la géologie et la zoologie dans les forêts, les marécages et les collines du Massachusetts. Et c'est à propos de ces projets que j'ai appris une leçon de simplicité. Je suis allé voir le président Eliot, me souvenant du nom retentissant de « Pierian Sodality » pour l'orchestre universitaire, afin d'obtenir un nom de calendrier classique pour mes vagabonds de cross-country. Il a dit : « Quelle est, en bref, votre idée ? J'ai répondu : « En langage ordinaire, ce seront des promenades d'histoire naturelle. » Il a pris un stylo et a dit : « Pourquoi pas ça comme nom ? Sur le papier était écrit « Promenades en histoire naturelle ».

Une partie importante de notre programme était la conférence géologique du mardi soir, au cours de laquelle tout travailleur diplômé pouvait présenter un article. A ces conférences sont venus, à différentes époques, Brooks, Spurr, Schrader, Goodrich, Mendenhall, PS Smith, Mansfield, Matthes, Lane, Crosby, Barton, Douglas Johnson, Daly et tout le personnel de Harvard. Les hommes ont pris confiance en leur capacité à parler en public et à exposer, et les professeurs ont commenté avec gentillesse. Les sujets allaient des travaux d'été dans l'Extrême-Ouest et des études actuelles en météorologie sous Ward aux travaux pétrographiques ou expérimentaux avec des appareils de projection sous Wolff et moi. Jackson et Hyatt ont apporté des fossiles, et le Geological Survey a toujours été présent comme un objectif pour les jeunes hommes ou un sujet de révision. Les commentaires de Shaler étaient accompagnés d'une série de bonnes histoires. Les conférences apprenaient aux étudiants à enseigner en les faisant parler en public. Ce fut l'une des inventions les plus productives de Shaler et elle a été largement copiée.

Walcott, dans le cadre de l'Enquête, s'est tourné vers Harvard pour produire des cartographes de terrain des roches. Les étudiants diplômés avaient le choix entre les processus et l'histoire, la géographie liée à l'enseignement scolaire, la pétrographie microscopique et la cristallographie liées aux collections de minéraux et de roches, ou l'évolution liée aux musées et aux fossiles. Beecher de Yale avait trouvé des poils sur les pattes de trilobites fossiles. Quelqu'un d'autre avait trouvé des bactéries fossiles. Un groupe de pétrographes s'est réuni et a fondé une classification artificielle des roches produites par le feu, basée sur la chimie, ce qui ne sert à rien pour l'homme de terrain possédant un spécimen de roche. Agassiz avait construit un magnifique musée. Le motif de recherche était basé sur les collections ; le motif de l'exposition publique était basé sur l'évolution et sur des choses grandes et rares. Le motif de la publication imite l'Europe ; "Soyez aussi technique que possible, détestez les journalistes et les journaux et ne soyez jamais populaire."

En 1897, l'Université Harvard m'a décerné un doctorat. diplôme, après une double thèse et un examen oral. J'ai réussi l'examen très maladroitement, car ma capacité à mémoriser les informations du manuel est nulle. Mes thèses portaient (1) sur une invention, un instrument de dureté minérale ; et (2) sur les fragments inclus trouvés dans les digues de Boston.

Le microscléromètre, comme on appelait l'instrument (c'est-à-dire un grattoir de microscope), a été conçu pour forer au diamant un minéral à une profondeur fixe. La dureté était mesurée par le temps consommé, sur la base de la théorie selon laquelle l'énergie requise pour le trou standard variait avec le temps, et le temps avec la dureté. Le nombre de tours avec un moteur à vitesse constante est une mesure du temps.

L'article a été publié en Amérique et en Allemagne et minutieusement révisé par une société microscopique en Angleterre. L'instrument a été emprunté par HC Boynton, étudiant diplômé en métallurgie, et il a obtenu de bons résultats sur les cristaux microscopiques qui constituent l'acier. Inventer et construire avec l'aide de Sven Nelson, un mécanicien suédois talentueux, était pour moi une éducation en soi. D'une part, j'ai appris avec quel enthousiasme la science se nourrit d'ultra-petites choses.

Ma pétrographie des fragments de quartz inclus dans des dykes de basalte a été partiellement publiée, mais n'a eu aucun succès. C'était un travail en extérieur, il concernait le problème du granite, il révélait le « fluide » des minéraux granitiques sous forme d'« eaux ou vapeurs » n'ayant aucun effet sur l'augite, le minéral vert fusible du basalte. Mais le même fluide s'est révélé sous forme d'inclusions de quartz corrodantes, plus dures et soi-disant plus infusibles.

Si la température avait quelque chose à voir avec cela, le fluide granitique pourrait faire fondre les trous dans les inclusions de quartz, mais le manteau de cristaux sombres d'augite que le basalte avait plaqué à l'extérieur des fragments de quartz restait intact. Ce fut ma première aventure avec l'ancien problème de la fusion. Je suis devenu convaincu que les fluides granitiques, comme ceux qui produisent des veines de quartz doré, sont des vapeurs ou des gaz à basse température. Cela concorde avec ce qui est maintenant bien connu, à savoir que la silice a un point de fusion bas. Mais la fonte et la température ne sont pas tout.

Pour moi, répandre sa renommée par le biais d'articles scientifiques était une commercialisation. « Vous devez faire connaître votre nom » et « qu'avez-vous publié ? a retenti dans les salles d'enseignement scientifique. Aucune suggestion d'art, de littérature, de théâtre, de beauté ou de philosophie ne m'est jamais venue de la part de mes collègues scientifiques. Certains amis littéraires, comme William Garrott Brown et mon camarade de classe William Vaughn Moody, pensaient que la lisibilité était importante. Brown m'a mis en garde contre l'ennui des petits articles scientifiques. Agassiz m'a mis en garde contre exactement le contraire, à savoir contre la vulgarisation ou le fait d'être intéressant. Cette antithèse entre les revues scientifiques et l'art n'entre probablement jamais dans le champ de vision de nombreux jeunes écrivains scientifiques. Ils ne voient que « Écrivez pour vos pairs scientifiques et pour personne d'autre, tel est votre monde ». Toute ma vie, j'ai été tourmenté par l'idée de « être aussi technique que possible » plutôt que de « dire au public ce que tout cela signifie ».

Je soupçonne que notre système produit des diagrammes et des statistiques en géologie (et peut-être en sciences en général) et ne produit plus d'œuvres d'art. Je connais peu de géologues qui soient de bons dessinateurs. Ils acceptent plutôt la photographie. Je ne connais personne qui soit styliste littéraire. Ils écrivent pour une concision et des tabulations ultra. Le XIXe siècle enseignait l'anglais classique et le dessin.

La géologie est une science du pays des rêves qu'est l'intérieur de la Terre, des millénaires et de l'immense étendue de minerais riches, productifs et inconnus sous les fonds marins. C'est un domaine pour les hommes de lettres et pour les nouveaux Magellan, Humboldt et Darwin débordant d'imagination et de volonté d'explorer.

Cette apparente digression est vraiment pertinente au propos de ce livre. Il s'agit de l'examen par un homme d'un demi-siècle de découvertes en évolution. C'est aussi un demi-siècle d'erreurs évolutives et d'écarts avec les voies des dirigeants. Les dirigeants, depuis la minutie de William Smith avec les strates en Angleterre jusqu'au résumé de Clarence King sur mille milles à travers la Cordillère, ont exploré vers le haut et vers l'extérieur. Cela a convaincu les gouvernements. La persuasion devant le tribunal de l'opinion publique n'utilise plus et n'emploie plus les hommes de lettres explorateurs. Les Nations Unies n'emploient pas Clarence Kings sur la géologie mondiale des trois quarts restants de la Terre.

La confusion, le secret et la perte de l'art sont occasionnés par la vulgarisation. En 1875, de véritables hommes de distinction explorèrent la Terre. Maintenant, cela est laissé aux établissements constitués en société, aux fiducies d'enseignement et aux machines à calculer. Clarence King était linguiste et fils d'un commerçant en Chine. Sa formation à Yale auprès de Dana et Brush lui a apporté une véritable culture. Sa fondation du United States Geological Survey était l'évolution d'un génie qui n'aimait pas la politique et dont les amis se réjouissaient avec lui de la grande prose, des bonnes images et des belles sculptures. Puis il fut détruit par une fausse ambition et par la décadence de ce qui le rendait grand, la simplicité d'une pensée élevée, d'une écriture noble et d'amis cultivés. Il manque aujourd'hui des garçons cultivés ayant l'ambition d'explorer le globe, tant sous la mer que dans la nature.

La géologie en 1897 était un puzzle, avec un choix entre le musée et le terrain, entre la facilité des collections, des microscopes fins et des sociétés scientifiques, et la difficulté de l'exploration du globe. Les collections et les instruments constituaient une attraction irrésistible, en particulier lorsqu'il s'agissait de photographie et d'expérimentation. Mais vivre à la dure dans la nature a donné naissance à certains des meilleurs personnages que j'ai jamais connus.

Les études géologiques de l'Ouest ont continué à m'occuper pendant les étés. J'ai travaillé dans les Black Hills du Dakota du Sud sous la direction de Samuel

Franklin Emmons, et mes associés comprenaient John Mason Boutwell, John Duer Irving, Philip Sidney Smith, Bailey Willis et NH Darton. Boutwell allait devenir géologue du cuivre et magnat du cuivre dans les mines de l'Utah ; Irving, professeur de géologie économique à Lehigh et Yale ; et Smith, chef de la branche alaskienne du US Geological Survey.

Être avec Emmons, Willis et Darton sur le terrain des Black Hills, c'était apprendre de différentes manières comment les géologues travaillent sur le terrain et comment fonctionne leur esprit. Emmons appartenait aux Brahmanes de Boston, un homme de Harvard, dont la géologie minière était la spécialité, avec la tradition Clarence King du Grand Ouest, le 40th Parallel Survey.

Bailey Willis, en tant que géologue en chef, a passé une semaine avec nous au camp, et j'ai vu son génie pour tracer des lignes, et il m'a expliqué la méthode de stimulation en quatre étapes. Willis a cartographié les distances en parcourant les montagnes, en comptant dans sa tête, tout en parlant en même temps. Il a dressé en couleur une carte géologique des États-Unis. Ses merveilleuses expériences sur le plissement des montagnes, ses explorations sur tous les continents et sa foi poétique dans l'hydrogène et la cristallisation comme forces internes ont rendu son nom immortel.

NH Darton a cartographié les Grandes Plaines ; et son génie résidait dans le travail acharné, les longues heures de terrain, la photographie couleur à ses débuts et un sens extraordinaire du détail sur le terrain.

Darton m'a montré comment trouver la Formation Chadron sur les divisions, des argiles blanches facilement négligées. Les nombreuses années passées par Darton à parcourir tout l'Ouest et à publier de superbes monographies d'eaux artésiennes et d'immenses fonds marins fossiles, résumant la géologie d'États entiers, du Texas au Canada, le classent parmi les grands géologues. J'ai appris de lui des détails sur les découvertes infinies possibles dans chaque corniche rocheuse. Il a trouvé de minuscules coquilles fossiles que tout le monde avait manquées. Powell et King avaient peint une géologie impressionniste. Darton a suivi et peint des milliers de miniatures, mais les a également combinées dans de grands livres.

Charles Doolittle Walcott était directeur de l'US Geological Survey à cette époque, et aucun géologue plus grand n'a jamais vécu. Ses fossiles cambriens, ceux de la première grande « mer Méditerranée » fossilifère d'Amérique du Nord, reposaient enfouis d'une côte à l'autre aux États-Unis. Il a suivi sans relâche toutes les mers intérieures d'il y a 531 millions d'années et par la suite, à travers trois avancées à travers le continent. Les terres étaient de relief modéré et les climats étaient doux. Les animaux marins et les algues, grandes et petites, ont été abondants pendant 80 millions d'années. Et rappelez-vous qu'un million d'années, c'est mille fois l'intervalle écoulé depuis Guillaume le Conquérant.

Le continent que Walcott a cartographié à cette époque antique était l'Amérique du Nord d'aujourd'hui, avec des affaissements qui laissent passer des bandes marines peu profondes et des bassins où se trouvent aujourd'hui les schistes et les calcaires cambriens. Il a écrit une description de cette vaste histoire et a passé tous ses étés ultérieurs dans les Rocheuses canadiennes, où les strates fossilifères constituent les sommets les plus surprenants de la planète.

Mes relevés des Black Hills de 1898 et 1899 étaient proches de Deadwood et Spearfish et de Mato Tepee, le monument national de la Tour du Diable. Dans ces badlands aux étranges gorges désertiques, apparaissent les ossements d'anciens rhinocéros et de nombreux animaux grotesques, énormes et minuscules, d'il y a 40 à 60 millions d'années. Nous avons trouvé des petits ossements en terre blanche sur les divisions encore préservées de l'érosion.

Notre gros travail consistait à cartographier les laccolithes près de Deadwood. Un laccolithe, ou citerne rocheuse, est un corps de lave qui, dans des temps très anciens, jaillissait dans les fissures des strates. La lave avait pénétré entre les strates de la couverture nord des Black Hills, gonflée en lentilles entre les strates ; et, en particulier, il a sélectionné et pénétré les lits de schiste mou qui deviennent plus épais et plus nombreux vers le haut parmi les formations. Ainsi, après l'érosion du paysage actuel, les lentilles de lave, grandes et petites, se sont révélées comme des collines résistantes, la plus grande vers le bas de l'amas de strates et la plus petite et la plus abrupte vers le sommet dans d'épais et noirs dépôts de boue ancienne.

La plupart du temps, les laccolithes étaient des injections de fluide volcanique dans une fissure, qui rencontrait un lit dur et se courbait pour presser la pâte ou la lave en une couche molle. Le résultat fut une coulée de lave souterraine qui rompit les lits. Apparemment, la première ruée a rapporté des fragments de roches en contrebas. Cette matière fragmentaire de boue et de gravier a été remplacée par la lave, jusqu'à ce que cette dernière pénètre horizontalement sur un mile ou deux entre les strates, arque les couches supérieures et se solidifie à la Tour du Diable avec des colonnes verticales comme la Chaussée des Géants en Irlande.

Ce groupe d'éruptions volcaniques souterraines entre strates est probablement apparu sous le fond marin au même moment où les hautes terres de Yellowstone commençaient leurs effusions à ciel ouvert plus à l'ouest. Mais dans les Black Hills, rien n'indique que les laves laccolithes se soient dispersées jusqu'au sommet du pays.

Les Black Hills, comme les Montagnes Rocheuses, se sont longtemps soulevées par vagues d'action, tandis que l'intrusion de lave n'a été qu'un épisode relativement court d'un des derniers de ces spasmes. Cependant, cet épisode implique une longue histoire de nombreuses injections. Il nous entraîne dans la croûte et à travers les millénaires.

Pensez toujours en millions d'années. Il est également sage de penser en millions de kilomètres et de se rappeler que le soleil et la Voie lactée font partie du même système que la terre. Et rappelez-vous qu'un rebord ou un rocher ne vous préoccupe pas de vivre 20 millions ou 100 millions d'années. Un crâne est un rocher. Ce vieux rhinocéros brontotherium à corne fourchue, mesurant huit pieds de haut et quinze pieds de long, vivait dans l'Oligocène supérieur, lorsque l'argile et les cendres volcaniques se déposaient dans les Bad Lands du Dakota du Sud. Il est probable que de vastes plaines inondables de rivières constituaient son habitat, que les roseaux et les feuilles des marais constituaient sa nourriture, et que les inondations lavèrent ses os et enterrèrent son crâne là où nous les trouvons aujourd'hui. Le pays des clairières ouvertes était probablement comme le pays des safaris d'Afrique centrale.

Le crâne de Brontotherium conservé au Musée d'histoire naturelle de Chicago date d'il y a environ 30 millions d'années. Les ossements sont dispersés et peu de squelettes complets ont été retrouvés. L'ancêtre de l'homme a peut-être commencé il y a 10 millions d'années, mais l'opossum se rapproche le plus d'un singe qui vivait dans les arbres des anciennes forêts de Bronto. De plus, rien de comparable à des outils en silex n'a été trouvé dans les strates des rhinocéros. Les singes sont apparus en Europe et en Asie au cours de la période géologique suivante, et certains singes fossilisés ont été découverts en Amérique du Sud. Mais les hommes et les singes sont trop mous. Ils ne font pas de bons fossiles.

Les os que nous avons trouvés étaient ceux de tortues, dans des argiles soulevées au sommet des Black Hills. Ces argiles ont ensuite été érodées dans les vallées actuelles et étaient probablement contemporaines des limons du lit des rivières, où les crânes de rhinocéros ont été trouvés. Nos tortues et nos rhinocéros étaient donc sans aucun doute voisins en 29 998 000 avant JC.

Notre séjour dans les Black Hills ne s'est pas déroulé sans aventure. Un soir, alors que Boutwell et moi rentrions chez nous à Deadwood, je suis descendu de cheval et j'ai sauté dans les buissons d'un ravin pour faire tomber un spécimen de roche d'un rebord. Sous mes pieds, un bourdonnement semblable à celui d'un essaim d'abeilles s'échappait. J'avais sauté sur un serpent à sonnette et je pouvais sentir ses serpents contre ma cheville, et pas de leggings ce jour-là. Boutwell a crié : « Oh, laisse-moi le voir ! Je n'ai jamais vu de serpent à sonnette. J'ai répondu de manière appropriée et, d'une manière ou d'une autre, j'ai sauté avant que le serpent n'ait eu la chance de frapper.

Une autre aventure concernait ma montre en or, cadeau de mon père pour mon vingt et unième anniversaire. Je l'ai perdu à cause d'une chaîne qui s'est cassée contre le pommeau de la selle à un moment donné en descendant. J'en ai fait la publicité sur des pancartes dans les gares et, étonnamment, il a été restitué. Un homme de l'Armée du Salut a trouvé la montre, gravement piétinée par mon cheval, dans un endroit de l'arrière-pays, me l'a apportée à Deadwood et a reçu la récompense. Je l'ai apporté chez le fabricant à Waltham, où il a été restauré ; et je le porte cinquante-quatre ans plus tard, transformé d'étui de chasse en remontoir.

John Irving de Yale, dont le père était géologue minier dans la région des Grands Lacs, était l'un des compagnons les plus adorables avec qui j'ai jamais campé et marché. Nous étions ensemble dans les Black Hills, où nous avons loué un chariot pour traverser les collines jusqu'à la Tour du Diable. Le personnel était un chef-d'œuvre d'improvisation. Le cuisinier était un gros garçon qui racontait de merveilleux récits d'aventures. Entre autres choses, il avait été une autruche humaine dans le cirque, et il nous assurait que mâcher du verre et l'avaler ne faisait pas de mal si on savait comment. Sa cuisine était si élaborée que nous manquions encore et encore de nourriture. De plus, les repas étaient généralement tardifs, mais nous savions qu'il ne fallait pas précipiter le souper et ses finitions. Quand enfin un repas fut prêt, il s'avança vers notre tente, s'inclina et cria : « Messieurs, vous allez maintenant procéder au sagastuate.

Johnston le camionneur était un ambitieux diplômé du secondaire du Dakota du Sud et un garçon de ferme qui voulait apprendre tout ce qu'il pouvait auprès des géologues. Il y a quelques années, dans les années 40, j'ai reçu une lettre de lui dans le sud-ouest de l'Afrique disant qu'il avait réussi dans l'exploitation des placers d'or et de diamants et qu'il était en train d'écrire un livre à ce sujet.

L'Arizona était mon quatrième champ d'irruptions provoquées par le feu ; après la Nouvelle-Angleterre, les Black Hills et le Yellowstone (vieux, d'âge moyen et jeunes). Dans les monts Bradshaw, entre Prescott et Phoenix, au sud du Grand Canyon, j'ai été envoyé avec Palache pour réaliser le folio des monts Bradshaw.

A Prescott, nous avons eu le rare privilège de nous entretenir avec Clarence King. Vieil célibataire mourant de tuberculose, il vivait dans une chaumière avec un vieux domestique nègre. King était un conférencier et un écrivain fascinant. Il avait été le premier directeur du Geological Survey et était l'auteur de « Mountaineering in the Sierra Nevada ». Son grand volume récapitulatif du 40e parallèle, l'enquête le long de l'Union Pacifique, est l'un des classiques de la littérature et de la géologie. Son modèle, malheureusement pour lui, fut Alexandre Agassiz, qui fit une grande fortune avec le cuivre de Calumet et d'Hécla. Lorsque King s'est lancé dans l'exploitation minière pour faire fortune, il a contracté la tuberculose. Il est mort peu de temps après que nous l'avons vu.

Le problème de savoir ce qui fait le granit n'a jamais été mieux illustré que dans les Bradshaw. Une formation, en bandes verticales sur des kilomètres à travers le pays, montrait des schistes foncés, des diorites, des granites, des diabases, des granites, des schistes clairs, des quartzites, des granites, des gabbro et encore des schistes, comme une succession de dykes, de dalles et de veines côte à côte. Un éperon de montagne, comme une étagère avec des livres colorés sur le bord, s'appelle Crooks Complex et doit son nom à Crooks Canyon. La tendance était aux strates pincées, mais la substance était principalement ignée.

C'était comme si un mécanisme de fusion se mêlait à une intrusion de fluide, mais quel fluide ? Un verre? ou un gaz ? Il n'y avait pas de bavures, mais des digues bien découpées et des dalles de schiste en bordure. Dans les grandes collines granitiques, il y avait des ruptures de contact avec des fragments de schiste emprisonnés dans le granite, mais non barbouillés ni striés. L'impression était celle de millions d'années et de milliers d'épisodes, tous formant des digues et guidés par la stratification verticale ou la structure verticale des anciennes strates d'argile et de sable étroitement pliées et altérées, serrées les unes contre les autres par la pression horizontale.

Depuis que j'ai appris les périodes de millions d'années enseignées par la radioactivité et les nombreux millions d'années au sein d'une même ère géologique, j'ai commencé à me demander si ces formations très anciennes pouvaient représenter des centaines de millénaires, avec une granitisation se produisant encore et encore, dans chaque révolution géologique de bouleversement et de construction de montagnes au-dessus.

La granitisation est donc un processus de pression thermique, de gaz, de fusion et de formation de cristaux, dont les anciens mots magma, émulsion ou pâte ne donnent aucune idée. Et le volcanisme, jusqu'à la croûte profonde, est le diable mystérieux. Ne s'agit-il pas de nucléonique et de fonte de la croûte profonde, plutôt que de chimie ? Et le diable mystérieux n'est-il pas toujours de l'hydrogène gazeux ?

Au début du XXe siècle, j'ai visité deux endroits proches l'un de l'autre et liés aux monts Bradshaw. L'un était Searchlight, à la pointe sud du Nevada, l'autre était le Grand Canyon du fleuve Colorado.

Je n'oublierai jamais mon arrivée dans Searchlight. Une grève des mineurs était en cours et des étudiants en géologie de Stanford avaient été envoyés pour briser la grève. Big Bill, le shérif, a fait traverser le désert aux garçons depuis la voie ferrée. Son chariot était devant et les Stanfordiens le suivaient dans un chariot. Les grévistes bordaient la route depuis Searchlight, avec l'intention de perdre les chevaux. Mais quand ils virent l'étoile de Bill et son six-coups crantés, ils laissèrent tomber leurs mains sur le côté et se tinrent comme une rangée de soldats de plomb, tandis que Big Bill ouvrait la voie au galop, les injuriant vertement.

Quand je suis descendu du train à Ivanpah, un petit endroit avec seulement quelques maisons, j'ai parlé à un jeune agent de gare là où était accrochée l'ancienne enseigne de Wells Fargo. Il m'a dit que l'équipe de Quartette Mine me retrouverait bientôt, et bientôt un nuage de poussière sur le désert a annoncé le véhicule qui arrivait en courant, un phaéton avec deux gros chevaux. Les cinq hommes à l'intérieur étaient armés, avec des carabines et des fusils à pompe dépassant. Un homme sortit une lourde pochette en cuir et un autre se tenait dessus avec son fusil. "Allez, Jack, allons au Wolf Saloon." "Non," dit Jack, "pas avant d'avoir reçu mon reçu." L'homme de la station a sorti un carnet de reçus, a rempli le blanc reconnaissant 20 000 $ de lingots de la mine, a jeté la pochette dans un coffre-fort ouvert, et Jack avec son reçu est parti, laissant la brique d'or à la protection mystique de ce panneau, "Wells". Fargo et Cie. Deux bandits valides auraient facilement pu bloquer tout le terminus ferroviaire.

Quand je suis parti vers la mine, accompagné de détectives et de gardes, nous portions tous des pistolets dans des étuis attachés sous nos bras. En route, nous avons passé Noël au milieu de l'odeur de l'armoise et des magnifiques lumières du coucher du soleil d'un désert violet. Une fois de plus, je murmurai : « C'est donc de l'histoire naturelle. »

J'ai été employé pour examiner la mine d'or Quartette et le mystère géologique de l'origine d'un million de dollars de terre entre un niveau à 200 pieds de profondeur et un autre à une profondeur de 500 pieds. Le million de dollars se trouvait le long d'une soi-disant veine écrasée et glissée, où une faille suivait la stratification verticale de gneiss, de dykes de granit et de schistes tels que ceux qui avaient constitué le complexe de Crooks dans les Bradshaws. Là où l'or était le plus riche, les minéraux étaient les plus riches : une belle wulfénite de couleur orange, une chrysocolle verte, de l'azurite bleue, de l'onyx, du quartz et de la calcite. Partout se trouvaient des quantités de gouges, ou d'argiles concassées, provenant du meulage des murs. Des particules d'or natif étaient distribuées à travers tout cela.

Les schistes étaient remplis de fissures de lave, et c'est dans la mine que ce motif de bandes était interrompu par un corps de pierre verte ou de basalte très ancien. Les fluides chauds de la période volcanique, profondément sous terre, avaient accompagné le glissement ou la fracture de la faille là où se trouvait le minerai, la faille verticale étant parallèle aux couches verticales et traversant le contact de la pierre verte.

Les particules de minerai et d'or étaient directement liées à la fracture, au glissement d'une faille sur une fissure verticale d'un bloc de montagne contre un autre, aux vapeurs chaudes déposant la collection de minéraux et à un nouvel écrasement et glissement sur les blocs de montagne. C'était pendant ou après une partie de la période volcanique, lorsque toutes les fissures étaient injectées de laves d'andésite, ou ce que les mineurs appellent du porphyre. L'origine des minéraux se trouve dans les sulfures de plomb et de cuivre qui se trouvent plus profondément.

À une centaine de kilomètres au nord-est se trouve le Grand Canyon, et tout autour se trouvent des montagnes de granit, tout comme en Arizona. Ces schistes Searchlight sont les mêmes anciennes strates algonquiennes, recristallisées et granitisées, qui constituent la gorge intérieure du canyon, et sont traversées par des fissures par des laves volcaniques, comme celles qui parsèment la rive nord du canyon de cônes de cratère. Au-dessus du canyon se trouvent les strates horizontales du Cambrien jusqu'aux mesures de charbon et au-delà. Le vaste labyrinthe de châteaux et de tourelles est un réseau de vallées secondaires du Colorado, creusant ces anciens dépôts marins.

Y compris le minerai Searchlight, toute l'histoire remontant en arrière est constituée de déserts de haut pays, de tranchées profondes, de strates empilées dans les rivières et les fonds marins pendant 500 millions d'années, et enfin de failles et de fissures qui ont projeté de la vapeur et produit des minéraux aurifères encore et encore au cours des 100 derniers millions. années. Il y a eu au moins une douzaine de révolutions qui ont soulevé et abaissé des chaînes de montagnes et des continents pendant 2 000 millions d'années, ainsi que les restes de bactéries mangeuses de fer, d'algues et d'autres êtres vivants remontant à 1 500 millions d'années. À travers tout cela, les injections de granit sont un processus, un mystère, s'étalant sur toute une série d'années et d'âges différents, et quelle signification ?

L'une des énigmes du Grand Canyon, des monts Bradshaw et de Searchlight – sinon aussi de la Nouvelle-Angleterre, des Black Hills et de Yellowstone – est fautive. Une faille est ce qu'un géologue entend par une fissure en profondeur là où la roche encaissante est tombée d'un côté de manière à créer une discordance à travers le pays. Les failles sismiques créent un talus, une marche ou un glissement latéral visible, modifiant la surface après un tremblement de terre.

Les États du nord-ouest sont en partie cartographiés sous forme de montagnes de blocs faillés. L'île d'Hawaï présente une série de blocs de failles au sud-est, glissant vers l'océan. La face est abrupte de la Sierra Nevada est une fracture de faille.

Le professeur Shaler m'a un jour arrêté dans la rue et m'a dit à propos de mon travail sur le terrain : « Jaggar, tu n'enseignes pas assez les fautes. » Les failles étaient représentées le long de lignes droites sur les cartes couleur de formation dans les anciens livres de Boston et étaient localisées par conjecture si les dépôts glaciaires recouvraient les corniches. Il me semblait que les failles devaient être prouvées ou bien omises des cartes. J'avais probablement tort moi aussi, car les failles ou les fissures entièrement cachées par le sol et les strates sont de formidables lignes inconnues sur le globe.

Le gisement de Searchlight est certainement une fracture de faille, tout comme ceux de Tonopah et des centaines de mines. C'est en creusant que cela l'a prouvé. Les fissures, les glissements, la vapeur et la formation de boue sur la fissure sont ce qui a fait remonter les minéraux.

La question se pose de savoir dans quelle mesure le Grand Canyon lui-même et ses affluents sont guidés par des fractures de failles sous les vallées. Mon impression était en 1901, et c'est toujours le cas, que « Jaggar devrait enseigner la faute » plus qu'il ne le faisait alors.

Les blocs océaniques primitifs de la croûte terrestre ont coulé, tandis que les continents sont restés hauts, laissant la croûte terrestre une mosaïque de blocs grands et petits, hauts et bas. Entre les blocs jaillissent les volcans. Je n'ai jamais été d'accord avec CE Dutton sur le fait que l'énergie thermique volcanique pourrait provenir de poches peu profondes situées sous ces blocs faillés. Même lui a reconnu la faiblesse de l'argument. Si la croûte terrestre s'est brisée et que les blocs se sont enfoncés dans la matière centrale, laissant les continents comme un complexe de blocs élevés, alors les blocs sont profonds et sont toujours en mouvement. Les mouvements sont en années, en milliers d'années et en millions d'années. Le volcanisme au niveau des fissures libère de l'énergie centrale. Il en va de même pour une grande partie des mouvements de failles, à savoir les tremblements de terre. Et ces faits, les géologues n'apprécient pas.

Nous obtenons ainsi des cours de rivières faillés et des fissures de failles qui ont généré des fluides qui ont transformé les sédiments des rivières, des lacs, des déserts et des mers en granit, felsite et pierre verte. Ce sont les noms anciens. Il existe des centaines d'autres noms géologiques. Mais la géologie n'a produit aucun Faraday.

Je n'aimais pas la géologie en 1902. Et je n'aimais pas l'exploitation minière en raison de son caractère secret et de son dévouement au profit. La géologie n'a pas réussi à révéler aux hommes d'affaires le mystère du granit, de la felsite et de la pierre verte. Les astronomes racontaient des mystères aux mêmes hommes et ils étaient fascinés. La physiologie les a conduits à découvrir les cellules, les plantes, les animaux et les produits chimiques présents dans le sang, résolvant mystère après mystère. Les hommes, l'argent, les inventions, les ingénieurs, les bâtiments et le personnel se sont développés à pas de géant dans ces sciences. Le mieux que la géologie pouvait faire était de deviner — un mastodonte, un gros squelette de reptile, une carte couleur devinée — alors que soixante-dix pour cent de la terre était constituée de roches des fonds marins, non cartographiées, et vingt pour cent étaient constituées de fractures recouvertes de terre.

En voyant les laboratoires et observatoires Carnegie et Rockefeller, j'ai pleuré la géologie de terrain. Le public ne savait même pas que le granit, le mystère, est la roche la plus commune et que le quartz, producteur d'or, est le minéral le plus commun. Ils ne savaient pas non plus que les deux sont quasiment absents de tout le Pacifique. Ni que la géologie ignore presque leur origine et leur injection, si c'est une injection. Voici le globe, le produit final de l'astronomie, la recherche la plus fascinante de toute la science. Source de toutes les matières premières commerciales, ses roches produites par le feu et ses roches des fonds marins restaient un mystère.

Avant de quitter le Grand Canyon, permettez-moi de consigner mes impressions sur l'érosion. Il s'agit d'une gorge d'un mile de profondeur généralement décrite comme « creusée » par le fleuve Colorado. Comme je le montrerai dans la discussion des expériences avec le modèle du Grand Canyon, il est possible, dans des couches stratifiées cédant du sable à l'écoulement de l'eau de pluie, de creuser un canyon profond par ruissellement de surface. Il est possible que les eaux souterraines et les affluents des pluies latérales augmentent considérablement le volume d'un tel cours d'eau sur une centaine de kilomètres. Mais la démonstration par Dutton de gros blocs de montagnes brisées soulevés et descendus, et des cassures aussi évidentes que les failles de Tonto et Bright Angel montrées aux touristes telles que tracées par Bright Angel Canyon, prouvent que la croûte terrestre est brisée. Et Searchlight a montré qu'un défaut provenait d'une alimentation en eau.

L'énorme canyon m'est apparu comme un système de rupture de la croûte terrestre en décomposition vieux d'un million d'années. L'eau est un broyeur moderne géant de précipitations, d'accumulation souterraine et de transport.

Mais avec cinq grandes surfaces d'érosion montrées dans les discordances, depuis 2 milliards d'années jusqu'à nos jours ; et avec le bouleversement des hauts plateaux en failles en blocs et en strates courbées d'âge en âge ; et plus au nord, avec les volcans récents qui ont jailli des fissures, il semble plus frappant de penser aux vallées, au moins en partie remplies d'eau, de fissures et de gouffres. Les volcans ne peuvent pas être peu profonds. Les canyons et le grand coude sont différents de la source de Green River, en raison de la poussée ascendante des vagues. On sait que la montée des monts Uinta a été lente. Elle a suivi le rythme des ruptures suivies par le fleuve. Pour en revenir à Daubrée, les rivières suivent bien plus les fissures que les manuels scolaires.

En 1899, deux choses se sont produites qui ont affecté le reste de ma vie. Tout d'abord, le directeur Walcott m'a demandé de fournir des estimations pour une étude géologique à Hawaï, une demande qui m'a finalement conduit à Hawaï. Deuxièmement, le tremblement de terre de la baie de Yakutat a frappé un monde étonné, même si la plupart des gens ne le savaient pas.

Les tremblements de terre de la baie de Yakutat en Alaska, en septembre 1899, ont été accompagnés d'un soulèvement du littoral rocheux de quarante-sept pieds. Sous la mer se trouvaient des forêts entières, sur des dépôts glaciaires abattus par des glissements de terrain sous-marins. C'était une région inhabitée au pied du mont Saint-Élie, le long d'un fjord pénétrant loin dans les montagnes. Elle s'alignait sur la fosse des Aléoutiennes, sous le Pacifique, à 4 000 brasses de profondeur. Les tremblements de terre ont duré deux semaines.

Ce mouvement colossal de blocs de la croûte terrestre sur des centaines de kilomètres de diamètre donnait l'impression que nous savions peu de choses de ce qui se passait. En me rappelant que soixante-douze pour cent de la surface de la Terre est recouverte d'océans et que moins de dix pour cent est réellement habitée, j'ai pris conscience de tout ce qu'il y avait à apprendre. Si des forêts entières et leurs racines pouvaient flotter dans les courants du Pacifique, avec toutes leurs plantes, leurs animaux, leurs graines et leurs bactéries, ce qui ne se serait peut-être pas produit dans le passé, lorsque de telles bousculades de blocs de croûte étaient monnaie courante.

Mais avant de pouvoir expérimenter avec des volcans vivants, il y a eu une décennie d'expériences en laboratoire.

Chapitre II
Imiter les marques d'ondulation

« La Constitution est une expérience, comme toute vie est une expérience. »

A la fin du siècle, mes expériences avec le scléromètre et avec le cours de géologie expérimentale m'ont orienté pendant des années vers les expériences en laboratoire. L'Europe se dirigeait vers la géophysique et la géochimie, c'est-à-dire principalement l'analyse mathématique et statistique. Ma vision n'était pas mathématique, même si j'utilisais des pressions, des températures, des horloges et des critères pour mesurer l'érosion, les sédiments, la déformation des strates et la fonte.

Cela m'a éloigné de la pétrographie, car le microscope polarisant traitait d'une série infinie de minéraux et de molécules. Je ne voyais rien d'autre qu'une pénétration infinie dans le plus petit et le plus petit. Clarence King et Frank Perret étaient sur la voie d'un voyage infini vers le plus grand et le plus grand.

La formule directrice était « érosion, sédimentation, déformation et éruption ». Mesurez-les sur le globe, imitez-les avec des tartes à la boue en laboratoire. Comparez les exemples mondiaux avec les tartes à la boue. Essayez d'obtenir des tartes à la boue pour éclairer les gigantesques systèmes de cours d'eau, les plaines inondables, les fonds marins, les montagnes plissées, les intrusions et les laves de la terre. Essayez ensuite de mesurer sur le terrain ces processus avec des observatoires. Ainsi, pour moi, s'est produite la transition des collections aux expérimentations.

La machinerie de la nature, qu'il s'agisse de tas de sable, de grains de sable ou de galets de corail, est la même. Il est poussé par les courants circulant sur des matériaux meubles qui forment des tourbillons à l'abri des mottes. Les tourbillons sont soit des vagues, soit des cyclones. Au milieu, ce sont des vagues ; aux extrémités, ce sont des cyclones. Les tourbillons obstruent l'amas. Les tourbillons cycloniques allongent les amas à droite et à gauche de la direction actuelle. George Darwin a étudié les tourbillons au moyen d'une goutte d'encre épaisse dans un réservoir en verre au sommet d'une crête ondulée. L'encre a migré pour former des vagues et des cyclones sous-marins, ou vortex. Il a utilisé un compte-gouttes pour placer le globule d'encre, puis a observé les vortex se former pendant qu'il faisait osciller le réservoir.

Les parties basses voyagent le plus rapidement, à savoir les pointes. Les parties hautes se construisent du côté amont et se déplacent le plus lentement, et les éléments dégringolent par-dessus la ligne de crête et sont corniches par le tourbillon. La neige le fait, les cailloux sous la mer le font et la vie marine s'y adapte, là où l'approvisionnement alimentaire est le meilleur.

Dans l'étude des rides, Harry Gummeré, diplômé en astronomie, a été mon collaborateur. Les marques d'ondulation sont formées par des tourbillons de va-et-vient sur le fond, tandis que de grosses vagues font osciller l'eau. Nous avons déplacé le fond au lieu de faire des vagues dans l'eau. Une plaque de verre saupoudrée de sable sous l'eau dans un réservoir oscillait d'avant en arrière horizontalement. Il était serré sous un chariot qui oscillait sur des rails métalliques tendus à travers le char. Une ficelle tirait le chariot contre un élastique de l'autre côté. Une roue et une manivelle en bois, placées verticalement sur les bords, avaient des trous et des chevilles pour tirer sur la corde, et les tours de manivelle étaient chronométrés avec un métronome. Les trous dans la roue plate étaient espacés d'un centimètre, de sorte qu'un tour de roue tirait la ficelle tous les deux centimètres de déplacement du chariot. Ainsi, la plaque recouverte de sable était secouée d'avant en arrière sous l'eau de deux centimètres, quatre centimètres, six centimètres, et ainsi de suite ; une fois par seconde, ou deux secondes, ou trois secondes, et ainsi de suite, par battements du métronome.

Le résultat était de belles ondulations sur un verre qui pouvait être retiré de l'eau, séché et placé sur du papier bleu pour préserver le dossier. Les tailles des ondulations de crête à crête allaient d'une fraction de pouce à deux pouces ou plus. Les petits diminuaient jusqu'à zéro lorsque les secousses étaient faibles, les gros disparaissaient lorsque les secousses étaient trop importantes.

Les plans montraient que la longueur et la vitesse des coups (amplitude et accélération du mouvement) faisaient augmenter la taille des ondulations, et que quelque part entre les ondulations de sable les plus grandes et les plus petites se trouvait la perfection optimale de la forme des ondulations. Les plans ressemblent à des ciels de maquereaux. Et les nuages du ciel de maquereau sont des vagues de condensation entre un courant d'air froid supérieur et un courant d'air inférieur humide. Entre les deux se trouvent les mêmes va-et-vient de vortex que dans notre sable.

Lors d'une conférence géologique à Harvard, j'ai montré des plans réalisés directement à partir de plaques de verre recouvertes de rides artificielles. En même temps, j'ai exposé des dalles rocheuses comportant des ondulations fossiles et des photographies d'autres en forme de fers à cheval. Il s'agissait de variantes du processus de dérive ondulée observé sur les lits sableux des cours d'eau. J'ai également montré des photographies de marques swash qui courent le long des pentes abruptes supérieures des plages. Et de la dérive formée par le vent des dunes de sable sec. Des déserts du Pérou proviennent des photographies de *medaños* , ou dunes en croissant, des collines de sable se rétrécissant en pointes courbes aux deux extrémités. Les pointes sont sous le vent, le haut pied en fer à cheval de la colline est au vent et, comme un atoll de corail, l'édifice est formé par le courant.

Des marques d'ondulation peuvent se former dans des centaines de brasses d'eau océanique si les vagues de tempête à la surface de la mer sont suffisamment grandes. Une particule d'eau sur la crête d'une vague s'élève de haut en bas dans une longue ellipse verticale. Une particule située au fond de la vague est soulevée d'avant en arrière dans une longue ellipse horizontale. Sous une longueur de vague de trois cents pieds dans la Manche, en eau profonde, les particules d'eau du fond poussent le sable d'avant en arrière et forment des ondulations compactes.

Un gros grain de sable devient une masse contre laquelle les petits grains de sable peuvent se heurter. Ils forment un tas qui s'entasse et s'allonge. Les amas fusionnent et nous obtenons un fond sableux compact et strié. Chaque crête présente un tourbillon d'abord d'un côté, puis de l'autre, à mesure que les particules d'eau inversent leur direction. L'oscillation crée d'abord la floculence, puis l'alignement, puis un espacement uniforme. Les côtés opposés d'une crête ont des pentes égales.

L'ondulation est provoquée par un courant dans une direction. Il n'est généralement pas aussi régulier ni sous forme de crêtes droites telles que des rides. Si un jet d'eau est projeté sur le sable en rond dans un réservoir en forme d'anneau, les crêtes migreront le long du fond, mais elles seront tachées. Les ondulations régulières du sable sec des dunes présentent des pentes plus plates au vent et des escarpements abrupts sous le vent. Ils sont réguliers, probablement parce que le vent souffle de manière intermittente et que des contre-courants se produisent. Ils ressemblent donc davantage à des ondulations.

Au fond des cours d'eau, la dérive en fer à cheval nécessite un bon ajustement des bosses et des points latéraux migrant vers l'aval. Toute ondulation nécessite un sable de tailles variées. S'ils étaient tous pareils, ils n'auraient pas d'ondulation, car les grains les plus gros doivent obstruer les plus petits pour produire le motif d'ondulation. Le Rippledrifting dans son ensemble est un mécanisme de construction. Mélangé aux courants de vagues qui déplacent les plages, y compris les galets de plage, il peut être combiné à la construction d'îles océaniques. Les dunes en croissant du désert dépendent des vents dominants qui sont chargés d'un apport de sable au niveau d'une source d'érosion au vent.

Les courants océaniques dépendent des vents, comme les alizés sous les tropiques, et un banc ou un haut-fond obstruant ajoute l'action des vagues au flux. Si les corallines, les palourdes et les crabes *Tridacna* ajoutent des ciments organiques, une colline en fer à cheval est construite au fond de la mer. Les gros tourbillons feront le même genre de travail que les petits tourbillons. Ce phénomène s'étend des galaxies d'étoiles avec leurs belles spirales, aux tourbillons en spirale dans la lave en fusion se précipitant dans un cratère, ou au ruissellement de protoplasme dans une plante.

De Candolle, le grand botaniste, a étudié la dérive ondulée pour tenter de résoudre le problème le plus abstrus de toute la biologie, le mystère non résolu de la division cellulaire. À un moment critique, une cellule naissante décide de former une cloison et de se diviser en deux. Pourquoi ou comment ? De Candolle pensait que les granules de protoplasme circulant autour des parois cellulaires pourraient former des amas réguliers sur ces parois, créant ainsi des ondulations et des tourbillons.

Ainsi, un courant et un tourbillon et les mathématiques pourraient donner naissance à de nombreux doubles, triples, hexagones et étoiles du monde des coquilles et des tissus vivants. Et les cellules pourraient s'empiler symétriquement dans le monde submicroscopique.

L'érosion de la surface terrestre révèle des symétries. Les cartes fluviales ressemblent à des arbres avec des branches et des ruisseaux comme brindilles. Une autre symétrie se trouve dans le plan horizontal de l'océan, où le promontoire fournit des cailloux et où le sable se transforme en courbes pures de plage, de barreau et de cuspide. Ainsi, un delta se transforme en un lac en forme de feuille et des couches annuelles s'ajoutent à mesure que les saisons de crue arrivent.

Une partie du drainage en forme de doigt de l'érosion pénètre dans les terres labourées pendant une période pluvieuse. Cela suggère ce qui pourrait être fait avec un pulvérisateur, un banc de boue et un réservoir, pour voir comment se forment les vallées des doigts. Cette érosion du ruissellement des eaux a été imitée dans le laboratoire de Harvard.

Un beau motif de rivière sur une pente, comme le filet de gouttes de pluie sur un pare-brise, a été réalisé en renversant une plaque de verre rectangulaire recouverte d'argile très liquide. Une partie s'accrochait au verre et d'exquis ruisseaux ressemblant à des fougères se formaient sur la moitié supérieure de la plaque, avec un talus de distributeurs en forme de V sur la pente inférieure.

Cette plaque de verre était utilisée pour une surface de boues de moulin à tampons, de lits plus épais, et était érodée avec un atomiseur et de l'eau au moyen d'un compresseur d'air de salon de coiffure. Les slimes sont des sables très fins et pilés avec des fragments anguleux. Pour obtenir un modèle de cours d'eau, cela est nécessaire, afin d'avoir du grain fin pour couper les ruisseaux entre les restes de grain grossier. Cela ressemble aux exigences pour les ondulations.

Le spray a continué pendant des heures. Pendant ce temps, le tracé des rivières sur les côtés abrupts de la plaque en pente rongeait le banc de sédiments, privant les ruisseaux de la pente principale, car les ruisseaux latéraux étaient des cascades obliques. Ils ont creusé profondément, ont retiré l'eau et ont laissé les principaux ruisseaux de la pente sans leur drainage d'amont. Le motif de la pente principale est devenu les branches d'amont des ruisseaux latéraux, les ruisseaux qui, en plan, s'écoulaient sur le bord de la plaque surélevée à droite et à gauche. C'était un peu comme un vol de flux.

Par exemple, la rivière Lewis, à l'extrémité sud du parc de Yellowstone, drainait autrefois le lac Yellowstone, y compris la rivière Lamar, qui constitue aujourd'hui le cours supérieur de la rivière Yellowstone. Le plateau de Yellowstone s'écoulait autrefois vers le sud, dans la rivière Snake et l'océan Pacifique. Le cours supérieur de la rivière Yellowstone a soudainement exploité le système, grâce à l'érosion des geysers et à la corrosion acide, et le canyon de Yellowstone s'est rapidement creusé, inversant vers le nord l'exutoire du lac Yellowstone. Par la suite, le lac s'est déversé dans le Mississippi et le golfe du Mexique. À une époque critique de la période glaciaire, la division continentale fit un bond de trente milles depuis la tête actuelle du Canyon jusqu'au voisinage du lac Lewis, ou d'une extrémité du lac Yellowstone à l'autre. C'est du vol de flux.

Les embruns, le ruissellement, les précipitations et les eaux de lavage n'ont pas à eux seuls détruit le canyon de Yellowstone. L'essentiel était la pourriture de la roche et l'attraction gravitationnelle sur les fragments. Le Yellowstone a pourri du côté nord, mais il s'agissait de granit dur et de quartzites bâtis en montagne au sud, vers les Tetons. La pourriture des sources chaudes, l'érosion des geysers, les eaux acides et le soufre ont décomposé le nord du pays. La tête d'eau souterraine suivait les canaux les plus faciles, et le canyon en était le résultat. La ligne du canyon encercle le mont Washburn, l'ancien volcan, et se situe probablement au-dessus d'une ancienne fissure concentrique au dôme.

L'eau est un transporteur et le craquage ouvre la voie aux agents de pourriture. Ce n'est que dans les ruisseaux et les inondations que l'eau corrode ou broie le fond des cours d'eau. Dans nos schémas d'embruns et de fougères, il y a une analogie avec les sources de pluie sur des strates plates, mais les neuf dixièmes des éléments d'érosion sont laissés de côté : jointoiement, altération, glace, failles, gravitation, pourriture, tremblements, dissolution, glissement et enfin , eau de source.

L'érosion par glissement se poursuit par l'action du vent dans les montagnes désertiques et sur les cônes volcaniques soumis aux bombardements, ainsi que par le bris de roches sous le froid et le soleil de la lune. Le fluage des objets meubles est le plus grand érodeur sur terre. Les averses de pluie sont certainement utiles, surtout là où le sol n'est pas maintenu ensemble par un tapis de racines.

Le processus d'érosion est censé être lent, comme tous les processus géologiques, si l'on néglige la possibilité de glissements de terrain sous-marins ou de bouleversements supramarins comme ceux qui se sont produits à Yakutat en 1899. Mais même la Nouvelle-Angleterre connaît des inondations, des ouragans, des glissements de terrain, des incendies de forêt et des averses. qui sont des points d'exclamation sur une histoire par ailleurs endormie. Et dans le passé, il y avait des calottes glaciaires et des affaissements sous la mer.

En d'autres termes, la création de vallées et de modèles de cours d'eau pour la carte est occasionnellement accentuée, et ces occasions peuvent survenir sous forme de vagues climatiques qui nous sont inconnues. Les modèles de cours d'eau dans les Bad Lands, le Tennessee, la Pennsylvanie, le Grand Canyon et la Nouvelle-Angleterre créent des cartes très différentes. La pourriture de la roche, les cavernes calcaires, les précipitations, les failles et les couches souterraines en pente contenant de l'eau de source influencent toutes ces cartes. Qu'est-ce que l'érosion et quel indice est écrit sur le terrain pour indiquer que le Grand Canyon et ses affluents sont creusés plus rapidement que la rivière Mystic à Boston ?

Ralph Stone s'est attaqué à la rivière Mystic, a marqué des rebords et a posé des piquets en face des méandres de la plaine inondable. L'idée était que les corniches se fendaient par les gelées hivernales et que les méandres d'un ruisseau se construisaient d'un côté et se coupaient de l'autre. Des cartes ont été réalisées à plusieurs reprises et les fissures des rebords ont été mesurées en millimètres. Un certain mouvement a été trouvé, mais une année universitaire ne suffisait pas. Si nous pouvions combiner dans un film des photographies aériennes prises une fois par an pendant de nombreuses années, le film montrerait sans aucun doute que les méandres du cours d'eau migrent vers la mer comme un serpent qui se tortille.

Stone a ensuite fabriqué un modèle de trois pouces d'épaisseur dans un réservoir d'eau, en sédimentant soixante et une couches très fines de poussière de marbre, de poussière de charbon, d'argile, de plomb rouge et de sable. Il l'a renversé comme une île et l'a pulvérisé par périodes qui ont duré de une à quatre-vingt-douze heures, jusqu'à un total de 719 heures. Un ruisseau bifurqué et son delta se sont formés dans le lagon du réservoir. Le ruisseau a creusé un canyon avec des cascades, des branches arborescentes, des esplanades et une plaine inondable. Il y avait trois principales couches de strates multiples blanches et dures dans le modèle, séparées par du sable. Les couches blanches formaient des cascades et étaient rongées pour former les canyons.

Lorsque la coupe transversale du delta a été découpée au couteau, elle a montré trois couches blanches prévues à trente degrés sous le bassin du réservoir et séparées par des strates plus sableuses. La couche inférieure était le sédiment de l'épaisse couche supérieure de poussière de marbre du modèle, érodée pour la première fois par le jet, et la couche frontale supérieure du delta en forme de feuille était le produit de l'érosion du fond du canyon au niveau le plus bas des eaux. couches blanches. Cela doit se produire dans la nature où une formation dans l'ordre inverse est dérivée de l'érosion fluviale sapant un amas stratifié de sédiments plus anciens.

Nous avons appelé cela le modèle du Grand Canyon, et il présentait de nombreuses caractéristiques similaires à celles des Bad Lands du Dakota du Sud et du drainage du fleuve Colorado. Il s'agissait strictement d'érosion pluviale, d'imbibition et d'infiltration par stratification. La surface du modèle était inclinée de dix degrés, la ligne de partage élevée au sommet avait une pente arrière de quarante-cinq degrés, et tout était pulvérisé pendant deux mois avec des buses spéciales, produisant pendant une partie de chaque journée une pluie semblable à un brouillard.

La pente arrière abrupte ne s'est pas du tout creusée malgré sa raideur. Cette pente, au contraire, absorbait l'humidité et transportait les précipitations sous terre dans le creux des strates pour ajouter de l'eau de source aux principaux cours d'eau. La pente arrière était un « escarpement abrupt », censé, en géographie physique, migrer en creusant des tranchées vers l'arrière, mais les rigoles n'ont jamais gagné suffisamment de volume pour y pénétrer. Tout le volume d'eau a acquis sa force de coupe dans les grandes surfaces, qui ont été progressivement inclinées en direction des rivières.

Lorsque la série complète d'expériences sur l'érosion et les sédiments a été publiée, elle a montré que l'embranchement arborescent des rivières dépend des surfaces d'eau souterraines ; les méandres d'une plaine inondable sont en partie le résultat d'un processus bouillonnant d'imbibition de la plaine inondable ; que lorsque des affluents latéraux se forment par affaissement, les branches amont coupent les eaux souterraines des branches aval ; et que lorsqu'un pays est incliné dans une direction, il y a une tendance à avoir des cours d'eau parallèles, séparés par des intervalles contrôlés par des zones d'eau souterraines atteintes par les tracés minants des sources d'amont.

Cette arborescence dans un modèle de pulvérisation est un ajustement régulier et délicat, où un groupe d'affluents n'est pas un simple captage de pluie, mais est le produit de crues en nappe dans des ceintures d'eau souterraines liées à l'inclinaison du pays. L'arborescence du drainage fluvial sur une surface de strates plates, comme la plaine côtière du sud-est des États-Unis, est un motif rythmique d'une conception exquise capable d'être reproduit et étudié en laboratoire. Il s'agit d'une bifurcation mathématique et d'un développement progressif dépendant du volume d'eau, sapant les couches imperméables le long des couches perméables. Et une fois que la carte de « l'arbre » est formée, le bulbe de branches et de brindilles et les feuilles souterraines de l'eau de source maintiennent dans son « ombre » tout le pays en aval, de sorte qu'aucune nouvelle rivière ne puisse s'y former. C'est ce qui fait nos superbes cartes des systèmes fluviaux. Ce n'est pas dû au hasard. C'est un vaste océan d'eau souterraine, avec des montagnes d'eau et des vallées d'eau.

Un grand lac marque un niveau d'eau de trempage souterrain. Un lit de rivière marque une topographie d'infiltration souterraine. La mer d'eau à l'intérieur d'un continent est tout autant une carte de collines et de vallées d'eau que la terre est une carte de collines et de vallées géographiques. L'eau est dynamique, elle coule. La surface terrestre est dynamique et pluviale ; ce sont des sols rampants. Ensemble, les eaux souterraines et les rivières font fondre le paysage et le transforment en un être vivant. L'homme retient l'eau et utilise la puissance de l'érosion qui fait fondre la terre.

Lorsque nous sommes allés au bassin Haystack, au nord du parc de Yellowstone, nous avons constaté que toutes les montagnes qui l'entouraient s'effondraient de manière audible. En fin de compte, le continent n'est qu'une seule chose : un corps en chute libre composé de roches pourries, de glace, d'eau, de sable, de rochers et de terre, sculpté lui-même en vallées et en montagnes, toujours en chute libre. Et en bas se trouvent les blocs de failles, des prismes de coquille de terre sur le noyau chauffé à blanc. Et cela aussi est éternellement en mouvement, irruption, tremblement de terre, soulèvement, chute, grattage, chauffage, refroidissement par vagues à travers les âges. L'homme est tout petit, mais s'il écoute, il peut entendre les battements du cœur de la terre.

Dans les sources chaudes, le manteau d'eau rencontre la coquille de terre chaude. Ainsi, les bassins de geysers de Yellowstone, de Californie, de Nouvelle-Zélande et d'Islande constituent une partie importante du grand système d'érosion des eaux souterraines. Cela nous amène au prochain groupe d'expériences, la fabrication de geysers artificiels.

Les geysers comme érodeurs montrent que le sous-sol est chaud et envahi par l'eau de pluie. Dans des endroits volcaniques exceptionnels, l'eau est bouillante. La rivière Firehole de Yellowstone creuse des bassins de solution plus rapidement que les geysers ordinaires ne construisent des agglomérés siliceux. Voici l'érosion de source bouillante par solution. On peut l'appeler l'aspect thermique extrême de l'érosion ordinaire causée par les eaux de source. Comment l'eau de source s'érode-t-elle ? En bouillonnant sous le lit des rivières. Le bouillonnement des sources fait naître des rivières et les pluies de crue font naître des ravins dans le sol ; la sculpture terrestre est le résultat.

Nous introduisons ici des expériences sur les geysers parce que les sources bouillantes créent un drame à partir de sources ordinaires, tout comme les volcans actifs créent un drame à partir de volcans enfouis. Les sources ordinaires et les laves enfouies qui pénètrent de manière invisible sont beaucoup plus importantes et étendues que les geysers et les volcans. La plupart des gens ne considèrent jamais une source comme une source parmi des millions qui bouillonnent dans le lit des ruisseaux, des rivières et des fonds marins.

La plupart des gens ne pensent jamais à des volcans en éruption – à proprement parler, en éruption ou en éruption – sous le Kansas ou le Brésil. Personne ne nie que ces endroits soient chauds sous terre, mais tout semble lointain. Pourtant, chaque source est thermique si la chaleur s'échappe à travers les roches qui l'entourent.

Les bassins de geysers abaissent le pays qui les entoure et laissent des collines en relief. Les proportions des bassins et des collines dépendent du ruissellement des roches en décomposition et en dissolution. La forme d'une colline élevée, ce que Davis appelait un monadnock en Nouvelle-Angleterre, dépend de toute son histoire, et non de sa dureté. Ascutney Mountain se dresse comme une masse parce que les ardoises environnantes sont pourries. Le mont Monadnock est peut-être haut parce que les sources sous les fissures du fleuve l'ont négligé dans la pourriture et le craquement d'un continent.

Le poids dynamique qui tombe éternellement fait des places basses. La dureté face aux intempéries fait qu'une montagne n'est élevée que comme une relique ou un résidu. C'est un nœud dans le gigantesque processus de pourriture gravitationnelle et de rejet printanier des eaux souterraines. L'eau chauffe, monte, se dissout, siphonne, jaillit et transporte les saletés. En dessous se trouve une croûte terrestre définitivement chauffée.

La concordance des niveaux sommitaux des montagnes et des collines lorsque l'on regarde à travers le pays ne doit pas nécessairement représenter une surface plane surélevée. Il y a plus de sape là où les giclées printanières sont les plus volumineuses. Lorsque les jets printaniers sont égaux, les pentes opposées d'une vallée s'ajustent. La limite des arbres, la limite des neiges, la limite des pluies et la limite des vents sont des niveaux d'érosion précis. En dessous, toute la roche pourrie tombe vers le centre de la terre, lentement et en craquant. Les collines éternelles ne sont pas éternelles, elles tombent continuellement ; roches, rochers, pentes, eaux, graviers, sables et boues. Et l'adaptation à l'atmosphère et à la surface des eaux souterraines est irrésistible.

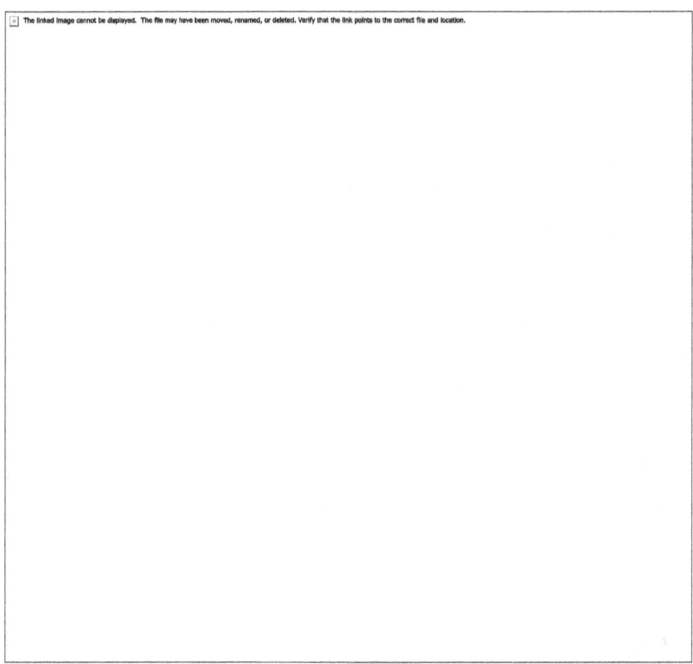

1. Laboratoire de géologie expérimentale, Université Harvard, 1900

2. Fontaine au bord d'un lac de lave, 17 mai 1917

La notion d'érosion entraînant des collines jusqu'à un plan plat proche du niveau de la mer fascine les personnes soucieuses de la géométrie, mais pas celles qui s'intéressent à la mécanique. Un plan plat proche du niveau de la mer dans le delta du Mississippi est l'endroit où le fleuve a basculé à droite et à gauche contre les parois de la vallée, au-dessus de sa propre plaine inondable. Une plaine plate, sécurisée par des calottes glaciaires ou rabotée par l'action des vagues envahissantes à mesure que la terre coule est mécaniquement probable. Dans ces circonstances, nous recherchons des dépôts de rivières, de glace ou de plages de vagues. Mais un « presque plan » provoqué par l'action multiple appelée érosion jusqu'au niveau de base est pour moi le rêve délicieux des étudiants en cartographie. Si un paysage a été raboté, une machine à toupie ou une raboteuse l'a fait. Les grands fleuves de Chine ont eu longtemps à se heurter contre leurs caissons rocheux et sur leur propre boue.

Pour revenir aux expériences sur les sources de geyser, j'ai construit un simple flacon d'un litre surmonté d'un tube de verre de quatre pieds. Au sommet, le tube passait à travers un bouchon situé au fond d'un récipient de deux pieds. Sur le côté du bouchon du flacon se trouvait un deuxième tube avec un tuyau menant à une bouteille réservoir d'eau. La bouteille réservoir peut être relevée ou abaissée. Si l'eau qu'elle contenait était au niveau du bac, il y avait un équilibre hydrostatique : le bac était une piscine, la bouteille une source, la fiole et le tube étaient pleins. Lorsque nous avons appliqué de la chaleur au fond du ballon, l'eau a bouilli, la casserole a débordé et un peu d'eau froide de la bouteille a refroidi le ballon. La casserole était devenue une source bouillante.

Ensuite, nous avons abaissé le flacon réservoir. La hauteur d'eau réduite ne permettait aucun débordement au niveau du bac et des bulles de vapeur s'accumulaient dans le tube vertical de quatre pieds. Le point d'ébullition était contrôlé par quatre pieds de pression d'eau. Si la hauteur de la bulle réduisait ce chiffre à trois pieds, le point d'ébullition était plus bas, la pression était réduite par débordement au-dessus et le flacon entier bouillait. Le tube du geyser est devenu un geyser régulier à intervalles d'une minute et demie, avec des éruptions durant vingt secondes.

C'était une miniature de Old Faithful à Yellowstone. Old Faithful est plus grand, ses intervalles durent en moyenne soixante-cinq minutes et vont de trente et une à quatre-vingt-une minutes. Il s'élève à 150 pieds pendant une période de quatre minutes. Il rejette 3 000 barils d'eau à chaque éruption. Notre petite machine a vomi environ une pinte sur une hauteur de quatre pieds.

Nous entendons beaucoup parler du savonnage des geysers comme stimulus artificiel. L'appareil de notre laboratoire a immédiatement montré l'effet du savon. Lorsqu'on mettait du savon dans la casserole, les intervalles d'une minute et demie se réduisaient à une minute. La mousse de savon s'accumulait dans le tube et faisait descendre l'eau jusqu'au col du flacon. Les multiples bulles, film contre film, rendaient le système d'eau visqueux. Les myriades de minuscules bulles de vapeur se sont formées si rapidement qu'elles ont raccourci le temps de levage de la colonne. Si la hauteur de la bouteille réservoir était réglée de telle sorte que le geyser ne savait pas vraiment s'il s'agissait d'un geyser ou d'une source bouillante, le savon prenait la décision et l'affaire se déroulait en grand.

Ce simple groupe d'expériences rend les ressorts très réels. Les sources explosives de Yellowstone diffèrent des autres sources par la vapeur surchauffée des laves vivantes pour les chauffer. La roche est fissurée et l'eau fait un travail de dissolution et de dépôt. Il dépose de la silice résistante autour de certaines ouvertures et les accumule contre la tête des eaux souterraines, et elles deviennent des geysers. Il dépose de la chaux dissoute sur le calcaire sous-jacent à Mammoth, ce qui crée des terrasses sculptées mais pas des sources explosives car les températures ne sont pas si chaudes. Dans les régions calcaires et siliceuses, les algues bleu-vert, friandes d'eau chaude, sculptent les bassins de manière décorative.

Tel un magicien, j'ai exposé les geysers artificiels devant les académies des sciences de New York et de Boston et j'ai donné les résumés des résultats de nos expériences sur les geysers comme suit : (1) Les sources bouillantes sont comme les autres sources, contrôlées par la hauteur ou la pression de l'eau souterraine. dans les collines. (2) La montée en amont de l'eau chauffée et l'accumulation de silice (la convection est le jargon scientifique) peuvent pousser l'évent d'une source bouillante encore plus haut que sa source (tête inversée). (3) Dans ces conditions délicates, même la pluie ou l'accumulation de frittage ou l'explosion à un niveau inférieur ou le colmatage d'un tuyau peuvent transformer le ressort en geyser ou le geyser en source. Il y a bien plus de sources bouillantes que de geysers, et bien plus de sources chaudes que de sources bouillantes, et le mot froid ne veut rien dire du tout. Il peut y avoir des sources bouillonnantes sous la ville de New York si vous allez suffisamment en profondeur. C'est pourquoi l'émeute des appareils à geysers mérite d'être réfléchie. (4) Les geysers irréguliers débordent continuellement, les geysers réguliers ne rejettent leurs eaux que lors des éruptions. Les deux sont des méthodes d'alimentation des rivières, comme n'importe quelle autre source. Mais il y a beaucoup de chaleur volcanique sous terre.

Cela soulève la question de savoir dans quelle mesure une éruption volcanique ressemble à un geyser. Les géologues appliquent le mot désinvolte, phréatique, au volcan Bandai au Japon, qui a soufflé de la vapeur et des roches du flanc d'une montagne et a endigué une rivière. Les volcans hawaïens projettent du basalte liquide dans une fissure avec des flammes, des fumées rouges et du gaz sulfureux, et presque pas de vapeur du tout. La réponse semble être que les palissades de l'Hudson ont peut-être été autrefois des éruptions de lave hawaïennes et, de plus, cette lave est toujours en éruption là-bas si vous descendez suffisamment profondément. New York l'ignore, mais elle l'a ressenti en 1886, lors du tremblement de terre de Charleston.

Toute l'approvisionnement en eau de Catskill de la grande ville se trouve dans des fissures au-dessus du niveau de la lave profonde et s'étend sous le détroit de Long Island. Si la fissure de la faille Hudson s'est agitée un peu plus que d'habitude et si la lave profonde a abaissé et entraîné une partie de l'eau de l'Atlantique, une éruption comme celle de Bandai n'est pas impossible dans la crête de Watchung au New Jersey. Ce n'est pas probable ; mais le globe a connu des révolutions et des cataclysmes, et les explosions de Watchung pourraient déclencher un nouveau bassin de geysers. Quelque chose de similaire s'est produit dans le nord-ouest du Wyoming au cours du Pliocène, pendant 11 millions d'années, juste avant les périodes glaciaires qui ont commencé il y a 2 millions d'années. Et le Yellowstone en était le résultat. Nous verrons plus de geysers volcaniques.

Ensuite, la fabrication de deltas est devenue un passe-temps dans notre laboratoire, en relation avec les vieux deltas de feuilles disséminés dans le paysage de la Nouvelle-Angleterre, en partie couverts d'arbres dans les terrains des villas de campagne autour de Boston.

Les dépôts delta s'étendent en amont, dans le moule de la caverne au sein de la glace de la période glaciaire. Ainsi, la carte montre une crête de gravier en forme de serpent, se terminant par un plat en forme de feuille d'érable, avec des pentes frontales lobées. Ces pentes étaient beaucoup plus raides là où le déversement du ruisseau sur le delta tombait au-dessus de la ligne de plage au niveau de la lagune ou du lac dans lequel le delta était construit. Cela ressemblait au delta montré dans le modèle d'érosion de Stone.

Stone a exploré l'idée de deltas torrentiels dans un réservoir, tandis qu'EW Dorsey et moi avons lancé une imitation en réservoir du delta de sable glaciaire. Dans le glacier, le tunnel de glace était alimenté en eau par la fonte des crevasses de glace, tout comme les tunnels observés en Suisse, recouverts de sable broyé par la glace. Il y avait ainsi un torrent qui se déversait à l'intérieur d'un tunnel voûté dont l'embouchure débouchait sur un delta dans une mare, avec une surface d'eau soit au niveau du tunnel, soit au-dessus contre le front arrondi de la masse de glace.

A l'imitation d'un banc de glace arrondi avec un bassin d'eau devant et une grotte sous-glaciaire en méandres alimentée par des sables et un torrent, un appareil a été construit et alimenté par un tuyau. Une feuille de plomb a été courbée pour épouser la forme de la surface du glacier, avec une ouverture cintrée, et placée dans notre réservoir. Celui-ci est monté sur un tunnel en tôle de fer, soudé de manière à serpenter dans le plan, et équipé à son extrémité supérieure d'un raccord de tuyau et de tuyau. Un entonnoir en tôle s'élevait de l'extrémité supérieure de cette caverne artificielle, avec lequel il alimentait en sables de différentes couleurs le modèle de rivière sous-glaciaire, représenté par le jet d'eau et le tunnel en fer. Le tunnel de fer se terminait au ras de l'arche de plomb.

Le but des expériences était d'abord de placer le glacier plombé dans une mare d'eau dans la cuve du laboratoire. Ensuite, pour projeter de l'eau à travers le tunnel, apportez des sédiments de couleurs successives à travers l'entonnoir et laissez-les s'accumuler au fond du tunnel et dans un delta devant le glacier artificiel de plomb. Les deltas et leurs sections transversales découpées dans différentes expériences représentaient la différence notée de types d'approvisionnement en sable ou la différence de niveau d'eau de la piscine. Dans un cas, le niveau de l'eau se trouvait sous le plafond du tunnel, à l'endroit où elle émergeait de l'entrée voûtée. Dans un autre, il se trouvait au-dessus de l'embouchure de la caverne, de sorte que l'eau du ruisseau de la caverne, débouchant de l'embouchure de la caverne immergée dans la lagune, jaillissait avec sa boue et formait un demi-cratère contre le front du glacier.

Ces expériences éclairent les sections des carrières de gravier du Massachusetts. Dans ces coupes dans les eskers (crêtes de serpent) et les plaines de sable (cônes de delta glaciaire) ont été observés des lits supérieurs, ou des lavages de crue, ou des lits forestiers à quarante-cinq degrés qui sont le lavage frontal du sous-lagon, et parfois des lits en retrait où les lavages de caverne jaillissaient vers le haut. .

Ainsi, nos coupes transversales, coupées au couteau dans le delta, et le gâteau d'enroulement s'étendant en amont dans la caverne ont montré des strates topset, forset et backset après avoir vidé le réservoir et soulevé l'appareil. À partir du delta embryonnaire, les lits de plaine inondable chevauchent les lits frontaux antérieurs, ou avant-plans. Les lits frontaux sont toujours sous la lagune. Les lits de plaine inondable (topset) ont été constitués par un cours de rivière sinueux sous les airs. Cette plaine est toujours construite au niveau de la plage comme un éventail de lavage en forme de feuille, avec le fond du ruisseau de la caverne comme tige de la feuille.

La Nouvelle-Angleterre est recouverte de glace montagneuse haute de plusieurs kilomètres. Les ruisseaux sous-glaciaires et les cavernes de glace sous-glaciaires claires se trouvent en abondance aux extrémités inférieures de tous les glaciers du monde. Ils représentent simplement la fonte des neiges et des glaces par impulsions de soleil, la neige à la source, la glace au cours de son parcours, les crevasses et la gravitation qui font s'infiltrer l'eau. Cette eau se forme un canal et érode un système d'égouts d'affouillement au fond de la vallée sous-glaciaire. Cela broie et fait fondre la glace du fond dans des cavernes voûtées ; et les sédiments s'accumulent au fond des cours d'eau, finissant par sculpter les toits des cavernes en de hautes arches ou arcades. Les cavernes sous-glaciaires sont des conduites de drainage auto-construites.

Le ruisseau glaciaire est en réalité une crue fluviale coupant sa vallée. La rivière de glace broie et gratte, et l'eau sous la glace coule et draine la fonte. La glace transporte des ciseaux de roche brisée. Le poids énorme, dans des couches de glace glissantes, s'écoule conformément aux lois cristallines des flocons de neige et des cristaux de glace. Les moraines, ou champs de débris, sur les côtés, au-dessus et en dessous du fouillis de glace en érosion produisent de la boue, du sable et des rochers. Le torrent en dessous enlève les déchets.

Le delta en face suit les lois de la sédimentation. S'il n'y a pas de lac devant, le delta est un éventail plat ou une plaine inondable de vallée. Toutes ces choses deviennent claires pour l'étudiant qui fabrique un bébé glacier avec de la ferblanterie, du sable, un réservoir, un tuyau et un robinet.

J'ai parlé de cataclysmes, ou de ce que les premiers géologues appelaient catastrophe, qui se produisaient occasionnellement dans le monde de l'érosion et des geysers souterrains. Tels furent le crash de Yakutat et l'explosion de Bandaisan. Mais chaque champ de la période glaciaire, comme une montagne de glace au-dessus de l'Europe et de l'Amérique, a constitué un cataclysme qui a duré 500 000 ans, et cela s'est produit quatre fois même au cours des siècles des premiers hommes. La Méditerranée et les Grands Lacs sont les descendants de tels cataclysmes. Mais Lyell a poussé la doctrine de l'uniformité à l'extrême ; il pensait que ce que l'homme voit est ce qui arrive toujours. Je ne crois pas que Lyell ait jamais réalisé que la Terre ou le Soleil pourraient exploser en un mois de notre époque. Encore une fois, cela est peu probable.

Le contraire de l'uniformitarisme est le déclenchement occasionnel de catastrophes. Le processus d'érosion déclenche une déformation soudaine. Une déformation lente déclenche l'éruption. L'éruption déclenche des intrusions internes. Le glissement de terrain franc ; les tremblements de terre de Charleston, San Francisco et Napier ; l'éruption Pelée ; et le bouleversement de Yakutat ont tous créé de terribles surprises pour les géologues.

Les gigantesques intrusions à travers des millions d'années depuis le noyau de la Terre, constituées de matière étoilée chaude et blanche, s'infiltrant jusqu'aux ceintures volcaniques de surface jusqu'à 1 800 milles de fissures permanentes et primitives, sont en grande partie équilibrées par le poids de la croûte. C'est le globe de réglage. Mais le mécanisme intrusif, sous les marées dans la roche et dans les océans, toujours en mouvement, déclenche les grandes révolutions géologiques.

Les blocs de terre brisés très profondément se déplacent, le volcanisme entre eux chauffe la surface, inonde la surface de mousse de gaz et soulève des zones de surface par des gonflements thermiques ; et en surface, ce qui était une période glaciaire fait place à une période volcanique. La dernière d'entre elles fut le Miocène Tertiaire, avec des éruptions volcaniques à grande échelle partout dans le monde.

La comparaison de Boston avec les Black Hills a révélé des éruptions souterraines dans ces dernières, pour lesquelles un soulèvement déformant a appuyé sur la gâchette. Il s'agissait de citernes rocheuses ou de lentilles de porphyre injectées parmi les strates. L'époque était du Miocène ou de l'Éocène Tertiaire, probablement plus tard que la plupart des volcans de Yellowstone, plus à l'ouest.

Boston, en revanche, fabriquait des dykes basaltiques noirs, probablement identiques aux volcans des Berkshire Hills et de New Haven, de l'âge des grands reptiles, 150 millions d'années avant les injections des Black Hills. Le déclencheur qui a déclenché les éruptions de Boston a été la déformation des Appalaches. Ce qui a déclenché les Black Hills, c'est la révolution Laramie qui a fait remonter les Montagnes Rocheuses.

L'injection de lentilles de lave dans les Black Hills était une forme de déformation des strates que nous avons expérimentée en laboratoire. Les couches de grès, de calcaire et de vieilles boues océaniques recouvrant la voûte de ces collines ont été injectées par des digues ou des fissures comblées par le bas. Comment se comporteraient les injections ?

Avec Ernest Howe comme associé, j'ai aménagé un réservoir carré pour sédimenter du sable, de la poudre de plâtre, de la poussière de charbon ou de la poussière de marbre en couches sous l'eau. En dessous se trouvait un cylindre de fer dans lequel la cire pouvait être fondue. Un piston à vis poussait la cire fondue vers des fentes inclinées ou verticales au milieu du réservoir. L'eau était évacuée et la cire chaude était injectée dans les strates. Les parois du réservoir ont été démontées et des lentilles de cire durcies ont été tranchées verticalement avec un couteau chaud pour montrer ce qui était arrivé aux strates par le processus d'intrusion de cire.

Dans certaines expériences, 300 livres de grenaille ont été empilées sur une couche de tissu au-dessus des strates pour imiter le poids des sédiments naturels. C'était avant l'injection de cire chaude, et le résultat était un dôme net de couches déformées à la surface, une colline en forme de dôme sur une lentille de cire à l'intérieur. Cette colline a été érodée par un jet d'eau pour montrer quel type de vallées radiales se formeraient. De tels cours d'eau radiaux ont été trouvés dans le Dakota du Sud, avec des escarpements en face, autour de certaines des collines en forme de dôme formées par les laccolithes.

Dès le début, il apparut qu'une lentille d'injection se formerait, que les strates se courberaient au-dessus d'un dôme de cire. Les strates arquées s'étendaient sur la crête et les cassures s'ouvraient vers le haut, tandis que les courbes latérales se craquaient en s'ouvrant vers le bas. C'est là que la cire pouvait se frayer un chemin vers le haut et former un volcan. Quelques jolis petits volcans expérimentaux constitués de cônes et de cratères en cire se sont formés au sommet du modèle.

Comme pour toutes les strates plissées voûtées vers le bas sous le poids, les fissures sur le coude d'un arc descendant, ou synclinal, laissent passer la lave du dessous, tandis que les fissures sur l'arc ascendant, ou anticlinal, sont maintenues serrées, fermées par le poids des strates situées au-dessus. . Ainsi, un dôme intrusif n'éclatera pas par sa crête, mais par ses côtés.

Les résultats de tous ces tests ont montré que les lits rigides supportaient la force de cambrure et que les lits mous étaient les plus envahis et écartés par la cire. L'inclinaison de la courbure de l'arc variait en fonction de la charge. Un tuyau incliné formait une lentille irrégulière dont l'épaisseur était la plus éloignée de la pente. Dans un lit dur rompu lors d'un coude descendant, des fractures concentriques autour d'un dôme laissent passer la lave vers des strates plus élevées.

Sur la crête d'un lit dur, les fractures sont comme les rayons d'une roue, mais elles ne font pas de digues ; ils bâillent et s'ouvrent vers le haut. La cire liquide avait tendance à se répandre sous forme d'une fine feuille dans des couches molles de strates, la cire plus rigide avait tendance à se courber dans un dôme plus raide. L'injection rapide a produit un dôme plus haut et plus petit que l'injection lente.

Comparée à la voûte de tout le long ovale de montagne du dôme des Black Hills, avec du granit sur la crête, cette intrusion de cire ne fait qu'imiter les petits dômes d'intrusion ou d'injection de lave, où l'injection transporte l'énergie ou la contrainte. En effet, dans la nature, même les lentilles de lave sont influencées par le flambage qui se produit dans les strates sous les contraintes de déformation de la croûte. Car la croûte terrestre qui se déforme appuie toujours sur la gâchette et met les couches à rude épreuve. La lave qui monte d'en bas recherche les points faibles et assiste le flambage, tout en suivant les lits de boue ou de schiste les plus incohérents.

Lorsqu'il s'agit du grand ovale de l'ensemble du soulèvement des Black Hills – gonflé comme les montagnes Rocheuses pendant des millions d'années et à l'intérieur duquel les injections de lave n'étaient qu'un élément – nous avons affaire à une poussée venant d'en bas ou à une expansion qui a gonflé le tout. roches anciennes précambriennes ainsi que les granites ultérieurs. De tels gonflements se produisaient sans doute à maintes reprises dans le Massachusetts. Là aussi, nous trouvons des laves et des granites, des lits rouges et des rochers glaciaires, plus anciens que les Appalaches, ainsi que plus jeunes. Les laves plus jeunes du Trias ont définitivement éclaté entre des blocs de failles.

Tout ce que nos expériences ont montré, c'est ce que font les matières fondues dans des strates soumises à un poids, lorsque la force de la matière fondue surmonte cette pression pour trouver une place pour elle-même, bien que le poids puisse être plus ou moins soulevé par la grande courbure qui se produit sur une surface. à grande échelle. L'arc est plus grand que la pression hydraulique ou gazeuse.

Il existe une autre possibilité que le flambage. Il s'agit d'une faille, ou d'un mouvement de blocs de croûte profonde dont les limites n'apparaissent pas. La croûte profonde est une mosaïque mobile au-dessus du noyau, et ce mouvement se renouvelle, tantôt ici, tantôt là. Dutton montre que nous pouvons considérer les montagnes Rocheuses de cette manière jusqu'à la côte du Pacifique. Il se peut que les fluides du noyau aspirent les blocs, tandis que les fluides volcaniques poussent les strates locales. Et les fluides volcaniques dans les fissures sont les restes gazeux dégénérés des fluides centraux que l'homme n'a jamais vus et qui se trouvent à 1 800 milles de profondeur.

Les limites des blocs de croûte n'apparaissent pas parce que toute la première coquille du globe est enfouie sous des laves et des intrusions et des cristaux et de la boue, c'est-à-dire par la boue, les innombrables déversements de lacs, de rivières et de mers au cours de 3 milliards d'années. C'est le genre de réflexion qui a commencé en réalisant des injections de cire.

Les expériences montrent que, que nous imitions la chaleur souterraine avec un bec Bunsen pour allumer un geyser, ou le froid aérien avec un appareil delta pour simuler un glacier, nous avons affaire à une érosion de la surface de la Terre. L'érosion a commencé avec la première attaque de lave par l'atmosphère ou par l'eau de mer. Jamais la lave vierge n'a ressemblé au magma à l'intérieur du globe ; il s'est cassé, s'est refroidi et s'est oxydé. Qu'on l'appelle basalte ou obsidienne, elle a dégénéré. De plus, il a dégénéré dans la croûte externe lorsqu'il a libéré ses gaz, s'est réchauffé ainsi que la paroi rocheuse, a trouvé de l'eau souterraine et de l'air libre et a commencé une oxydation nouvelle pour lui. L'action thermique est tout autant concernée par l'érosion que la pluie ou la neige. Par conséquent, qu'il s'agisse d'injecter de la cire et de strates gonflées ou d'imiter des geysers et des rides, nous expérimentions avec des volcans, car la croûte terrestre est fondamentalement volcanique. Pour les besoins de ce livre, ces faits méritent d'être réitérés.

Dans ce qu'on appelle les géosynclinaux, ou affaissements terrestres, les grands lits de strates s'accumulent. Il s'agit de la terre transportée des hautes terres vers les mers du centre-ville. Ce sont des strates de grès, de mudstone ou de calcaire ; des films minces par rapport à la croûte terrestre créée par le feu. C'est le plissement des remplissages des bassins par expansion ou poussée finale qui a construit l'Himalaya et les Appalaches. Les montagnes sont creusées de plissements, de chevauchements et de failles par la pourriture et le transport de l'eau. Presser les extrémités des strates pour les froisser est appelé formation de montagne, bien mieux nommé froissement des strates. Le plus épais d'entre eux atteignait douze milles de hauteur, mais qu'est-ce que cela représente par rapport à la croûte terrestre qui mesure 1 800 milles ? La croûte soulève et abaisse les blocs faillés. Les petits bassins de strates se dilatent avec la chaleur sur leur fond et sont tirés et poussés par les intrusions de lave souterraine. Ils sont également écrasés par la contraction globale entre les blocs de croûte et poussés de haut en bas par les oscillations séculaires. La plus grande oscillation a été la chute des grands océans sur les blocs de failles lorsque la croûte s'est fissurée et s'est déposée sur le noyau. Depuis lors, ces océans ont changé et se sont ajustés au fil des vagues d'action mondiale. La croûte a gardé la terre sous forme de sphère tandis que les laves ont éclaté et alourdi les blocs. Cette oscillation de bloc s'étend jusqu'aux continents les plus intérieurs. Les éruptions des fissures ont migré des mers continentales vers les rives des océans actuels. Ils ont changé de composition ce faisant, parce qu'ils sont passés d'éruptions sous-air à des éruptions sous-marines, d'une pression de quinze livres à une pression de 600 atmosphères. Des éruptions d'érosion avec une chaleur énorme aux éruptions marines profondes avec un refroidissement et une pression énormes. Et ces derniers sont les volcans d'aujourd'hui, pour la plupart cachés à l'exception des îles et des frontières maritimes.

Pendant ce temps, les blocs de croûte continuent à osciller de haut en bas, et les tremblements de terre continuent de grincer sous les marées rocheuses du soleil et de la lune. Les craquements et les oscillations sont nos grands tremblements de terre, raz-de-marée et éruptions. Des accumulations d'éruptions aussi importantes que celles de la Cordillère ou de la crête hawaïenne représentent un poids énorme en quelques millions d'années. Les deux amas existent depuis le Miocène, soit depuis environ 18 millions d'années, s'écrasant à travers les blocs de croûte au-dessus du noyau. Que cet équilibre des poids lourds au-dessus des blocs de croûte soit dû à un changement de poids de lave ou de bassins de sédiments, six à douze milles de roche verticalement, la compression vers le bas et le sous-versement sont appelés par le mot grec isostasie. Cela signifie rester à niveau et c'est un mauvais mot car la croûte terrestre ne reste jamais immobile. Les blocs s'ajustent et grincent éternellement sur un noyau fluide, le globe tourne, le soleil et la lune tirent, les volcans entrent en éruption et le système solaire traverse l'espace. La terre ferme n'est jamais statique. Et nos petites vies atmosphériques ne s'arrêtent jamais. Nous avons chaud et nous effectuons nous-mêmes beaucoup d'érosion.

Ce discours est une introduction à la prochaine série d'expériences de Harvard, qui traitaient de la compression et du plissement des strates à l'imitation des plis et des failles des Appalaches. Bailey Willis, du Geological Survey, a réalisé une presse de modèles de strates en cire. Un lourd piston en chêne était avancé par une manivelle à vis. Les modèles étaient des cires mélangées à du plâtre pour les couches dures et des cires mélangées à de la térébenthine de Venise pour les couches molles. Ils ont été coulés pour imiter de véritables successions de calcaires durs et épais ; grès moins durs ; mudstones tendres; ou des ardoises. Le piston avançait à une vitesse mesurée contre une extrémité du modèle, l'autre extrémité étant une boîte fixe, les strates étant horizontales. Le bassin allongé des Appalaches avait un continent (le piston) à l'est ; un large remplissage plat de calcaires ou de fonds marins à l'ouest (la boîte) ; et le creux le plus profond de cailloux, de sables et de boues à l'est, vers les rivières du continent érodé de cette époque ancienne. Le calcaire lourd s'est effilé depuis l'ouest dans ces couches plus minces et a formé une nervure rigide en leur milieu. Le résultat final de leur plissement était des plis linéaires avec des axes nord et sud parallèles au creux et rapprochés à l'est. Les plis se sont renversés vers l'ouest, les retournements se transformant en fractures de chevauchement vers l'ouest lorsque les lits se sont rompus. En outre, les plis sont devenus plus grands, plus plats et plus espacés vers l'ouest sous la mer plus profonde, le plus célèbre étant l'arc de Cincinnati.

La preuve dans les États du Moyen-Orient est que le fond du creux s'est affaissé lorsque les lourds sédiments côtiers ont été déversés dans la mer par les rivières. Les États du centre-ouest ont reçu un large plat de calcaire. Le soulèvement du continent a réduit l'océan et l'a poussé, plus étroit, vers les grandes plaines. Il restait donc un creux profond composé de lits faibles, d'un calcaire massif et d'un chevauchement de lavage continental à travers le continent soulevé plus tard de l'époque actuelle. Les problèmes à étudier dans les modèles de Willis étaient de savoir comment le pliage affecterait un tel pieu, ce qui transmettait la force de plissement, ce qui déclenchait un seul pli et comment les strates molles et dures se comportaient sous la pression horizontale.

Il a constaté que des couches dures et épaisses de calcaire transmettaient la poussée le plus loin. Ces lits moelleux s'empilaient les uns sur les autres près du piston. Que ces lits présentaient de belles failles de chevauchement inclinées en s'éloignant du piston. Et que l'apparition de plis individuels était favorisée par de très petites courbures initiales dans une couche conductrice. Ces courbes descendantes s'éloignant du continent se feraient au fur et à mesure que le fond du creux s'enfonçait au fil des âges. La nature de cet affaissement dans les tranches verticales de la roche de fond est probablement défaillante. Chaque tranche verticale se courbait en s'enfonçant.

Le fond de la boîte de Willis ne permettait pas de mouvement vers le bas par sous-verse, et la pression du piston ne créait pas non plus de force horizontale opposée qui aurait pu provenir de la zone océanique. En limitant le mouvement sur les plis formés, Willis a empilé des sacs de grenaille sur le modèle pour représenter une réduction de poids. Le plissement dans les Appalaches se situait au bas du tas, là où les choses étaient chaudes et comprimées, et la chaleur pouvait étendre les strates individuelles.

Dans notre coffre à pression, nous avons étendu la conception Willis. Nous avons fabriqué deux pistons aux extrémités opposées d'une boîte en chêne, avec d'épaisses vitres sur un côté, afin de surveiller le pliage. Les deux pistons répartiraient mieux la pression finale et admettraient la possibilité que toute la pression ne provienne pas du continent. Le fond sous le modèle était une boîte intérieure qui pouvait descendre, suspendue à de lourdes balances à ressort. Ceux-ci pourraient être vissés jusqu'à une pression vers le haut pour compenser la charge de tir. Ainsi, le premier pli pourrait se courber aussi bien vers le bas que vers le haut. Cela imitait un éventuel fond d'auge abaissé. La vitesse d'avancement du piston était contrôlée par un métronome, un homme à chaque vis.

Par exemple, les modèles E, F et G comportaient quatre couches blanches et quatre couches noires, toutes identiques en substance, à des vitesses rapides, moyennes et lentes. Le plus rapide a été raccourci d'un pouce en cinq minutes. Le plus lent était d'un pouce en une heure et trois quarts. Le modèle à compression rapide fléchissait en douceur, tous les plis semblaient fluides et le modèle tenait ensemble de manière compacte. Le modèle à compression lente était raccourci du même montant, fissuré à de nombreux endroits, était cassant et ne tenait pas ensemble de manière compacte. Cela semble prouver qu'un mouvement lent se fracturera là où un mouvement plus rapide maintiendra les strates intactes, dans des conditions par ailleurs identiques de substance, de plissement et de raccourcissement, et de confinement vertical.

Nous avons vérifié les conclusions de Willis selon lesquelles les lits rigides et épais transmettent la pression le plus loin et que la poussée excessive a tendance à se former dans les lits mous, qui s'épaississent près d'un piston.

Dans un modèle, nous avons obtenu des poussées dans des directions opposées sur les côtés opposés du modèle le long d'un axe à pli unique, avec une torsion entre les deux. Alors qu'une expérience était en cours, le coffre craquait occasionnellement, l'équivalent d'un tremblement de terre. Un modèle a été conçu pour représenter le chevauchement des strates près du rivage, comme une plaine côtière. Lorsqu'il était pressé, il produisait un groupe de poussées loin du piston agissant comme une roche côtière.

Lors de l'enfouissement des strates, il existe une possibilité qu'elles se plissent, et se plissent principalement dans une direction, ce que la pression du piston n'imite pas. Il s'agit du chauffage par enfouissement et expansion ou allongement des couches de contrôle. Dans un long bassin comme celui des Appalaches, le plissement sous expansion sur la plus grande longueur est le plus facile, car l'axe de rigidité est parallèle au long creux. Les transitions au large de la ligne côtière d'un sédiment à l'autre - sable à boue, boue à chaux - seront des faiblesses pour amorcer des courbes lorsque la pression d'expansion se produit sous l'enfouissement le long des couches chauffées séparément. Ces courbures se transforment en rides et les rides, en plis propagés, d'axe parallèle au changement initial de faiblesses. L'expansion longitudinale des plis, une fois commencée, peut former de longs arcs plats s'inclinant dans une direction. Ce chauffage par enterrement répartit mieux et plus loin les pliages que la poussée des culées, et réalise les premiers virages. Toutes les couches inférieures se réchauffent et se dilatent dans toutes les directions. La direction dans laquelle cède le plus facilement à une impulsion de pliage se situe à travers les ceintures de transition faibles. Ensuite, le mouvement est repris par des plis linéaires et des fractures dans une direction.

Les modèles, après une compression continue ou intermittente, ont été retirés de la poitrine et coupés avec un fil chaud pour être sectionnés et photographiés. Dans une série de plis cassants et brisés dans une couche dure, le modèle a été démonté sur cette couche et la surface photographiée. La crête des plis présentait des joints ou des fissures régulières. Un ensemble était parallèle aux axes de pliage comme on pouvait s'y attendre ; l'autre groupe traversait les pentes en diagonale et en courbes. Ces dernières indiquaient des tensions de nature torsion sur une seule couche entre un pli descendant et un pli relevé.

Qu'est-ce qui fait la poussée finale, ou la poussée du piston, dans la nature ? Selon l'ancienne idée, il s'agissait d'une contraction de la terre intérieure par perte de chaleur. Willis a écrit que le bassin a coulé, que l'isostasie ou l'écoulement profond était perpendiculaire à la longueur du bassin et qu'une contraction générale a pris effet en raison de l'écoulement profond. L'écoulement profond se dirigeait vers le continent plus léger, d'où les sables avaient été perdus à l'origine.

L'idée récente selon laquelle la chaleur radioactive se trouve dans l'enveloppe extérieure nie la contraction de la terre intérieure. De plus, je ne crois pas à une sous-couche peu profonde de lave à moins de cinquante milles de profondeur et capable de s'écouler horizontalement sous l'effet d'un poids changeant. Je crois en une sous-couche profonde de fluide à 1 800 milles de profondeur, sous une croûte faillée. Ce noyau fluide s'est adapté aux blocs du fond de l'océan à l'origine, faisant des tranches verticales des contrôleurs descendants du bassin des Appalaches. Il n'y a aucune preuve que le poids des sédiments soit à l'origine de ce phénomène. Il est plus probable que la lave ignée ou produite par le feu, lorsque l'épaisse plaque de blindage externe du globe a éclaté lors d'actes d'intrusion, ait lubrifié les tranches verticales. Les intrusions se trouvent sous toutes les chaînes de montagnes sédimentaires de la planète. Il est plus probable qu'une longue période de blocs de failles de crête et une descente de blocs de failles de bassin ont décidé de l'emplacement du bassin continental central, le tout bien à l'intérieur des crêtes latérales permanentes de l'Amérique du Nord. Car il s'agissait d'une mer Méditerranée continentale, et la déformation de ses hauts plateaux de Philadelphie et de son bassin de Cincinnati n'était qu'un simple épisode dans l'histoire de 2 milliards d'années des frontières atlantiques et pacifiques du continent. Le naufrage de la mer intracontinentale, lié au maintien des hautes terres, a été une vague dans l'histoire du globe et du noyau. L'érosion et les dépôts étaient des résultats et non des causes. Ils étaient le résultat de l'histoire volcanique de la mosaïque active en constante évolution du globe. L'Amérique du Nord permanente est restée élevée par rapport aux profondeurs de l'Atlantique et du Pacifique.

Le plissement des sédiments se confond avec des intrusions de magma dans le sud des Appalaches. C'est là que s'est posé le problème du granit à une échelle énorme, qui se répète dans notre montagne Ascutney, dans le Vermont. Ce qu'il faisait sous ces vastes champs de calcaire, de l'Ohio à l'Illinois, nous n'en avons aucune idée. Nous ne savons plus ce qui se passe sous les vastes champs de chaux et de limon rouge au fond actuel des océans profonds. Mais nous savons que les roches produites par le feu jaillissent sous tous les sédiments marins que quiconque a jamais étudié sur les îles ou les continents. Cette roche faite par le feu, solidifiée, possède une épaisseur et un fond. On ne connaît ni son épaisseur ni son fond. Nous savons qu'en dessous se trouvent de grandes fissures de 2 000 milles de long qui le divisent en systèmes volcaniques. La conclusion est que le globe est recouvert d'une couche de matière ignée qui jaillit de fissures depuis plus de 3 milliards d'années. Comment cette matière a-t-elle migré par de nouvelles intrusions, pour tirer, pousser, chauffer et froisser pendant 500 millions d'années la saleté accumulée dans les tranchées peu profondes des Appalaches, de l'Alabama à l'Indiana ? Nous ne savons pas.

La dernière des expériences de Harvard auxquelles j'ai participé consistait à faire fondre des poudres de minéraux et de roches basaltiques, à les laisser refroidir progressivement, puis à les sectionner pour le microscope polarisant afin de voir à quel point elles ressemblaient à des laves. VF Marsters de l'Université d'Indiana m'a aidé. En nous basant sur les travaux européens de Doelter, Fouqué, Michel-Lévy et d'autres, nous avons utilisé un four français à jet de flamme de gaz et de petits creusets de terre de diatomées mélangée à de l'argile. Les poudres d'échantillons de basaltes naturels broyés, ou de mélanges de pyroxène, de feldspath et d'olivine, ont été maintenues incandescentes pendant quarante à 150 heures et refroidies rapidement ou lentement. À l'époque, on croyait qu'un refroidissement lent constituait le principal contrôle de la cristallisation grossière. Un refroidissement rapide ou lent produit certainement ces effets dans les coulées de lave.

Grâce à un refroidissement rapide, nous obtenons généralement des amas radiaux de cristaux ou de sphérulites, dans une masse vitreuse. A partir d'un refroidissement lent, nous obtenons une structure diabase ou une cristallisation plus grossière, avec quelques cristaux creux ajourés. Et il y avait des petits grains de magnétite et de spinelle. Beaucoup de temps a été perdu sur la sécurité et les méthodes des fours, ainsi que sur les creusets de platine, de carbone et de graphite perforés par le feu.

On n'avait rien appris en 1900 sur le brassage, ni sur le gaz comme ingrédient du basalte. Ce n'est que des années plus tard, à l'Observatoire des Volcans d'Hawaï, qu'Emerson prouva qu'une lave était obtenue en remuant un creuset. Aa est cristallin. Emerson a obtenu de la lave vitreuse en fondant doucement. Personne n'a encore soumis la lave à des jets d'hydrogène comme ceux d'un four Bessemer, ni à d'autres gaz. Il existe ici un vaste domaine pour l'imitation des fontaines du Mauna Loa et de l'Etna, ainsi que pour la pétrographie critique des basaltes artificiels. Les travaux modernes se sont intéressés à la chimie physique des systèmes minéraux limités. Pour autant que je sache, personne n'a synthétisé mathématiquement les roches naturelles en tant qu'objet d' histoire naturelle depuis les travaux de Carl Barus pour l'US Geological Survey dans les années 90.

Chapitre III
Décennie des expéditions

" *La voix de ton tonnerre*

était dans le tourbillon. »

Même si les expériences à petite échelle en laboratoire m'ont aidé à réfléchir aux détails des expériences réalisées sur la nature, il restait la nécessité de mesurer la nature elle-même. Les laves profondes du Dakota du Sud, se faufilant parmi les lits de schiste, ont posé de nombreuses questions. Quelle pénétration des strates se fait sous le Vésuve ? L'afflux de lave incline-t-il ou soulève-t-il le sol ? Cela se compare-t-il aux éruptions dans ou à partir des cratères ? Ne peut-on pas expérimenter les cratères eux-mêmes en y résidant ? Certes, la progression des laves peut être mesurée à mesure qu'elles s'écoulent.

Au cours de la décennie qui a suivi mes expériences sur les tartes à la boue, j'ai été professeur adjoint à Harvard et professeur principal du département de géologie du Massachusetts Institute of Technology. Ces nominations ont eu lieu sous les présidents Eliot, Pritchett et Maclaurin. De 1901 à 1910, j'ai continué à servir le Service géologique, rédigeant des rapports. Puis la nature a pris la main. S'en sont suivis des tremblements de terre et des éruptions au Guatemala, un terrible désastre aux Antilles, des expéditions dans les Caraïbes, en Italie, dans les îles Aléoutiennes, au Japon, à Hawaï et en Amérique centrale, un autre dans le nord du Japon et des tremblements de terre désastreux à San Francisco, Valparaiso, Messine. , et le Costa Rica. La destruction de Saint-Pierre en Martinique a ouvert la voie à des travaux de terrain sur les volcans et les tremblements de terre, travaux que je devais poursuivre pendant un demi-siècle.

Lorsque les journaux du soir du 8 mai 1902 annonçaient l'anéantissement soudain de 26 000 personnes ce matin-là à 8 heures à Saint-Pierre, en Martinique, je me rendis immédiatement chez le président Eliot. Sachant que j'avais demandé instamment une étude sur le terrain des volcans, il a convenu que je devrais me rendre à Saint-Pierre et a télégraphié au secrétaire de la Marine, William H. Moody, pour organiser le transport. Un soutien financier immédiat m'est venu d'Alexander Agassiz, de la National Geographic Society et de nombreux amis ; et mes collègues de Harvard ont accepté de donner mes conférences.

Je me suis présenté au navire-école *Dixie* à Brooklyn, où j'ai trouvé le capitaine Robert Berry, un fidèle Virginien, aux commandes d'un équipage de cadets. À bord se trouvaient IC Russell du Michigan, auteur de « Volcanoes of North America » ; EO Hovey du Musée américain ; Curtis, le fabricant de modèles topographiques ; RT Hill du Geological Survey et expert des terres des Caraïbes ; et de nombreux autres scientifiques et correspondants de journaux.

Le voyage aux Antilles fut unique. Sur le croiseur de la marine se trouvaient des réserves de nourriture, des tentes, des vêtements et des fournitures médicales pour les réfugiés, ainsi qu'une liste de passagers étrangement variée ; tous rassemblés à cause de la guerre contre l'humanité menée par deux volcans totalement inconnus, la Soufrière sur l'île britannique de Saint-Vincent et la Pelée à l'extrémité nord de la colonie française de la Martinique. Des géologues ont donné des conférences à l'équipage sur le pont ; et en retour, nous avons appris la discipline et l'efficacité navales.

Lorsque nous arrivâmes à Fort de France, treize jours après le terrible désastre, nous fûmes immédiatement transportés à Saint-Pierre sur le remorqueur naval *Potomac* . Nous avons atterri et avons traversé la ville sucrière en ruine, les rues couvertes de mélasse et de rhum. Des milliers de morts étaient enterrés sous les décombres, car la veille de notre visite, il y avait eu une deuxième explosion depuis la Pelée, le volcan de 4 000 pieds fumant à six kilomètres de là. Cela avait renversé ce qui restait des toits après la première explosion.

Nous sommes arrivés en face de Saint-Pierre le 21 mai 1902 et avons vu une ligne de ruines fumantes et poussiéreuses le long du rivage. Avant d'atterrir, on nous avertit que si le sifflet du remorqueur retentissait, nous devions nous diriger vers les bateaux. La colline poussiéreuse s'étendait sur notre gauche comme un paysage de neige grise, pas du tout comme un cône. Le cratère était une gorge dans une montagne ordinaire sous les nuages.

Nous avons erré à travers les ruines mornes et avons trouvé la maçonnerie complètement détruite et aucun gros fragment volcanique visible. Les rues étaient pleines de décombres et tout était recouvert de poudre vert-gris. Les toits avaient disparu, de temps à autre du bois brûlait et les cadavres étaient encore nombreux dans les coques des maisons. Nous avons vu un bébé dans un berceau en fer, un homme face contre terre dans une cuve et un grand homme sur le dos dans un four profond. Sa chair était ratatinée et arrachée de ses articulations par la chaleur. Ailleurs, huit ou dix corps étaient entassés au pied d'une falaise.

3. Nuage d'explosion s'élevant de Halemaumau lors d'une éruption explosive, le 13 mai 1924

4. Falaise dans un lac de lave, 23 janvier 1918

L'extrémité de la ville vers le volcan, adossée à des falaises, était profondément enfouie sous le gravier, mais l'extrémité sud n'était recouverte que d'un pied ou deux de sable. La deuxième explosion fut plus importante que la première, détruisant les troisièmes étages et le deuxième clocher de la cathédrale. Les belles cloches « dont les douces notes liquides résonnaient à travers la baie avec une cadence touchante à l'heure de l'Angélus » gisaient en détritus, éclats et vapeurs fumantes ; leurs anciennes inscriptions en relief à moitié enfouies dans la poussière.

Les corps étaient pour la plupart ratatinés à la suite de la deuxième éruption, car auparavant, ils n'avaient pas été beaucoup modifiés. L'odeur était envoûtante et revenait dans les rêves : celle de la fonderie, de la vapeur, des allumettes au soufre et des objets brûlés, et de temps en temps une bouffée de chair rôtie et pourrie qui était horrible. Il était impossible de réaliser que Pompéi avait été une ville française prospère deux semaines auparavant. Il ne restait plus un toit, et à peine une charpente ; de la vapeur sortait par de petits trous dans le sable brun et humide, et une odeur nauséabonde indiquait d'où elle venait.

Il était difficile de distinguer où se trouvaient les rues. Tout a été enterré sous des murs effondrés de pavés, de plâtre et de carrelage roses, y compris 20

000 corps. Une ville de la Nouvelle-Angleterre aurait été réduite en cendres blanches devant la sarbacane géante agissant sur la flamme du rhum brûlant.

J'ai regardé vers le vieux volcan gris, au sommet enveloppé. Le paysage était poussiéreux, comme une vieille statuaire. Le versant de la montagne et la falaise étaient dénués d'arbres. Une chaudière d'usine renversée présentait des trous percés par des jets de pierres. Un bassin de fontaine circulaire en marbre a été ébréché du côté du volcan par les bombardements. De vieux canons servant de postes d'amarrage à quai avaient été violemment arrachés. Le paysage verdoyant se terminait brusquement à la ville le long d'une ligne nette, avec des cocotiers moitié verts, moitié bruns. Il n'y avait aucun mouvement sauf des jets de vapeur sur les pentes de la Pelée.

Soudain, je me suis demandé ce que faisaient ces évents de vapeur. Au début, il y en avait eu un ou deux le long du front de mer ; mais maintenant il y en avait huit, dix, vingt, jaillissant haut et dispersés partout dans le volcan. Un médecin, le Dr Church, se tenait près de moi et nous avons convenu que cette perspective ne nous plaisait pas. Il y avait désormais quarante avions à réaction, comme autant de locomotives fantomatiques sorties de la rotonde Pelée. Pendant ce temps, des officiers et des scientifiques en blouse blanche étaient dispersés en groupes sous les falaises, certains hors de vue de la montagne Pelée.

Nous avons regardé vers l'USS *Potomac* ; elle avait vu la vapeur, et sa propre vapeur blanche présageait des coups rapides et répétés de sa corne de brume. Pellmell, les passagers arrivèrent en dégringolant jusqu'au palier. A peine les matelots eurent-ils démarré les bateaux que deux autres personnages en blouse blanche apparurent, et nous dussions les remettre en route. La montagne semblait se diviser en une centaine d'endroits en prévision d'une explosion, et de nombreuses histoires de nouveaux cratères se formaient. Ce que nous avons vu était en fait le produit d'une averse de pluie intelligente, tombant sur du gravier sec et brûlant ; mais nous devions apprendre plus tard l'explosion d'un ruisseau de pluie. Partout où un ruisseau descend jusqu'à ce contact, un jet de vapeur se forme immédiatement.

La principale gorge d'eau du cratère Pelée a été dégagée des nuages alors que nous passons devant, et nous avons vu une coupe sous l'amphithéâtre sommital où se trouvait un lac, avec un tas de rochers chauds et écailleux en son milieu fumant violemment. Ce cratère s'étendait dans un profond ravin jusqu'à l'océan, d'où était venue une crue de boue désastreuse le 5 mai qui avait enseveli une sucrerie. Cela s'était produit trois jours avant la destruction de Saint-Pierre. L'eau a précédé la vapeur. Les fissures sous le ravin s'éloignaient sans aucun doute de la ville, et d'un gouffre inconnu à travers la ligne du ravin éjectait de l'eau et de la vapeur surchauffée vers la ville, comme le jet d'un tuyau d'arrosage. Cela s'est produit le 8 mai. Les matériaux éjectés étaient dans de la vapeur sèche et brûlants, ce qui explique les premiers rapports de lave la nuit.

J'ai vu de la roche en fusion cinq semaines après le voyage *au Potomac*, lorsque le cône du cratère était au-dessus du bord de la gorge, apparemment de gros fragments de matière angulaire brune reposant sur du gravier plus fin. Des nuages de poussière rougeâtre de chou-fleur jaillissaient du lit du ravin en contrebas toutes les demi-heures et migraient vers le bas du ravin. Cela a été suivi d'un grognement sourd, peut-être dû à des avalanches. Le bassin s'élargit au cours du mois, et le dôme gagna en hauteur et en largeur. On a vu, la nuit, une fissure incandescente brillante traverser le tas obliquement. Une soudaine augmentation de la lueur fut suivie d'un grondement, comme si le dôme se soulevait. Les bombes de croûte de pain d'andésite, fissurées à leur surface en profondes entailles, et ramassées sur la montagne à la fois à la Pelée et à la Soufrière, étaient des morceaux de lave interne.

Un dégagement fortuit de tout le dôme s'est produit deux mois après la destruction de Saint-Pierre. Nous l'avons photographié alors que la poussière brune montait et que des jets de vapeur apparaissaient vers le sud-est sur le dôme et dans le ravin. Au sommet se trouvait une extraordinaire épine, en forme d'aileron de requin, avec un escarpement abrupt à l'est, courbé et lisse et gratté à l'ouest, poussée vers le haut et hors d'une rupture centrale du dôme. C'était comme la pâte d'un tube, un crayon central dur de lave qui avait été poussé vers le haut par la force expansive intérieure. Des surfaces dentelées de rupture sont apparues sur la falaise verticale est et de longues stries de grattage arquées et lisses sont apparues sur le profil arrondi ouest de la protubérance. D'autres projections en forme de corne étaient visibles sur le dôme. L'épine sommitale se trouvait à 200 pieds au-dessus de la surface du tas.

Le 6 juillet 1902, fut le premier signalement de la célèbre colonne vertébrale Pelée. Il s'est effondré en août et, un an plus tard, une nouvelle colonne vertébrale, tournée dans la direction opposée, a atteint une hauteur de 1 000 pieds. C'était une langue centrale de lave semi-solide du dôme, suffisamment plastique pour être poussée vers l'extérieur par les forces intérieures. Sinon, le dôme était une extrusion presque solide recouverte de bombes tombées. C'était le magma, ou lave, des éruptions de la Pelée-Soufrière. Les nervures de la digue s'étendaient radialement à partir de la colonne vertébrale et traversaient le dôme. J'ai publié une explication erronée selon laquelle le dôme de rochers était constitué de vieux fragments fondus par une superexplosion et n'était pas de la vraie lave. Cependant, j'avais jusqu'à présent raison d'anticiper la théorie de la chaleur gazeuse et la fonte de tout volcanisme.

La crise directe de ces îles Caraïbes en 1902 a été provoquée par le volcan Soufrière sur Saint-Vincent, à 100 milles au sud de la Martinique, à 13 heures le 7 mai, dix-neuf heures avant le désastre de Saint-Pierre. La Soufrière a explosé, comme on dit, à travers la fosse d'un lac de cratère au sud-ouest de son sommet de 4 000 pieds, le bord du cratère mesurant 3 500 pieds de haut. Il est remarquable de constater combien de volcans mesurent 4 000 pieds de haut et combien ont des cratères, non pas au sommet, mais le long d'une faille sous le sommet. C'est précisément le cas de Pelée, c'est précisément cela qui caractérise les caldeiras du Kilauea et du Mauna Loa. Une douzaine d'autres volcans pourraient être nommés là où se trouvent les évents traversant le flanc du tas.

Hovey, Curtis et moi avons été emmenés par le *Dixie* à Saint-Vincent, où les hospitaliers colons anglais nous ont fourni des maisons au pied de la Soufrière, des domestiques et des chevaux ; et le bateau à vapeur de ravitaillement du gouvernement nous a fait faire le tour de l'île. Nous avons fait l'ascension de la Soufrière jusqu'au bord du grand cratère et avons regardé tout en bas des eaux bouillantes, vertes et boueuses, et envoyant une colonne de vapeur sur une paroi.

Nous, trois Américains, guidés par TM MacDonald, un planteur écossais, avons fait la première ascension après les terribles éruptions des 7 et 18 mai. Quittant nos quartiers du Château Belair, nous avons grimpé à pied depuis la base sud-ouest, avec six vaillants nègres portant des instruments, de l'eau. , et la nourriture. Dans les ruines de la sucrerie de Wallibu, nous avons rencontré un coolie des Indes orientales au regard fou et ses assistants en train de piller le sucre.

La rivière Wallibu a reçu le poids des graviers lourds, secs et rouges des éruptions, dérivés comme de la neige et recouverts de boue humide. L'eau fournie par la rivière s'est frayée un chemin jusqu'aux quatre-vingts pieds de remplissage incandescent de la vallée. Instantanément, une explosion de vapeur fut projetée en volutes blanches, et la rivière endigua son propre canal avec la pluie de pierres provenant des explosions ascendantes. Cela a forcé ses propres eaux à se transformer en cendres fraîches et chaudes et a ainsi maintenu une action explosive. L'une de ces rivières explosives a envoyé une colonne de trois quarts de mile de haut, d'une majesté indescriptible, ce qui a amené les indigènes à signaler de nouveaux cratères. Une pluie de boue et de sable s'abat sur notre groupe.

L'ancienne route traversant la montagne de la Soufrière a été détruite, les plaines fluviales ont été profondément creusées et des crêtes et des creux difficiles se sont rencontrés à chaque pas. Les ravins étaient approfondis en gorges, les pentes au-dessus sillonnées d'un réseau de drainage en rigoles plumeuses. Chaque éperon entre les ravins ressemblait à un toit très raide, avec un chemin lisse qui montait le long de la ligne de partage des eaux. Cela a facilité la progression. De grosses souches d'arbres de *Ficus* dépassaient en lambeaux dans la boue durcie, les branches carbonisées et aiguisées par le souffle du sable.

Un tourbillon de sable volcanique provoquait une pluie de poussière désagréable et cuisante, et l'hydrogène sulfuré sentait l'œuf pourri. Mais près du sommet, l'air était frais et le soleil éclatant. Une pluie aurait rendu la boue glissante et périlleuse, car les pentes du ravin étaient pratiquement des falaises. Finalement, nous sommes arrivés à des caillots de boue, ressemblant à un terrier de bétail, collants et jusqu'aux genoux. De gros blocs de roche de deux pieds de diamètre gisaient à la surface, morceaux rejetés des anciennes parois du cratère ; et il y avait quelques bombes de lave nouvelle.

Après trois heures, nous nous sommes rassemblés au bord de l'ancien cratère, qui avant l'épidémie était rempli d'un haut lac de cratère. Tout à coup nous arrivâmes à un immense gouffre presque circulaire, puis au profil d'un précipice noir s'éloignant de 2 000 pieds ; et sur sa face, nous vîmes une colonne de vapeur silencieuse s'envoler en vagues. Le fond était une mare verte d'eau bouillante, brouillée par les sources du mur ; et cent queues de vapeur blanche rejoignirent la colonne du mur.

Les murs intérieurs présentaient des bandes horizontales de lave ancienne et des intrusions à la fois en forme de lentilles et de digues. Il y avait des poudingstones rouge-brun constitués de fragments. Une intrusion en forme d'entonnoir ressemblait à la coupe transversale d'un volcan, formant un parfait T de lave grise, comme un champignon. Une grande fissure, remplissant l'ouest, s'élevait de bas en haut. Un bord rocheux en fer à cheval au nord, ou somma, au sommet formait le sommet de Saint-Vincent. Le bord du cratère mesurait un mile de large et l'intérieur un demi-mile de profondeur ; et la flaque verte au fond mesurait 1 200 pieds de diamètre. La base de la colonne murale crépitait violemment et projetait des jets de boue noire et des fragments de roche. Le niveau du lac était à 1 100 pieds au-dessus de l'océan, soit 800 pieds plus bas qu'avant l'éruption ; et la piscine était peu profonde, avec des vasières et des îlots. Nous utilisions des appareils photo, une boussole et des carnets de croquis ; arpenté une ligne de base; et a noté que le coin nord-ouest du cratère avait été emporté par le vent, laissant une grande entaille.

Quand nous sommes revenus au Château Bélair, les paysannes noires ont amené leurs enfants pour nous contempler, les hommes divins qui avaient osé le cratère. M. MacDonald a dû nous guider à travers la foule et nous nous sommes sentis comme les douze apôtres après un miracle.

L'éruption de la Soufrière au cours de la première semaine de mai a été plus volumineuse et violente que celle de la Pelée, car la Pelée était concentrée sur une seule cible. La Soufrière fait des ravages à l'est et à l'ouest, tandis que la Pelée se trouve dans un secteur au sud-ouest de la montagne. Cependant, ils étaient tout aussi dévastateurs et tous deux provoquaient des explosions de vapeur surchauffée et de graviers. La poussière brûlante a tué des gens, tout comme les vagues d'eau, les incendies, la vapeur, les pierres, les noyades et les enterrements.

La chute de poussière de Soufrière a été signalée jusqu'à Trinidad et la Barbade ; et des navires de l'est et du sud-est, directement contre les alizés, à une distance de 100 à 900 milles. La colonne de poussière a pénétré les antitrades de la haute atmosphère. Les sons étaient forts à 240 kilomètres de distance, mais pas à proximité des montagnes. Dans les graviers brûlants se sont produits d'innombrables glissements de terrain, les eaux des rivières se sont précipitées dans les graviers et ont provoqué de fausses éruptions, et les falaises du rivage se sont effondrées.

Aucune lave, sauf sous forme de fragments, n'est apparue à Saint-Vincent, alors qu'elle s'est élevée en amas cratère dans la Pelée. Les crues des rivières radiales aux volcans sont apparues avant et après les premières éruptions, et les scientifiques les ont attribuées à tort aux pluies torrentielles. Plus tard, des descriptions exactes faites par les indigènes montrèrent que les sources étaient des eaux chaudes jaillissant dans des endroits où il ne pleuvait pas.

Une succession d'éruptions à intervalles croissants de mai à décembre a déclenché les deux volcans. Au cours des années suivantes, les explosions ont diminué ; mais au-dessus du cratère de Pelée s'élevait un puissant dôme et une épine de lave rigide de quartz et de basalte, comme une pommade provenant d'un tube.

Il y a eu, sur Pelée, une fente du fond du long ravin du cratère. Des volutes de vapeur de chou-fleur chargées de poussière jaillissaient des fissures, de profil dur vers le bas près du rivage, douces et diffuses près du cratère. Les eaux brûlantes du fond du ravin charriaient de la boue. La montagne se fissurait le long de ravins radiaux et projetait de la vapeur et des geysers, mais tout cela était caché par des sédiments. Personne n'a jamais vu les fissures s'ouvrir. Les nuages de vapeur en migration chargés de gravier étaient appelés nuages luminescents et étaient censés « s'écouler » sous forme de fluides gazeux depuis le cratère.

L'élucidation de tout ce mystère est venue plusieurs années plus tard, après une étude approfondie de tous les rapports. Les nuages lumineux, d'abord confondus avec les gigantesques explosions qui avaient détruit la ville, se sont peu à peu expliqués. Il est devenu évident que les fissures radiales sont des caractères anciens des dômes de lave et que les dômes de lave se trouvent sous des amas d'agglomérats. La Pelée et la Soufrière sont des amas d'agglomérat. Kilauea et Mauna Loa sont des dômes de lave. Le Vésuve est un type de volcan intermédiaire.

Je suis resté sur le terrain de mai à juillet, je suis retourné à la Montagne Pelée, j'ai navigué dans le nord des îles Caribbee et je suis allé au fond du profond cratère du Mont Misery, à Saint-Kitts. Mes guides à Saint-Kitts étaient deux hommes de couleur, Johnny Eddy et Samuel Jim. Dans le cratère, nous avons trouvé de la vapeur, du soufre et une odeur d'œuf pourri, au bord d'un lac de cratère froid. Nous sommes descendus par des falaises apparemment verticales couvertes de racines. Il s'agissait d'une fumerolle typique, ou solfatare, une des caractéristiques insatisfaisantes des cratères. Nous avons collecté des spécimens et pris des instantanés, nous sommes demandés à quelle fréquence de tels endroits changent soudainement et nous ne connaissions le sulfure d'hydrogène que par son odeur. Tout cela concordait avec ce que je devais découvrir plus tard à Hawaï ; que la seule façon de connaître un cratère est de vivre avec lui et que les gaz peuvent faire fondre la lave.

En repensant à l'expédition en Martinique, je sais à quel point ce fut un moment crucial de ma vie et que ce sont les contacts humains, et non les aventures de terrain, qui m'ont inspiré. Peu à peu, j'ai réalisé que la mort de milliers de personnes par des machines souterraines totalement inconnues des géologues et donc inexplicables méritait l'œuvre d'une vie.

L'histoire de Rita Stokes m'a fait une énorme impression. À l'hôpital de la Barbade, j'ai parlé avec cette jeune fille blanche et son infirmière de couleur, Clara King, qui étaient passagères du SS *Roraima* qui se trouvait à Saint-Pierre lorsque la ville a été détruite. Quand je les ai vus, ils étaient enveloppés de bandages. Les brûlures de Clara étaient graves au genou, au bras et à la main. Ceux de Rita étaient sur la tête, les mains et les bras, ainsi qu'une oreille sérieusement défigurée. Tous deux ont été quelque peu blessés à vie. Mme Stokes, un garçon et une petite fille qui se trouvaient dans la cabane avec eux avaient été tués. Tous ont vu la montagne adjacente soulever des bouffées alors que le navire était ancré au large du front de mer de Saint-Pierre le matin du 8 mai, mais ils ont été rassurés par les officiers du navire.

Soudain, le steward s'est précipité en criant : « Fermez la porte de la cabine, le volcan arrive ! Mme Stokes a claqué la porte juste avant qu'une terrible explosion ne se produise qui a failli faire éclater les tympans. Le navire fut élevé et coula, et tous furent renversés par le choc et se blottirent accroupis dans un coin de la petite cabane. Des cendres humides et brûlantes se déversaient par une lucarne brisée dans une obscurité d'encre. Vint ensuite la suffocation, soulagée par la porte qui s'ouvrit brusquement et l'air entrant.

Lorsqu'un peu de jour revint, Mme Stokes et le petit garçon étaient recouverts de boue chaude, la petite fille était en train de mourir et l'infirmière et Rita étaient dans une grande agonie. Un tas de boue brûlante s'était accumulée sur un coin du parquet, et tandis que la jeune fille baissait la main pour se relever, son bras s'enfonçait jusqu'au coude dans le sable brûlant. Ils ont tous été emmenés sur le pont où la mère, le garçon et le bébé sont morts. Le navire était en feu et la ville voisine était une masse de flammes rugissantes. D'autres cendres tombèrent et brûlèrent les victimes. Curieusement, des brûlures au troisième degré ont été laissées sur la chair, à travers des sous-vêtements qui n'étaient pas du tout brûlés.

Clara a dit que la montagne paraissait grise avec de la fumée roulant vers l'ouest, que le temps était très calme et que la poussière sentait la poudre à canon. Elle n'a vu aucune flamme lors de l'explosion et ne savait pas ce qui avait mis le feu au bateau à vapeur. Les incendies provenaient probablement de la ville. Les cendres tombaient en éclaboussures comme de la « marne humide ». Aucune roche n'est tombée et le sable dans la cabine et sur les brûlures était du sable humide. Avant l'explosion, il y avait eu des chutes de poussière mais, selon Clara, aucune difficulté à respirer. Le soleil était rouge brunâtre.

La proue du navire était pointée vers la mer et le navire s'inclinait à gauche, puis à droite. La poupe, face à l'incendie, prit feu la première, la proue ensuite. Il n'y eut aucun grondement, seulement un choc et un tonnerre en même temps, aucun bruit avant ou après. Les seules personnes que Clara King a vues vers le rivage étaient des hommes sur un radeau.

J'ai écrit au président Eliot et à l'American Relief Committee au sujet du cas de Rita Stokes, à moitié américaine et la seule femme blanche sauvée à Saint-Pierre. Et j'ai été heureux d'apprendre de son tuteur et oncle, JE Croney de la Barbade, qu'elle était pourvu. La somme de 450 $ a été envoyée au comité et 6 000 $ en fiducie ont été mis de côté pour elle. Elle n'a jamais été séparée de sa dévouée infirmière, Clara King.

Outre les expériences des blessés, j'ai trouvé beaucoup de choses à contempler dans les découvertes de nombreux géologues ; dans les récits des médecins, des marins, des officiers de marine, des hommes du gouvernement résident, des journaux locaux et des photographes ; dans les spécimens que nous avons collectés ; et dans le travail de grands correspondants de journaux et de magazines.

Les faits et les photographies que nous avons collectés étaient déroutants. Ils ne correspondaient pas aux manuels scolaires. Deux volcans distants de cent milles ont soudainement jailli la mort. De toute évidence, ils étaient reliés le long de la chaîne d'îles, avec l'océan à l'est et l'océan à l'ouest. Les câbles télégraphiques étaient cassés. Pourquoi? Ce qui se trouvait sous l'océan était totalement inconnu, tant sur le plan événementiel que topographique. La plus grande partie de ces volcans était sous-marine.

Les tremblements de terre à Pelée étaient relativement faibles mais souvent continus. Les raz-de-marée étaient locaux et accompagnés de souffles de vapeur. Les explosions descendantes étaient initialement censées être dues aux avalanches tombées des explosions ascendantes. Puis il apparut qu'il s'agissait en réalité de jets inclinés provenant de trous ou de fissures dissimulés dans les ravins, avec des orifices inclinés au milieu des blocs d'une montagne fissurée. Car à Pelée, l'explosion qui a détruit Saint-Pierre a jailli du ravin du cratère en cascades d'eau et de vapeur, tandis que les observateurs sur les hauteurs voyaient l'horizon, ou le ciel clair, au-dessus du cratère.

La vitesse de l'explosion était de six milles en deux minutes, soit 180 milles par heure. C'était différent des nuages lumineux des derniers mois, migrant lentement le long des fissures du fond du ravin.

La perception qu'a l'homme de la vitesse par rapport à lui-même n'a rien à voir avec les vitesses réelles. On peut affirmer qu'un volcan miniature entre en éruption plus rapidement qu'un grand système volcanique, mais pas si l'on prend en compte l'ensemble du plexus terrestre des systèmes. Une éruption du Mauna Loa est une affaire très lente, en comparaison des 10 000 jets souterrains de lave dans des fissures totalement inaperçus, hormis les secousses du sismographe.

L'éruption de Pelée était comme allumer un tuyau d'arrosage. Une valve ou un orifice structurel, soudainement ouvert par le soulèvement souterrain du bloc montagneux et laissant échapper de la vapeur et de la boue, semble être la seule explication raisonnable de ce qui s'est passé. Et les seuls agents possibles étaient de la lave dure et incandescente chauffant de l'eau bouillante sous terre. Ces deux éléments ont été identifiés plus tard.

Grove Karl Gilbert de l'US Geological Survey, qui avait critiqué favorablement mon manuscrit sur les laves intrusives des Black Hills, m'a écrit de ne pas laisser tomber l'énigme de la Montagne Pelée, car il trouvait les rapports publiés insatisfaisants. En 1949, quarante-sept ans après la catastrophe, je publiais « Steam blast eruptions », traitant de la Pelée. Entre-temps, j'ai étudié de nombreux volcans.

Alexander Agassiz, qui m'avait poussé à rédiger un mémoire sur les volcans, a financé un voyage au Vésuve lorsqu'il a explosé et déversé de la lave en 1906. Ottajano, au nord-est du Vésuve, a été démoli par des jets de gravier et de pierres ; et Boscotrecase, au sud, a été envahi par des ruisseaux noirs de scories lourdes et rocheuses. Il y a eu un changement d'habitude, passant d'un amas de laves pendant trente-quatre ans à un effondrement, une avalanche interne et une explosion de vapeur pure accompagnée de restes de coulées de lave agitées.

Pourquoi trente-quatre ans ? Un tiers de siècle ? Trois fois l'intervalle des taches solaires ? La précédente explosion de vapeur du Vésuve avant 1906 avait eu lieu en 1872. Dans le cas de la montagne Pelée et de la Soufrière, les intervalles depuis les explosions précédentes avaient été de cinquante et un ans et quatre-vingt-dix ans. Mais il convient de souligner que les volcans des Caraïbes ont connu deux années de grondements, d'odeurs et de tremblements de terre terrifiants juste avant 1902. Les eaux souterraines existent en grande quantité sous les trois volcans. La Soufrière, la Pelée et le Vésuve ont tous commencé les jets de vapeur par des cratères effondrés, c'est-à-dire par des laves internes descendant dans les entrailles de la terre. La lave apparaissait généralement dans le Vésuve, tandis qu'à la Pelée et à la Soufrière, elle ne faisait que former des fumerolles ou des bouches de gaz. L'homme, simple microbe, ne pouvait rien faire des fissures brûlantes et sulfureuses.

Le 25 avril, le train électrique nous poussait lentement jusqu'à la station d'observation, au-delà de laquelle tout était détruit. En dehors de Naples, les champs étaient couverts de deux pouces de poussière gris-vert, et les pins et les palmiers étaient chargés d'un amas de sable de deux ou trois pieds. Près de l'observatoire, un épais manteau de sable et de poussière de six pouces enfouissait les champs de lave. Le cône vésuvien était recouvert de glissements de sable droits, gris blanchâtre, qui glissaient parfois vers le bas. Le paysage était enveloppé de traînées de cendres blanches, révélant obscurément les contorsions scoriez de la lave en dessous. De la vapeur blanche et pure s'échappait de la cavité du sommet, entourée d'un nuage de pluie plus ancien, comme un chapeau sur la couronne du volcan.

Mes compagnons, le Dr. Tempest Anderson et MM. Yeld et Brigg étaient tous originaires du Yorkshire. Nous avons commencé la remontée de la pente à vingt-neuf degrés dans un fort vent d'ouest. La vapeur s'installe sur le sommet, puis alterne avec des éclaircies. Nous avons suivi le profil ouest du cône vers le haut, notant comment les rails du funiculaire étaient tordus par les glissements de terrain. Tout était couvert de cailloux, de sable et de poussière, avec ici et là de gros fragments pouvant atteindre cinq pieds de diamètre. Nous avons trouvé des bases solides sur les élévations radiales de vieilles laves érodées ou de fragments compactés. Les ravines étaient remplies de sable profond.

Le bord que nous pouvions voir devant nous était le bord du cratère lui-même. La brusquerie de la chute, lorsque nous y sommes finalement parvenus, était extrêmement surprenante. Le vent nous bombardait le cou de grains de sable piquants qui, soit dit en passant, étaient ruineux pour mon nouveau Kodak. Ce n'est qu'occasionnellement que le soleil transperçait le mélange de sable, de vapeur et de nuages. Nous distinguions une pente intérieure de trente-cinq degrés, terminée 100 pieds plus bas par un précipice saillant et fumant. La courbure circulaire du cratère était évidée. Le seul bruit était le vent hurlant. Nous ne pouvions pas voir le côté opposé du chaudron effondré sur un demi-mile de diamètre. Le sommet se trouvait à 4 000 pieds au-dessus du niveau de la mer selon une mesure anéroïde, soit 350 pieds plus bas qu'avant l'éruption. Il y avait une grande entaille au nord-est, en direction d'Ottajano, où des milliers de tonnes de gravier ont été projetées par-dessus le sommet du Monte Somma, l'ancienne crête qui l'encerclait. Le diamètre est-ouest est resté bien plus grand que celui du nord-sud. Les crêtes radiales et les ravins ressemblaient à un toit ondulé, et le sable formait un angle d'éboulis aplati à la base du cône récuré. Les ondulations ne sont pas le résultat de l'érosion pluviale, mais du glissement des débris tombés. J'ai reçu quelques photos et M. Perret m'en a donné d'autres.

Le plus important était la ligne de blocs montagneux de croûte terrestre. En Italie, elle est composée d'Ischia, Pozzuoli, Vésuve, Lipari et Etna, tandis que la ligne Carribbee est composée du Mont Misery, Montserrat, Guadeloupe, Dominique, Martinique et Saint-Vincent. Une telle ligne de blocs de terre brisés est un système volcanique. Long de centaines de kilomètres, ce n'est jamais calme. Un seul endroit semble calme car superficiellement nous sommes totalement inconscients des autres endroits. Un microbe présent sur le cuir chevelu ne connaît rien de la peau des orteils. Les hommes ne sont que de simples microbes présents sur la peau des rivages, des mers et des îles. Et ils sont éloignés de toute conscience des fonds marins.

De vastes distances et de longs intervalles constituent des enregistrements, mais l'homme ne les mesure pas. Il mesure la civilisation, les guerres et les dynasties, et non les aventures du sol sur lequel il habite. Sol qu'il considère comme statique. En fait, c'est intensément dynamique. Parfois, il explose et l'homme est détruit. L'histoire de la Terre et les systèmes volcaniques font paraître les guerres très minimes.

Les énormes accumulations de roches brisées sur les couches de lave du cône du Vésuve et de toutes les îles Caraïbes rappellent les brèches ou conglomérats volcaniques du Yellowstone et des hauts plateaux de l'Utah. Des inondations de basalte alternent avec de vastes chutes ou épandages de gravier volcanique. Avalanches, glissements de terrain, torrents, inondations, appelez-les comme vous voulez, couvrent d'immenses zones de la Cordillère. Le Vésuve et la Pelée regorgent de cônes, mais les Caraïbes et l'Italie regorgent également d'agglomérats. L'érosion détruit les cônes, mais l'érosion crée des agglomérations ou des remplissages de vallées de roches et de boue. C'est l'histoire de tous les systèmes volcaniques du globe. Stübel a découvert des dômes de basalte lisses comme le Mauna Loa sous chaque système volcanique.

En 1904, le Vésuve avait laissé échapper une coulée de lave qui s'est arrêtée en septembre, et son cône était pointu, avec seulement un petit cratère et un conelet intérieur au sommet. En 1905, la lave s'était écoulée depuis une fente située au nord-ouest. Le 4 avril 1906, un splendide nuage de chou-fleur noir s'élève. Le flux du nord-ouest s'est arrêté et un rift radial sud a fait progresser les bouches de lave à 500, 1 800 et 2 400 pieds sous le sommet, plus de la moitié de la montagne. De la bouche inférieure sortaient des pahoehoe vitreux, ou des jets lisses et destructeurs, intensément incandescents et liquides, se refroidissant rapidement en aa, ou faisant germer du fudge rugueux, des croûtes noires et du clinker. La bouillie fondue s'est déversée comme une avalanche de serpents dans le village maçonné de Boscotrecase.

Le 7 avril, au niveau du cratère, une colonne de vapeur chargée de rochers s'est élevée à quatre miles, brisée par des éclairs. De nouvelles bouches de lave envoyèrent des serpents fourchus écraser et avaler des parties du village. Un cimetière était soigneusement rempli à l'intérieur de son mur de maçonnerie, montrant qu'à l'intérieur le torrent rocheux était un liquide.

Pendant ce temps, des trajectoires semblables à celles d'un tuyau d'arrosage envoyaient des chutes de graviers sur des kilomètres, jusqu'à Ottajano, sur le versant opposé de la montagne. Ceux-ci provenaient également du cratère central. Sur le flanc ouest, au niveau de l'observatoire, la maison basculait et de lourdes pierres obligeaient ses occupants à reculer. Matteucci et son équipe descendirent à mi-chemin du cône pour revenir le lendemain. Les explosions ont diminué au cours des quinze jours suivants, même si un jour un vent contraire provenant du cratère a transporté du dioxyde de carbone et du sulfure d'hydrogène, asphyxiant presque certaines personnes. Ensuite, des nuages de vapeur blanche en forme de chou-fleur se sont élevés et le bruit de grosses avalanches a été entendu.

Le champ de clinker qui envahit Boscatrecase avait 16 pieds d'épaisseur et les maisons furent coupées en deux par un torrent de scories. À Ottajano, sur le versant opposé de la montagne, des toits de tuiles plates se sont effondrés, ensevelis sous un mètre de gravier épais, dont certains avaient la taille d'une pomme. Plus près du cratère, des rochers de cinq pieds de diamètre ont été projetés sur un mile. Le volcan a probablement été bloqué à l'intérieur par des jaillissements de lave du côté de Boscotrecase, ce qui l'a fait vomir de la vapeur et des matériaux d'avalanche terreux obliquement vers l'extérieur du côté opposé, Ottajano.

Les Italiens ont un mot, *sprofondimento* , qui signifie rendre profond en suçant, qui exprime ce qui s'est passé. Ce plexus de soulèvement de scories et d'avalanche contre un geyser d'eau et de vapeur, tous deux se produisant en même temps, était très différent de l'effusion silencieuse de lave au cours des années précédentes. Cela signifiait définitivement une rupture des blocs de terre, une fuite profonde de cette lave probablement au niveau de la partie sous-océanique des fissures radiales et une entrée profonde de l'eau de source dans des chambres incandescentes vides. Cela signifiait une crise de rupture, l'effondrement du pic et un nouveau geyser assez méconnu. L'éruption s'est terminée lorsque la pression des scories a été relâchée, les blocs de montagne se sont affaissés et les scories gelées ont coupé les eaux souterraines. La lave restante est entrée dans des décennies d'accumulation profonde et de bouillonnement de gaz, la phase solfatarique. Ce qui a mis fin aux trente années de construction était probablement une pression vers le bas due au poids de l'entassement superficiel du cône. La fissuration a libéré de l'eau vers l'intérieur.

Les trente-huit années suivantes devaient aboutir à une crise similaire pour le Vésuve qui dura dix jours, et à nouveau son apogée s'effondra. C'était en mars 1944, lorsque nos troupes américaines entrèrent à Naples. Il est intéressant de noter que ces points culminants ont été espacés d'un tiers à un demi-siècle, mais la signification des intervalles ne peut être vraiment comprise que lorsque des volcans comme l'Etna, le Stromboli et le Vésuve sont regroupés. La même chose est vraie du Kilauea et du Mauna Loa, ainsi que de la Pelée et de Saint-Vincent. Ponte rapporte que les éruptions de l'Etna sont espacées de dix ans, semblable à l'intervalle des taches solaires ; et Perret note un intervalle de dix ans pour les plus petites éruptions du Vésuve. Nous avons mesuré un intervalle de onze ans pour Hawaï, avec des points culminants proches du minimum de taches solaires. Le point culminant est lorsque la lave descend et reste silencieuse, ou lorsque le nombre de taches solaires diminue et reste faible. Personne ne sait pourquoi, ni aucune cause connexe.

Trois points culminants de onze ans font un tiers de siècle, quand au Kilauea et au Vésuve, quelque chose de plus grand se produit. Les taches solaires ont numéroté une courbe étrangement similaire aux dates correspondantes.

Des photographies du Vésuve prises juste avant l'effondrement de 1944 montraient le trou du cratère de 1906 complètement rempli et débordant. Il y avait un plancher intérieur plat, avec un conelet au milieu. L'éruption de 1944 a fait s'effondrer le conelet, diviser le grand cône extérieur et envoyer des coulées détruire San Sebastiano et plusieurs villages. Les torrents de cendres ont tué des gens et la centrale électrique du funiculaire a été détruite, comme d'habitude. La montagne s'est divisée en plusieurs directions.

Tout comme en 1906, les étapes de l'épidémie de 1944 ont été des coulées de lave, un mélange de lave jaillissant intensément liquide, un effondrement du cratère, d'énormes émissions de gaz, des cendres noires se transformant en vapeur et en cendres blanches à mesure que l'émission augmentait, et finalement de la vapeur blanche. Le frêne noir était la lave contemporaine à augite sombre ; la cendre blanche semblable à de la neige était broyée dans de vieilles laves contenant des cristaux blancs, la leucite.

La phase liquide a pris une forme de fontaine inhabituelle, ressemblant à celle du Mauna Loa à Hawaï, et neuf périodes de fontaines explosives incandescentes brillantes se sont produites. L'effondrement a commencé le 13 mars ; la fontaine s'est produite du 20 au 22 mars, avec des jets de lave liquide brillante et des flammes, de 1 000 à 3 000 pieds de haut ; et le cratère est devenu un lac de lave. Les flammes ont été provoquées par l'hydrogène présent dans la lave elle-même et peut-être par certains gaz carbonés. Cette phase de fontaine liquide était le point culminant des explosions, produisant de la pierre ponce, avec de la vapeur d'eau comme produit gazeux. Les cendres sont tombées à quatre pieds de profondeur à trois milles de là, et certaines sont tombées sur la côte Adriatique. Des nuages de vapeur blanche et des nuages de cendres noires s'élevaient avec les fontaines, blancs et noirs côte à côte.

L'effet net a été de laisser un bol de 1 500 pieds de diamètre et de 800 pieds de profondeur, recouvert de gravier d'avalanche. Cela a reconstruit l'entonnoir de 1906 et, comme en 1906, la hauteur du bord était de 4 100 pieds après l'éruption. En d'autres termes, les trente-huit années avaient rempli le vaste cratère, pour ensuite engloutir et éjecter le contenu en 1944, et le disperser sur les pentes, ajoutant un poids immense à l'enveloppe extérieure du cône.

Cent millions de mètres cubes de lave se sont déversés et 50 millions de mètres cubes de cendres reposent désormais sur le volcan. Une quantité trois fois supérieure était emportée au loin et le volume de gaz était dix fois plus important. Les fragments de roche, probablement 200 fois plus gros, ont été engloutis par des avalanches.

La grande réussite d'une éruption est d'ouvrir une montagne, de laisser la lave interne effervescence et descendre, d'admettre les eaux souterraines et de produire des feux d'artifice spectaculaires de gaz brûlants et de fonte. La libération de la pression en ouvrant la croûte permet un grand spectacle d'écume ardente, mais aucun géologue ne voit l'accomplissement profond de la lave s'enfonçant et s'écoulant par des canaux souterrains. Il peut s'écouler le long du fond de la mer Méditerranée. Au Vésuve, elle pourrait glisser à travers de profondes fissures en direction de la Sicile.

Certes, un ajustement périodique du grand système (Vésuve-Stromboli-Etna) s'est produit au plus profond de la terre, et les trente-huit années d'accumulation signifient une contrainte par alourdissement. La pression de 100 millions de tonnes de lave stockée à l'intérieur d'une montagne à cône faible et prête à bouillonner de chaleur et à abandonner son hydrogène est ce que la science oublie trop souvent.

Le système continental de fissures entre les blocs de croûte et rempli d'eau de pluie attend d'aider à la crise, tandis que les blocs sont en équilibre sur les soulèvements de gaz des âges. Les gaz des âges, atteignant le cœur du globe, font fondre éternellement les parois de matière chauffée à blanc, les parois de blocs de roche siliceuse de 1 800 milles de profondeur. Dans ce système, le Vésuve est un petit bouton. Par ailleurs, les tremblements de terre de 1944 ont été enregistrés en plus grand nombre pendant la période où les fontaines de pierre ponce liquide étaient en action au cours des neuf périodes différentes entre le 20 et le 23 mars. le poids et les parois intérieures avalancheuses se produisaient tous ensemble. Le colmatage des évents a forcé la vapeur de l'eau souterraine à pulser. Cela ne pouvait pas durer ; les blocs de montagne se sont déposés et ont repris la pression, la lave profonde s'est évacuée, la chaleur a diminué et le gaz a été libéré. Le système volcanique plus grand a affirmé son poids vers le bas du globe ajusté.

En faisant grand cas des pulsations et des intervalles de trente-trois ans, nous rêvons d'un volcan idéal tel que celui qui pourrait être construit comme le fut notre appareil à geyser. Mais il n'est pas question de la réalité des marées dans les rochers comme dans les océans ; du jour et de la nuit ; le froid et le soleil ; année et siècle. Le continent et l'océan sont positifs, le globe et le système solaire sont positifs. Le volcan idéal fait partie d'un système de marée et est de taille limitée. La science a donc le droit de rechercher comment il se fait qu'au fil des siècles, la plupart des volcans restent à 4 000 pieds de hauteur. Il a le droit de rechercher des moyennes et des périodicités, tout comme un médecin recherche la respiration, la température et les battements du cœur.

Comme les hommes, les volcans ne sont pas tous pareils, mais les hommes et les volcans sont des organismes ordonnés. L'objet de la volcanologie est de trouver l'ordre et de relier le petit ordre à la grande régularité des marées terrestres et solaires.

Ma visite en 1906, à la fin de l'éruption du Vésuve, a cristallisé l'idée de ma vie, commencée à Pelée ; mais mon accomplissement était éclipsé par celui de Perret, que j'ai rencontré pour la première fois alors qu'il assistait l'observatoire des volcans italiens. C'était un photographe et un observateur d'une rare valeur. Il vivait à Naples et photographiait tous les volcans italiens, et il avait élaboré un diagramme de contrôle solaire pour prédire les marées volcaniques. L'Italie avait fait d'un ingénieur physicien un volcanologue. La découverte de Perret signifiait pour moi bien plus que n'importe quel phénomène géologique.

Frank Alvord Perret était un ingénieur électricien de Brooklyn et un génie avec un Kodak ordinaire. Il prit au Vésuve, par audace, les photographies les plus remarquables jamais faites d'un volcan en activité. Ses connaissances en astronomie, météorologie et physique lui ont permis de voir dans un volcan quelque chose à étudier de près, comme Benjamin Franklin étudiait un orage. Il a développé et imprimé lui-même ses photographies et a colorié ses diapositives pour lanternes. Il aide Matteucci, directeur de l'observatoire du Vésuve, et est décoré chevalier par le roi d'Italie. Il s'est approché des bouches de lave et des nuages d'explosion et a pris des centaines de photos.

Perret et moi avions exactement la même conception du volcan. Nous l'avons considéré comme un organisme vivant à enregistrer, tout comme les précipitations sont enregistrées par les météorologues. Pour notre enregistrement, nous avons dû inventer des instruments volcaniques. Bien que l'appareil photo soit l'instrument suprême de Perret, il fut toute sa vie un inventeur en électricité. Des hommes d'affaires de Springfield, dans le Massachusetts, ont financé son travail en Italie ; et je suis allé à Springfield pour donner des conférences et encourager leur association de recherche, le prédécesseur de notre association hawaïenne.

Perret a photographié l'Etna, le Stromboli, Ténériffe, le Sakurajima, le Kilauea, les cônes des Caraïbes et d'autres volcans, et a réalisé un travail héroïque lors du tremblement de terre de Messine en 1908. Lorsqu'en 1929, la Pelée entra dans une autre de ses périodes d'explosion et de soulèvement, elle fut étudiée de manière critique. par Perret qui avait créé un musée et un observatoire à la Martinique. Il s'est finalement installé dans son musée à Saint-Pierre et a rendu de grands services lors de la crise du tremblement de terre de Montserrat en 1933 et par la suite. Il n'était pas fort physiquement et la poussière volcanique lui a causé une pneumonie, mais il s'est remis à plusieurs reprises d'attaques. Il mourut à New York, après avoir été repoussé vers le nord par la Seconde Guerre mondiale.

J'ai également rencontré l'oculiste, géologue et photographe du Yorkshire, le Dr Tempest Anderson, sur le Vésuve en 1906. Ce fut une autre rencontre heureuse. Lui aussi était un photographe de volcans expérimenté et avait pris des photos en Nouvelle-Zélande et en Islande avec ses appareils photo de construction privée, en utilisant des méthodes d'une extrême originalité. Il m'a ensuite fabriqué un appareil photo avec de petites plaques de verre, une chambre noire, des manchons, sans porte-plaque, un trépied Alpenstock, un révélateur de test de bandelette en bouteille, un boîtier métallique auto-séchant et une grande perfection de rigidité et de mise au point. Nous devions nous rencontrer encore et encore dans différentes parties du monde. Il devient l'un des experts britanniques envoyés à Soufrière par la Royal Society. Il est mort de la typhoïde lors d'un voyage volcanique aux Philippines.

Peu de temps après mon expédition sur le Vésuve, j'ai quitté Harvard pour devenir responsable de la géologie à Massachusetts Tech. Mon enseignement chevauchait celui des professeurs W. Niles et WO Crosby à Tech et Wellesley, tandis que pendant un certain temps, j'ai poursuivi mes travaux à

Harvard. C'est à cette époque que je commence à réfléchir aux moyens possibles de financer une expédition vers les îles Aléoutiennes et leurs quarante volcans actifs. L'année 1906-1907 étant une période de boom financier, je me rendis chez Calumet et Hecla, la grande société de cuivre dont Agassiz était président. À mon grand étonnement, ils ont souscrit 1 000 $ pour lancer l'expédition technologique. State Street et Wall Street ont porté ce montant à 13 000 dollars en dix jours, et j'ai beaucoup appris sur la disponibilité de l'argent lors d'un boom boursier. Le président Pritchett de Harvard a approuvé l'expédition et je l'ai organisée pour une goélette à voile en provenance de Seattle, avec neuf membres d'équipage et sept scientifiques.

5. Scientifiques de l'expédition technique aux Aléoutiennes, 1907 ; de gauche à droite : Jaggar, Gummere, Vandyke, Eakle, Sweeney et Myers

Nous avons appareillé au printemps 1907 et avons passé quatre mois dans cet océan de vents, de brouillards, de pluie et de froid entre Dutch Harbour et Atka, la moitié orientale des Aléoutiennes. Un homme, Colby, était un chasseur d'ours qui explorait la péninsule de l'Alaska et rapportait des articles sur le charbon et l'or. Les scientifiques étaient deux géologues, deux étudiants en mines, un médecin également botaniste et entomologiste et un astronome. Il s'agissait d'Eakle, Myers, Sweeny, Vandyke et Gummeré. Le capitaine et le second étaient un oncle et un neveu, tous deux Néo-Écossais nommés Seeley. Le poème suivant du maître raconte l'histoire mieux que moi.

UNE IDYLE EN ALASKAN

Un collège oriental de renommée

Avait acheté dans la ville de Seattle

La goélette Lydia de mauvaise renommée

Et Seeley était le nom du capitaine.

Le Scientifique, ils étaient au nombre de sept

Leurs sujets allaient de H———l au Ciel

Un sur le volcan, un sur les étoiles

Botanique, bugs, raccourcis vers Mars.

Comme les chevaliers d'autrefois, étaient-ils prêts à tirer

La puissante baleine, le féroce malamoot.

Bons gars à tous. J'espère qu'ils seront indulgents

A celui qui écrit ce vers sur la mer

Professeur Jaggar, homme spécialiste des tremblements de terre.

Pour gravir les sommets des montagnes et les explorer

En fouillant dans leurs entrailles, je vous en prie, ne vous moquez pas.

Je pourrais te dire comment c'était, ce truc injurieux s'est déclenché

À d'autres moments, sur de nombreux rivages étrangers

Avait étudié en profondeur les connaissances en sismologie

En regardant dans leur gorge et en notant l'odeur.

Je pouvais dire exactement à quelle distance nous étions de H——l.

Professeur Gummere de l'Institut Drexel

Sur le puissant mont Makushin, il a brûlé sa botte

Le cratère était certainement chaud mais quand nous nous sommes renseignés

J'ai trouvé que c'était fait en les séchant près du feu

Angles et creux de type magnétique

Les ampoules sèches et humides étaient toujours dans son esprit

Fort dans les débats sur les théories scientifiques

J'ai passé de nombreuses heures fatigantes sur le Pacifique

Dr Vandyke, les contreforts contournaient souvent

Tu retournes des pierres et tu fouilles dans la terre

Coléoptères et insectes, toutes choses qui volent et rampent

C'était son plaisir, et bien il les connaissait tous

Si quelqu'un était malade ou planait près du Brink

Il te ramènerait avec une pommade à base de zinc

Faune et flore composées d'insectes et de fleurs

Étaient son délice. Sur eux, il parlait pendant des heures

De stature légère par nature énergique

La façon dont il chassait ces insectes était assez pathétique

Colby et Cody chasseurs de renom.

Dont la spécialité était les ours, blancs, noirs ou bruns

Les îles Aléoutiennes ne cèdent que le renard et le rat

Mais ces Nimrods ne s'en souciaient guère

Le sang était leur passe-temps, mais ils vivaient pour le sang

Et l'estomac de Colby en réclamait toujours plus.

Ils nous ont quittés tôt à notre grand désarroi

Pour chasser le grizzly dans la baie de Bristol.

Avec des noix de raisin, de la farine, du bacon à gogo

Ils chassent le caribou, que demander de plus

Vient ensuite le petit Dr Eakle avec le scintillement dans les yeux

Qui pourrait cuisiner un flapjack, piler des pierres.

Ou gravir les montagnes en hauteur

Je parie quand il rentrera chez lui sur la côte californienne

Il ne parcourra plus jamais la mer de Béring à bord d'un Sch'r

Il nous a laissé à Dutch Harbor et a pris un autre chemin

À l'Alma Mater de Berkeley, sur la baie de San Francisco.

MM. Sweeney ensuite et Myers, jeunes hommes de bonne
réputation

Ce dernier sur son clairon se ferait souvent un plaisir de chanter

À toute heure, à toute heure, de nuit comme de jour

Réveil, appel au mess, n'importe quoi

Il la traînerait et jouerait.

Il est parti avec Eakle à notre grand regret

Et dans mes rêves j'entends encore le réveil.

Maintenant j'ai rôti et j'ai porté un toast à ces gars-là, bons et vrais

Inclinez simplement votre oreille et écoutez

Pendant que je te murmure

Avec beaucoup de camarades de bord, je n'ai encore jamais mis les voiles

Au milieu des légères brises du Pacifique ou du vent sauvage des Aléoutiennes

Je me souviendrai de chacun d'eux

Et j'espère qu'ils penseront à moi

Et le voyage qu'ils ont fait dans le film Lydia.

Vers la vieille mer de Béring.

George Seeley

Maître Voile de la Technologie

Expédition 1907

[Non corrigé du manuscrit original]

Nous avons collecté des spécimens et pris des notes sur la géologie, le magnétisme, la topographie, la météo, la photographie, l'ethnologie, les plantes, les insectes, les oiseaux, les minerais, la navigation, les volcans et la navigation – matériaux pour des années d'études en laboratoire. Le journal de l'expédition, de trente-sept pages avec des photographies, a été publié par la *Technology Review* .

Comme toute expédition volcanique de ce type, nous avons été gênés par la nécessité d'utiliser un voilier, par le mauvais temps, par la pluie qui gênait la photographie, par de longues périodes en pleine mer dans le brouillard et par des cratères inaccessibles au milieu de la glace des sommets des montagnes. Du point de vue administratif, deux choses ressortaient : la nécessité d'un bateau amphibie, indépendant des ports, et le besoin d'une station terrestre plus ou moins permanente, à partir de laquelle un bateau amphibie pourrait opérer pour atteindre et atterrir sur des plages déterminées. Une station permanente pourrait travailler sur les spécimens par mauvais temps. Ces découvertes ont déterminé la politique qui devait aboutir à l'Observatoire des Volcans Hawaïens, à la construction de bateaux amphibiens et à cinq autres voyages aux Aléoutiennes en 1932.

Je pourrais décrire le glissement sur l'herbe glissante d'Unalaska, sur les pentes abruptes particulières aux Aléoutiennes ; explorer les cratères de glace au sommet du Makushin à Unalaska ; ou affronter une tempête pendant cinq jours en essayant d'atteindre à pied le volcan Korovinski d'Atka. Mais ces contes ont été publiés ailleurs.

Le plus passionnant des volcans des Aléoutiennes est le Bogoslof, un pic immergé au nord d'Umnak, avec son cratère, une ligne de rochers en éruption, juste au niveau de la mer. Nous avons eu de la chance avec la météo et avons débarqué à Bogoslof dans la matinée du 7 août 1907. Des centaines d'otaries, hurlant près des doris, surgissaient et nous regardaient puis plongeaient frénétiquement sous les vagues. Sur la plage, nous avons trouvé un taureau endormi, mais il s'est réveillé et a pataugé maladroitement vers la mer. L'îlot était alors constitué de quatre pics séparés par des replats de sable, celui du centre étant constitué d'une masse fumante de protubérances de lave en forme de pommes de terre. A côté se trouvait un demi-cône brisé en deux, avec une épine cornue semblable à un aileron de requin ; Pelée à nouveau. C'était également similaire à l'île Blanche de Nouvelle-Zélande. Aux deux extrémités de l'île se trouvaient des roches de lave plus anciennes et pointues. Le tas actif mesurait 450 pieds de haut avec des revêtements jaune vif et un bassin annulaire d'eau salée chaude autour de lui, jaune avec de la boue tachée de fer. Les falaises rocheuses étaient couvertes de milliers de guillemots, de leurs poussins et de leurs œufs ; et les oiseaux assombrirent le ciel en vol. La puanteur des abats et des œufs pourris était intense.

La mer était pleine de poissons, les plages étaient pleines d'otaries, la lave chaude et l'air étaient pleins d'oiseaux. Ainsi la vie et le volcanisme mortel cohabitaient. La roche active était du basalte réfractaire, semi-solide, en croûte et se brisant en blocs lorsqu'elle s'élevait d'un cratère submergé.

Le 1er septembre, après notre départ, le cratère a explosé, projetant du sable et de la poussière sur une distance de 100 milles à l'est. Le tas du milieu fut englouti, ne laissant qu'une lagune ; et les sommets restants étaient enveloppés d'un épais manteau de débris. Une telle histoire de construction, d'éclatement et d'étalement comme un banc dure depuis plus de 111 ans. Bogoslof est le sommet d'une Pelée sous-marine, à plusieurs milliers de pieds au-dessus du fond de la mer. Il est toujours actif, le volcan indice des Aléoutiennes.

C'est à cette époque que l'on commença à reconnaître la nécessité d'observatoires. Quelque chose de nouveau et de grave menace était apparu dans la géologie, de terribles jets de vapeur capables de jaillir horizontalement et de manière explosive. Et même au moment où j'écris, en 1952, ces attaques ont coûté des vies humaines au mont Lamington en Papouasie et au mont Hibokhibok sur l'île de Camiguin aux Philippines.

Au Vésuve, sous Palmieri, un observatoire avait été créé vers 1859. Le directeur s'intéressait à la météorologie affectée par le Vésuve et des rapports annuels étaient publiés de manière irrégulière. Les directeurs successifs se sont intéressés à la fabrication d'instruments pour la science des volcans et Mercalli, le directeur en 1907, a publié un livre en italien sur les volcans actifs du monde. Quand je suis allé à la Montagne Pelée, je pensais à l'aventure du Vésuve ; et le professeur Lacroix de Paris établit des officiers d'artillerie près des ruines de Saint-Pierre après le désastre, pour surveiller et faire rapport en tant qu'observatoire du volcan. Ils ont fourni des détails et des photographies des nombreuses éruptions et de la croissance du dôme et de la colonne vertébrale de lave. Les docteurs Hovey, Flett, Anderson, Lacroix et Heilprin retournèrent sur la montagne Pelée et ajoutèrent beaucoup au dossier d'observation et de photographie, et le Dr Stübel publia un livre spécial inspiré par l'étude critique des Caraïbes, en comparaison avec les volcans andins.

Hovey et moi avons adopté une résolution en 1907 lors de la réunion de la Geological Society of America, « recommandant fortement la création d'observatoires des volcans et des tremblements de terre ». Perret et moi étions tous deux inventeurs d'instruments, tous deux expérimentateurs, et tous deux convaincus que la méthode de l'expédition à elle seule ne résoudrait jamais le problème du volcan. Les frères Friedlaender de Zurich créaient à Naples une « Zeitschrift für Vulkanologie » et un laboratoire avec des assistants allemands, suisses et italiens. La Carnegie Institution a créé à Washington un laboratoire géophysique consacré à la chimie physique à haute température. Nous, les autres, étions influencés par nos ambitions sur le terrain, et depuis 1899, je me battais pour une étude géologique à Hawaï, car j'étais convaincu que le volcan Kilauea devait y avoir un observatoire américain des volcans.

Mes expériences sur l'érosion, la sédimentation, la déformation et l'éruption m'ont convaincu qu'une science expérimentale de terrain était vouée à se développer dans chacune de ces parties de la géologie dynamique. Tous ces éléments nécessitaient des observatoires de terrain pour déterminer l'indice d'érosion, l'indice de sédimentation, l'indice de mouvement du sol et de tremblement de terre, l'indice de volcanisme ; ces indices devaient être quantitatifs tout comme le thermomètre, le baromètre et l'anémomètre faisaient de la climatologie une science quantitative de l'air. Je n'ai trouvé presque rien de réalisé dans ces nouvelles sciences de terrain. Personne ne rêvait d'attaquer le Mississippi en tant que domaine de la science pure de l'érosion, comparé à l'Amazonie. On pensait que ces choses pouvaient être laissées au commerce et aux ingénieurs.

Par indice d'éruption, j'entends la particularité géographique du Vésuve, par exemple, en tant que centre d'éruption. Perret a essayé de réduire cela sous forme de diagramme. J'ai publié, à Washington, un plaidoyer en faveur des observatoires géophysiques.

Un tremblement de terre en 1908, prédit et photographié par Perret, avait tué 125 000 personnes en Italie à Messine, près de l'Etna. C'est pourquoi j'ai senti plus fortement que jamais qu'il fallait faire quelque chose. C'est ainsi qu'en 1909, j'ai fait, à mes frais, un voyage à Hawaï et au Japon avec ma famille. Tout en moi a convergé pour faire de ma vie une œuvre des résultats de mon voyage dans le Pacifique.

À Honolulu, j'ai été invité à montrer mes diapositives colorées sur la catastrophe de la Montagne Pelée et à décrire le projet de Massachusetts Tech pour une station sismographe à Blue Hill, près de Boston. Lorsque l'honorable LA Thurston du *Pacific Commercial Advertiser m'a interviewé après la conférence et m'a demandé si le volcan Kilauea, sur l'île d'Hawaï, ne serait pas meilleur que Blue Hill, j'ai répondu qu'il y aurait certainement beaucoup plus de tremblements de terre et,* en outre, qu'il y aurait beaucoup plus de tremblements de terre. offrent des laves volcaniques à observer en action. Thurston demanda : « Est-ce alors une question d'argent ? J'ai répondu que c'était le cas, en grande partie, mais que cela impliquait également de convaincre les autorités technologiques que j'avais raison.

Après avoir visité Kilauea, où j'ai séjourné à la Volcano House et vu la fosse de lave Halemaumau en action, je suis allé au Japon. Là, j'ai visité les stations sismographiques du professeur Omori et me suis rendu au volcan actif Tarumai à Hokkaido. Le Tarumai, qui subissait une éruption intéressante à cette époque, est un cône de 4 000 pieds situé dans les forêts de pins de l'île du nord du Japon. (Remarquez les 4 000 pieds habituels.) Il avait éclaté de manière explosive, envoyé une grande spirale de nuages de chou-fleur de vapeur et de cendres sur des milliers de pieds, et avait ensuite empilé un dôme de lave dans son cratère sommital, le dôme soulevant le fond du cratère. et dépassant au-dessus du sommet de la montagne.

Il s'agissait d'une extrusion d'andésite, plus réfractaire et donnant une vapeur plus chaude que les évents de Kilauea, mesurée avec un thermomètre électrique. Nous avons obtenu 450°C avec le thermocouple Bristol dans des fissures couvertes de soufre sifflant sur la face réelle du dôme de lave. Kilauea avait donné 300°C dans la fameuse « fissure de la carte postale » où les visiteurs brunissaient leurs cartes.

Le dôme de lave raide et montant de Tarumai était une copie des laves du Bogoslof et de la Pelée, mais le Bogoslof était un cratère au niveau de la mer, et le grand dôme et la colonne vertébrale de la Pelée au-dessus du sommet de la montagne se sont développés au cours de la deuxième année d'éruption. J'ai trouvé une autre inspiration lors d'une visite au volcan Asama, au centre du Japon. Ici, tout comme à Tarumai, la lave dure gisait dans un tourbillon rigide, sifflant et fumant au fond du cratère sommital après que le cratère eut annoncé une éruption par des poussées de « chou-fleur ».

Il était évident que les poussées de lave dure provenant du fond des cratères étaient caractéristiques des côtes du Pacifique et des Caraïbes, contrairement aux coulées hawaïennes et italiennes. La pression ascendante brise une montagne, les scories et les eaux souterraines bouillantes à l'intérieur soulèvent des graviers et de la poussière d'avalanche, des colonnes de vapeur chargées de poussière se précipitent, la débâcle laisse échapper de la lave et, selon son gaz moussant, sa chaleur et la température de l'air, il est physiquement capable soit de faire mousser le liquide à travers des fissures radiales, soit de pousser des semi-solides et de les empiler sous forme de tas.

L'effet net est constitué de boucliers de lave plats pour Hawaï, avec des flux dans et sous l'océan, et de hauts cônes galbés pour les Andes et le Japon, avec l'Italie quelque part entre les deux. La différence entre les laves est une question de fusion interne, due à la chimie et aux gaz.

Dans la première décennie du XXe siècle, c'était nouveau pour moi en tant que géologue, car les livres n'expliquaient pas les gaz internes à la lave. La géographie ne comprenait rien à la relation entre un volcan et les lignes de fissuration de la croûte terrestre et la profondeur de la croûte, et de gigantesques explosions ont dominé l'histoire à titre d'exceptions. On pensait alors que les scories réfractaires étaient rigides en raison de leur fusibilité chimique, et la présence de gaz en solution dans une masse fondue n'est pas encore comprise aujourd'hui. Le voyage au Japon a expliqué le contraste classique entre l'océanique Hawaï et l'Équateur continental, tous deux volcaniques, ainsi que le contraste supplémentaire avec les agglomérats de Yellowstone et les intrusions des Black Hills du Dakota du Sud. Il est clair qu'Hawaï doit être étudié et que la géologie expérimentale doit être étendue au globe en tant que laboratoire.

À mon retour à Honolulu, le professeur Ralph Hosmer, forestier, m'a rencontré et m'a signalé que de l'argent d'Honolulu était disponible si Massachusetts Tech m'envoyait à Hawaï pour fonder une station d'expérimentation sur les volcans. C'est alors que l'Association hawaïenne de recherche sur les volcans, formée par des chefs d'entreprise d'Honolulu, est devenue une réalité, pour se cristalliser plus tard en une société éducative.

En 1910, alors que j'étais encore professeur à Massachusetts Tech, la United Fruit Company m'a invité à monter sur l'un de leurs navires pour étudier la destruction causée par le tremblement de terre de Cartago, au Costa Rica. J'y ai vu une opportunité d'étudier la sismologie sur le terrain, comme j'avais étudié la volcanologie en Martinique. La United Fruit Company possédait le chemin de fer et une grande partie de la dette nationale du Costa Rica. FR Hart, trésorier du MIT et directeur de l'entreprise fruitière m'a dit de faire mes propres plans et que l'entreprise paierait toutes les dépenses. Sachant que l'ingénierie est de première importance en cas de tremblement de terre, j'ai invité le professeur Charles Spofford, chef de notre département de génie civil, à m'accompagner, et il a immédiatement accepté.

Notre voyage s'effectuait depuis la Nouvelle-Orléans, dans l'un des splendides bateaux à vapeur blancs comme neige de la fruit company. Ce navire, passant par Belize au Honduras britannique, nous a emmenés à Limon, sur la côte caraïbe du Costa Rica, un lieu de plantations de bananes et de main-d'œuvre noire jamaïcaine. De Limon, nous avons pris un chemin de fer à voie étroite pour gravir les montagnes jusqu'à la haute et saine capitale, San José. Nous avons dépassé les ruines de la ville de Cartago, avec ses églises détruites par le tremblement de terre et ses bâtiments inférieurs détruits, tous recouverts de lourds toits de tuiles rouges. Don Anastasio Alfaro, scientifique du gouvernement, nous a montré des sismographes et des cartes, et nous avons rendu visite au président Jimenez, qui possédait une ferme laitière sur les hautes pentes du volcan Irazu, juste au-dessus de Cartago. Je me suis arrangé avec le Président pour que le gouvernement fasse une enquête officielle dans toute la République, proposant une étude de dix degrés de dégâts sismiques, adaptés aux habitudes centraméricaines. Ces degrés, depuis la simple alarme jusqu'aux églises détruites, devaient s'appliquer à ce qui s'était passé dans chaque endroit. En fonction des réponses, nous établirions pour chaque lieu une valeur numérique d'intensité et la tracerions sur la carte.

Nous avons visité l'épave du Cartago, où le séisme avait eu lieu comme un coup de fouet le 4 mai 1910, juste à l'heure du souper. Un conducteur de chemin de fer américain et sa famille étaient assis à table et, aux premières secousses, ils se sont tous avancé sous la table de la salle à manger. Lorsque la maison basse en pisé est tombée sur eux, la table leur a sauvé la vie. Un objet pathétique était le carré creux du palais Carnegie, conçu par un architecte costaricain pour promouvoir la paix en Amérique centrale. Il n'était pas correctement renforcé et tout s'est effondré, y compris le mur de pierre orné qui entourait le terrain ; et un poteau de porte fêlé retenait une buse mélancolique dans la hideuse ruine. Ceci et plusieurs des grandes églises, fissurées et perturbées, ont donné à Spofford de la nourriture pour ses notes architecturales.

La ferme du président sur Irazu était un bel endroit avec des clairières vertes, du bétail gras et de jolies laitières espagnoles, à plus de 9 000 pieds d'altitude. Le cratère d'Irazu, à 10 300 pieds, était une dépression effondrée au sommet de la montagne avec une solfatare fumante sur un côté et de nombreux trous circulaires à l'intérieur, dans un bord plus ou moins circulaire.

Le cratère Poas était très différent, avec un lac de cratère rempli d'eau bouillante entouré de couches horizontales de cendres de couleurs vives. Nous avons trouvé des bombes enterrées provenant d'une éruption récente qui avaient percé le sol de trous d'un ou deux pieds de diamètre. Ce fut pour moi une folle aventure que de recevoir un cheval à 4 HEURES DU MATIN , équipé d'une selle pourrie, qui glissa lorsque je le montai. Le cheval m'en voulait dans l'obscurité du petit matin, venant juste de laisser son grain, et m'a immédiatement repoussé ainsi que la selle. D'autres aventures ont suivi. Lors de la montée de la montagne et au milieu de la forêt, nous avons rencontré un piège à jaguar qui avait récemment capturé deux grands félins. C'était un enclos couvert de rondins appâtés avec une volaille et déguisé en broussailles ; un volet tombait et fermait l'ouverture lorsqu'on touchait l'appât. En descendant, nous avons eu un terrible orage tropical, avec des nappes de pluie froide, et j'ai eu froid jusqu'aux os et j'ai souffert de dysenterie pendant deux ou trois jours.

Il existe une douzaine de volcans comme ces deux-là sur l'épine dorsale des montagnes rocheuses du Costa Rica. Ils s'étendent selon une ligne irrégulière depuis la frontière du Panama au sud-est jusqu'au Nicaragua au nord-ouest. Tous ont des enregistrements d'activité explosive, mais les coulées de lave sont rares. Partant du Nicaragua, la ligne de la Cordillère, coiffée de volcans, continue à travers le Salvador, le Honduras et le Guatemala ; et certains des niveaux inférieurs ont des coulées de lave. Parmi eux, Cosquina est célèbre ; et le volcan Santa Ana, au Salvador, est remarquable en tant que volcan fréquemment actif, dont l'un des sommets est Izalco, le volcan indice de l'Amérique centrale, qui entre fréquemment en éruption. Les autres volcans index sont le Kilauea pour Hawaï, le Stromboli pour l'Italie et le Bogoslof pour les Aléoutiennes. La prochaine ligne de volcans, également orientée vers le nord-ouest, s'étend du Guatemala jusqu'au sud du Mexique. La ligne du Costa Rica chevauche le côté nord-est de la ligne Nicaragua-Salvador, et celle-ci chevauche à son tour la ligne Guatemala, et ainsi de suite. Les chaînes de volcans s'étendent sur un échelon de fissures, surmonté de pics de lave entassés sur la ligne de partage continentale.

Du point de vue de l'expérimentation volcanique, l'exploration du tremblement de terre de Cartago et des cratères Poas et Irazu et l'étude de leurs relations ont caractérisé la combinaison insatisfaisante de montagnes de strates soulevées et d'éruptions volcaniques et de frictions souterraines. Cela s'étend tout au long de la Cordillère, de la Patagonie à l'Alaska. Je dis insatisfaisant parce que du point de vue scientifique, l'action d'une éruption ou d'un tremblement de terre est très dispersée dans le temps et dans l'espace, et seuls les géophysiques des observatoires locaux et les scientifiques itinérants feront le travail. Cartago se trouve directement au pied du volcan Irazu, mais le volcan n'est pas entré en éruption en même temps que le tremblement de terre. De même Messine est au pied de l'Etna, et Tokyo est au pied du Fujiyama ; et les grands tremblements de terre ne s'accordent pas avec les éruptions. Sakurajima en 1914 était une exception, il y a eu un tremblement de terre après une épidémie.

Le résultat direct de mon étude, sur la carte du Costa Rica, de lignes d'effets sismiques égaux, a montré le maximum du séisme de 1910 sur la colonne vertébrale continentale, et les lignes étaient rassemblées le long des montagnes de l'ouest. Cependant, ils s'étendent de plus en plus loin le long de la plaine côtière des Caraïbes, qui est un fond marin élevé au nord-est du pays. En d'autres termes, la terrible secousse était un glissement ou un grattage profond sous la ligne du volcan, et les ondes élastiques aux effets aussi puissants se rapprochaient les unes des autres dans les montagnes du côté du Pacifique, opposées par la roche dure. Par contre ces vagues, beaucoup plus faibles, élargissaient leurs lignes en traversant des strates plates et molles du côté Caraïbe. La réponse semble être que le long de la rupture irrégulière qui se trouve sous les volcans, il y a une pression ascendante continue de lave, qui est parfois accélérée en une grosse bosse ou un glissement, tantôt ici, tantôt là, alors que toute la grande chaîne de montagnes se soulève volcaniquement à travers les âges. .

Notre prochain voyage s'est déroulé de Barrios à Guatemala City, où nous avons eu des vues lointaines de volcans tels que le cône pur d'Agua et le pic acéré de Santa Maria, qui, en octobre 1902, avait explosé son flanc et laissé un vaste trou. Le plateau guatémaltèque, au sol riche et aux produits marchands abondants, s'élève progressivement depuis les terres humides de la banane du côté des Caraïbes jusqu'à une hauteur de 4 870 pieds à Guatemala City. C'est sur la ligne des fissures du volcan. Ensuite, la terre plonge brusquement dans une pente abrupte en pente descendante, jusqu'à un plateau plat et bas le long de l'océan Pacifique. Ce plateau est recouvert de la fusion de nombreux deltas formés par les ruisseaux et torrents qui drainent le plateau bien arrosé. Le long de cette ligne, au sommet du précipice, se trouve la chaîne de volcans, avec de riches terres de café à leurs pieds sur les pentes supérieures. Les plantations de café furent détruites par la vapeur, les inondations de boue et les explosions de cendres en 1902, et des destructions similaires étaient destinées à recommencer en 1923.

Une grande maquette de l'Amérique centrale a été construite dans un parc en plein air de la ville de Guatemala, montrant magnifiquement le plateau et ses montagnes, la pente plate à l'est et la longue pente droite et abrupte vers le plateau côtier du Pacifique. C'est l'une des meilleures illustrations des failles en bloc d'un continent, soulevées comme une immense dalle plate le long d'une fissure et inclinées à l'opposé du Pacifique. Le bloc du Pacifique s'est effondré.

La même structure est vraie, à plus grande échelle, pour la ligne des Andes, soulevée comme une dalle couverte de volcans, en faille descendante le long de la plaine côtière chilienne. Les hautes terres descendent jusqu'au bassin de l'Amazonie. Dans ces études, nous expérimentons des volcans à l'échelle géographique, mais les principes impliqués s'appliquent au Mexique et à la chaîne des Cascades dans l'Oregon. Ils s'appliquent probablement aussi aux arcs des Aléoutiennes, du Kamtchatkan et du Pacifique occidental, considérés comme des crêtes soulevées et érodées. Ce sont des arcs parce que ce sont d'anciennes caldeiras.

Nous avons voyagé en bateau à vapeur le long de la côte du Pacifique jusqu'à Panama, où le canal était en cours de finition. Nous avons été impressionnés par le général Goethals et ses ingénieurs associés, ainsi que par la merveilleuse organisation de la grande ingénierie telle que les États-Unis pouvaient l'administrer. La fièvre jaune avait été vaincue, les navires apportaient constamment des produits laitiers de New York aux employés du canal, les maisons étaient grillagées et non vitrées, et la jungle était réduite aux limites de sécurité contre les moustiques. Nous avons trouvé de jeunes diplômés universitaires américains pleins d'entrain, hommes et femmes, jouant au tennis sous les tropiques profonds, où auparavant des centaines de personnes étaient mortes de fièvre. Nous arrivâmes juste au moment où les flancs du Culebra Cut glissaient continuellement vers l'intérieur, comme un glacier, pour refermer le fossé. Le sol sous un village au sommet de la berge se craquait en longues crevasses et les habitations durent être abandonnées. La seule solution était de creuser la colline avec des centaines de wagons-bennes, jusqu'à ce que la pente soit suffisamment plate pour arrêter de glisser.

Un épisode amusant s'est produit à l'extrémité Pacifique du canal, où des moniteurs géants, ou lances d'arrosage, étaient utilisés pour couper les berges. L'ingénieur Williamson avait eu l'idée de monter ces moniteurs sur des barges en béton fabriquées sur place. Il a recouvert les cadres de treillis en acier et a pulvérisé du béton contre le treillis jusqu'à ce qu'une coque étanche soit produite. Des collègues ingénieurs se sont moqués de Williamson et ont déclaré qu'un bateau fait de roche coulerait sûrement. Quelqu'un a demandé à Williamson, lorsque sa première barge a transporté les lourds moniteurs et a réussi, comment il allait l'appeler. Il a peint le nom en grosses lettres sur la barge « Savon ivoire, ça flotte ».

Nous avons rencontré au Costa Rica et au Panama Arthur Herschel, ingénieur municipal de Kingston, en Jamaïque, responsable de la reconstruction de cette ville après le terrible tremblement de terre de 1907. Herschel nous a invité, Spofford et moi, à rester avec lui sur le chemin du retour, nous arrêtant quand nous avons dépassé la Jamaïque. Nous l'avons fait, nous nous sommes délicieusement divertis et avons appris l'ingénierie et la réhabilitation après le tremblement de terre le plus intense de toute l'histoire.

L'intensité momentanée du séisme s'est produite sans aucun avertissement, comme si deux montagnes étaient entrées en collision, et la maçonnerie du quartier des affaires de Kingston s'est effondrée presque instantanément. Un major britannique marchait le long de l'artère principale, portant une lourde canne, lorsqu'à l'autre bout de la rue, il remarqua une agitation et crut qu'il s'agissait d'une émeute de nègres. Le bruit arriva vers lui avec un rugissement, et il vit des nuages de poussière s'élever de la rue comme une tornade et s'approcher de lui. Il sentit le sol trembler, leva son bâton et décida de se lever et de le combattre. Les bâtiments à droite et à gauche ont tout simplement explosé, et il repoussait les briques, les pierres et les poutres. Ses pieds étaient à moitié enfouis dans les décombres et il s'assit sur une poutre d'acier qui s'élançait dans la rue derrière lui. La poussière était suffocante, le bruit était un rugissement voyageur qui passait devant lui et se prolongeait dans la rue derrière lui. Il a appelé un homme noir pour qu'il lui déterre les pieds, mais l'homme s'est précipité avec des yeux fixes et fous. Il entendit des cris et vit des femmes courir. Il a fallu un certain temps avant que les postes de la Croix-Rouge ne soient établis et que les militaires ne le secourent.

La leçon de ce tremblement de terre, plus intense que celui de Cartago, est que les bungalows en bois des banlieues vallonnées sur un sol rocailleux ont mieux résisté à la catastrophe que même le béton armé dans le quartier encombré du front de mer. Les bâtiments gouvernementaux les mieux construits ont été en partie préservés.

La loi jamaïcaine de 1907 avait fixé des limites précises pour la construction en bois, limitées aux banlieues, et créé de nouvelles rues plus larges dans le quartier des affaires. Il avait également établi des lois rigoureuses sur l'assurance incendie et un code de construction municipal exigeant des constructions spécifiées pour toute la maçonnerie. Le résultat fut un anneau de promenade marqué séparant le centre commercial des habitations de la banlieue. Le problème d'une telle législation, dont j'ai pu constater l'effet à Kingston vingt-six ans plus tard, c'est que les tremblements de terre sont irrémédiablement discontinus. Sans plus de grands tremblements de terre pour les tester, de telles lois deviennent lettre morte, une nouvelle génération ne se souvient de rien et une population indigène irresponsable et ignorante pose de nouveaux problèmes de pauvreté et de vice. La réforme de la construction suite au tremblement de terre devient un rêve irréaliste. Cela fait partie de la qualité insatisfaisante de la science sismique, en ce qui concerne l'assistance à l'humanité.

Ainsi se termine ma décennie d'expédition, 1901 à 1910, après une succession d'études sur le terrain, que l'on peut appeler Opération Pelée-Soufrière, Opération Vésuve, Opération Aléoutiennes, Opération Kilauea-Tarumai, et enfin Opération Cartago. Je ne considérais pas cela à l'époque comme le travail stratégique d'une guerre avec un groupe de travail en volcanologie géographique ; mais maintenant, en y repensant, je peux voir dans chaque expédition l'organisation d'une institution et d'hommes, et les progrès de la géologie volcanique.

L'événement martiniquais était destiné, à travers de nombreux explorateurs, à réformer la géophysique. Le Vésuve m'a fait découvrir l'importance d'une superbe photographie telle que représentée par Perret et Anderson. Les îles Aléoutiennes ont introduit la question de l'exploration nautique et de l'importance d'un laboratoire de terrain pour travailler dans un pays aux conditions météorologiques défavorables. L'expédition Japon-Hawaï m'a montré les travaux sismométriques nationaux du Dr Omori sur le terrain et a jeté les bases de l'Observatoire des volcans hawaïens. Enfin, l'expédition au Costa Rica m'a fait découvrir la complexité du travail sismologique sur le terrain dans un pays de volcans, avec les problèmes d'ingénierie étudiés de manière approfondie et publiés ensuite par Spofford. Cette décennie débouche donc logiquement sur une décennie totalement différente, celle de l'expérimentation sur le terrain en géographie et de la création d'un observatoire volcanique dans et sur le volcan le plus actif du monde, avec une habitation permanente sur un cratère.

Chapitre IV
Vivre avec les volcans

« Il entreprit son voyage dans un pays lointain. »

La décennie suivante commença de véritables expériences avec les volcans, lorsque deux organisations distantes d'environ 8 000 kilomètres l'une de l'autre combinèrent leurs ressources. La Whitney Foundation a créé au Massachusetts Institute of Technology une dotation de 25 000 $ pour des travaux géophysiques sur les tremblements de terre et les volcans, exprimant une préférence pour les travaux à Hawaï ; et un groupe d'hommes d'affaires d'Honolulu, la Volcano Research Association, a proposé de payer mon salaire pendant cinq ans.

Lorsque le président Maclaurin et un groupe de professeurs du MIT m'ont offert un dîner au University Club de Boston pour célébrer mon départ pour Honolulu, la conversation à table s'est tournée vers les terreurs des profondeurs marines, les dangers des volcans, l'horreur de la lèpre dans le monde. Hawaï et l'héroïsme d'avoir abandonné un emploi d'enseignant sûr à Boston. J'ai répondu que leur pessimisme me rappelait les derniers mots de Daniel Webster, cités par un agriculteur de la Nouvelle-Angleterre, qui disait : « Dan a ouvert les yeux, a jeté un regard sur le verre de whisky posé sur la table à son chevet, un autre sur la jolie infirmière, et a dit 'Je ne suis pas encore morte.'

J'avais organisé les fonds disponibles de manière à ce qu'une paire de sismographes Bosch-Omori soit expédiée de Strasbourg et que d'autres sismographes soient commandés au fabricant d'instruments d'Omori à Tokyo. J'ai collectionné des instruments expérimentaux tels que des thermomètres à haute température et des chronographes, du type utilisé en physiologie expérimentale. Vaguement, j'allais prendre la tension artérielle et le pouls du globe. J'ai également obtenu un ensemble complet d'instruments du bureau météorologique pour la température, les précipitations, la pression barométrique et l'humidité, ainsi que les pyromètres électriques, les télémètres et les appareils photographiques utilisés lors de mes expéditions précédentes. Et j'avais quelques petits transits japonais, ainsi que des tables planes et des alidades pour des expériences topographiques.

Je n'ai pu me rendre à Hawaï qu'en 1912 et j'ai donc été ravi lorsque Perret a consenti à se rendre au volcan Kilauea en compagnie d'ES Shepherd, chimiste des gaz du laboratoire géophysique Carnegie de Washington, à l'été 1911. Dr AL Day, directeur du laboratoire Carnegie, a aimablement fourni à nos frais deux pyromètres à résistance Leeds et Northrop et le pont de Wheatstone qui l'accompagne, ainsi que des thermocouples empruntés à son équipement. Perret et Shepherd se sont rendus à la Kilauea Volcano House

; et Perret ont construit une cabane au bord de la fosse Halemaumau, où un lac de lave intérieur bouillonnait et maintenait une île à environ 200 pieds sous le bord. Kilauea est le grand chaudron, Halemaumau est le foyer dans son sol. L'activité « Kilauea » signifie généralement Halemaumau. Ils ont des marges de falaise séparées.

LA Thurston, éminent journaliste et publiciste d'Hawaï et fervent promoteur d'un projet de parc national d'Hawaï, a fait tout son possible pour aider les scientifiques. Perret rédigeait des rapports hebdomadaires sur l'état de la lave de Halemaumau et envoyait des photographies au journal de M. Thurston, le *Pacific Commercial Advertiser* . Vivant et campant près du foyer, Perret a inauguré quelque chose de nouveau pour Hawaï et a établi une norme pour l'Observatoire des Volcans. Ces rapports continus avaient été mon rêve pour des volcans comme le Vésuve, où la publication se faisait généralement en retard et ne donnait aucune nouvelle actuelle de ce que faisait le volcan. De plus, l'observatoire du Vésuve se trouvait au pied du sommet.

J'avais commandé à la Lidgerwood Company un équipement de câbles, dont certains contenaient des fils électriques. Ceux-ci devaient couvrir les 1 500 pieds et abaisser un thermomètre dans la fosse de Halemaumau. Assistés d'Alex Lancaster, le petit guide métis actif de Virginie, et de nombreux ouvriers des plantations, dont les gérants, sous l'impulsion de Thurston, s'intéressèrent beaucoup au projet, Perret et Shepherd érigèrent deux hautes charpentes en A en face. côtés du foyer et construit un chariot sur le câble tendu entre eux. Perret maintenait une mesure angulaire constante de la hauteur changeante de la lave liquide, tandis que le bassin de scories rougeoyantes montait et descendait en débordant de ses rives. D'un côté d'une île triangulaire se trouvait un point d'ébullition appelé « Old Faithful » où des bulles de gaz éclataient dans un dôme de feu, de manière irrégulière, mais environ une fois par minute. L'objectif était de connaître la température de la lave liquide au voisinage du bouillonnement. Ceci a été réalisé en plongeant les pyromètres électriques dans les scories fondues, puis en observant la température précise au niveau de la boîte d'enregistrement, qui était entre les mains du Dr Shepherd, qui restait sur le bord de la fosse à l'extrémité supérieure des fils de connexion.

Finalement, le jour arriva, après de nombreuses répétitions, où le long tube d'acier, ou borne, à l'extrémité du câble mobile, put être déplacé par le chariot jusqu'à un point médian au-dessus de la fosse, où il entrerait en contact avec la lave liquide bouillonnante lorsque abaissé. C'était une procédure extrêmement délicate, car la lave était un épais tapis de roche liquide auto-croûtante dont la croûte formait des dalles dures ; peu d'endroits conservaient une apparence de bouillie bouillonnante. Personne n'avait jamais été en contact auparavant avec le liquide d'une fontaine comme « Old Faithful ». Heureusement que l'appareil, coûteux, constitué de fils de platine noyés dans du verre de silice, était fabriqué en double, de sorte que nous avions deux de tout. Les éclaboussures de « Old Faithful » semblaient aussi inoffensives qu'une marmite de soupe bouillante, mais Perret et Shepherd allaient être surpris. Lorsque Shepherd a abaissé le terminal directement dans le liquide, « Old Faithful » a explosé, car les scories fondues se sont révélées être un tourbillon d'aspiration qui a projeté des tentacules de lave sur le tuyau en acier. L'appareil a été détruit « comme une basse sous une bûche » et le câble a été arraché comme un morceau de fil. Le terminal entier a disparu dans le vortex, ne laissant qu'un fil corrodé.

Pour raccourcir une longue histoire, le deuxième terminal a été descendu dans un endroit liquide apparemment plus sûr. Une vague de fonte a frappé et tendu le tuyau, et bien qu'il ait été récupéré, aucune lecture de résistance électrique n'a été obtenue à aucun moment avec la boîte au bord de la fosse. Près de 1 000 $ d'équipement ont été perdus. Le pyromètre à résistance est un outil sensible en laboratoire, permettant de donner des degrés précis de température de l'ordre de 1 200° Celsius, soi-disant le point de fusion du basalte. Mais il n'était pas adapté au bouillonnement brutal des scories de basalte, où les gaz enflammés et l'air glacial jouent un rôle plus important que la simple fusion.

Heureusement Shepherd et Perret n'étaient pas à bout de ressources. Restait le thermocouple, une simple paire de fils de platine et d'iridium enfermés dans un tube d'acier. Les connecteurs de ceux-ci vont à un simple galvanomètre entre les mains de l'opérateur. Le chariot pouvait toujours être utilisé et le tube du thermocouple ne contenait aucun verre susceptible d'être brisé. Une température de 1 000 °C a été enregistrée dans une zone bouillonnante, ce qui a été considéré comme suffisant pour une approximation.

Une autre expérience consistait à plonger un seau en fer dans le liquide et à le remonter plein et dégoulinant de verre de lave noire. Celui-ci a été envoyé à Washington pour analyse. Après que le lac de lave s'est effondré, plus aucune expérience n'a été possible cette année-là, et Perret a commencé à tracer une courbe de haut et de bas dans la montée et la descente au fond de la fosse.

Il peut sembler extravagant de gaspiller un appareil précieux pour des résultats apparemment minimes ; mais en fait, le journal Shepherd-Perret de l'été 1911 a fait date dans l'histoire de la volcanologie et dans les travaux de l'Observatoire des Volcans d'Hawaï. Cela a prouvé que des observateurs expérimentés pouvaient habiter à l'intérieur d'un cratère actif et y appliquer leurs compétences en photographie, en chimie, en prise de notes et en publication continue. Il a été démontré que la substance des lacs de lave actifs avait des viscosités et des solidifications très différentes de celles impliquées par les gaz, et il a été démontré que différents types de thermomètres donnaient des résultats négatifs ou positifs utiles pour l'avenir. Surtout, les notes sur la chimie des volcans de Shepherd et Perret ont démontré que les appareils d'ingénierie pouvaient être appliqués au puits le plus chaud et le plus continuellement actif au monde. Leur succès s'est fait au prix d'un voyage et de quelques machines relativement modestes. Brun de Genève avait donné l'exemple d'un travail similaire, mais la courbe de montée et de descente de Perret ajoutait un enregistrement plus détaillé de la fosse de Kilauea, jour après jour, que jamais auparavant.

Un observatoire est un lieu d'observation et de mesure, que les objets observés soient des glaciers, des rivières, des étoiles, la météo ou des volcans. Le motif de l'observation dans la science moderne est soit la qualité de ce qui se passe, soit la quantité exprimée en longueurs, en degrés et en vitesses. En me souvenant du précédent du Vésuve, j'ai été confronté à Hawaï à la nécessité de déterminer comment un volcan devait être observé, à la nécessité de mesurer les changements survenant dans un seul volcan et à la nécessité d'enregistrer de manière permanente la nature de ces changements. Nous avons choisi des instruments de mesure, du matériel photographique et des thermomètres, et j'ai inventé un système de prise de notes qui était compilé dans un seul registre, à partir de notes de terrain prises uniformément par de nombreux assistants différents.

7. Maison du volcan de l'observatoire, 1913

8. *Île dans le lac de lave Halemaumau, 1911. Photo de Perret*

9. *Observatoire du volcan hawaïen, 1912*

10. Jaggar dans la voûte du sismographe sous l'observatoire du volcan, 1916

Les manuels de volcanologie ont besoin d'enregistrements de la forme, de la hauteur, du nombre, de la distribution, de la température et des différences entre les volcans. À quel point la lave est-elle gazeuse ? à quel point est-il radioactif ? à quelle fréquence éclate-t-il ? et à quel point est-ce dangereux pour les êtres humains ? En ce qui concerne la source, la fissure ou le cratère, nous avons besoin de savoir comment la croûte terrestre se rompt, quelle est la profondeur des fractures et dans quelle mesure, accompagnée par un tremblement de terre, la lave est coincée vers le haut dans ces fissures.

Mon premier travail en arrivant à Hawaï consistait à prendre contact avec M. Thurston et ses associés. La prochaine étape consistait à obtenir une bonne carte du volcan Kilauea comme base pour mesurer les changements dans le foyer. Le gouverneur Walter F. Frear est venu à mon secours et a immédiatement envoyé le colonel Claude Birdseye et le capitaine Albert Burkland dresser une carte topographique du projet de parc national d'Hawaï. Ces ingénieurs ont amené sur le terrain le camp topographique de l'US Geological Survey, et ils ont été extrêmement sympathiques à mon projet, me fournissant des monuments d'arpentage et esquissant des méthodes permettant d'établir une ligne de base précise pour mesurer les changements à l'intérieur de la fosse.

Un laboratoire au nord-est du cratère du Kilauea a été rapidement créé grâce à l'énergie du brillant Démosthène Lycurgue, hospitalier grec directeur de la Volcano House, l'hôtel où je séjournais. Tous les marchands d'Hilo, à trente milles de là, apportèrent des fonds et en quelques semaines les charpentiers étaient au travail, sur un terrain appartenant au Bishop Estate et sous-loué par la Volcano House. Les meubles ont été payés par le Whitney Fund.

Une cave pour sismographes a été dynamitée par les prisonniers territoriaux dans la roche chaude située sous le laboratoire, à l'actuel bord nord-est du grand cratère du Kilauea. La fosse de lave Halemaumau, toujours fumante, était bien en vue à trois kilomètres de là. La cave recouverte de béton, qui fermait les fissures de vapeur, est devenue un endroit chaud et sec pour les instruments à une température constante d'environ 80° Fahrenheit. Des tables en béton au sol de la cave contenaient la paire de pendules horizontaux est-ouest et nord-sud, enregistrant avec des stylos délicats sur du papier fumé, tendus sur un tambour de chronographe. Ces enregistrements papier, retirés chaque jour et fixés au vernis gomme-laque, sont devenus les sismogrammes des dossiers permanents. De longues ceintures de lignes ondulées sur chaque papier affichaient les secondes, les minutes et les heures ; et lorsqu'un zigzag brusque se produisait dans l'une des lignes, c'était la preuve d'un tremblement de terre local ou lointain. HO Wood, qui avait été mon assistant en géologie de terrain à Harvard et qui avait eu l'expérience des sismographes Omori à l'Université de Californie, fut convoqué à l'Observatoire en tant que sismologue.

Ainsi, au cours des six premiers mois de 1912, je suis devenu résident d'un volcan à Hawaï et disposais d'un laboratoire adéquat de huit pièces et de porches appropriés, d'une chambre noire pour la photographie et des débuts d'enregistrements sismographes au sous-sol. Des chevaux et des selles ont été achetés, les maisons extérieures nécessaires ont été construites et Alec Lancaster a été employé comme concierge et homme de terrain. Francis Dodge, jeune Honoluluais athlétique et fils d'un géomètre du gouvernement, est nommé assistant topographique. C'était un cow-boy robuste, avec une certaine expérience en tant que rodman pour le Geological Survey.

Dès mon arrivée, j'ai adopté des blocs-notes uniformes de poche avec des feuilles détachables à l'usage de tous les employés, insistant pour que quiconque se rende à la fosse de lave prenne des notes, inscrive la date et l'heure, raconte ce qu'il a vu et remette les notes. tome. Même Alec Lancaster, dont le père était un charpentier indien Cherokee et dont la mère était une mulâtresse, a pris des notes et a appris les points cardinaux et les noms des criques et des évents du lac de lave au fond de la fosse. Certaines notes d'Alec étaient très amusantes, comme lorsqu'il écrivait : « 9 h 30, LE 3 avril, Old Faithful est très au travail. » Cependant, il apprit rapidement les expressions techniques correctes pour le ruissellement de la lave en surface, la luminosité des fontaines la nuit, le nombre de fontaines à bulles et les endroits de fumée au fond de la fosse. Alec a toujours été un homme de camp utile, un bon cuisinier et un grimpeur de falaises intrépide. Lorsqu'il a fallu fabriquer et utiliser des échelles de corde avec des barreaux en noyer pour descendre une falaise de 200 pieds jusqu'au bord de la lave, Alec a été le premier à se porter volontaire. Il a enfoncé des pointes dans les fissures de la roche et a testé les échelles, entourées de fumée. Cela a été fait en juin et décembre 1912, lorsque les chimistes gaziers de la Carnegie Institution ont été conduits au fond pour collecter les gaz, au moyen de pompes et de tubes à vide, provenant de cônes de projection enflammés.

J'espère que cette introduction donne une idée de ce que la première année de l'Observatoire a accompli. Pendant ce temps, les problèmes de politique et de publication des résultats me pressaient de plus en plus. Les notes de tous les employés devaient être compilées ; les visiteurs scientifiques critiques devaient être convaincus de l'utilité du nouvel effort ; les sponsors de Massachusetts Tech et d'Honolulu devaient recevoir des rapports appropriés ; il a fallu concevoir un registre permanent, reproduisant enquêtes, notes et photographies ; et je devais faire des voyages occasionnels en Californie, à Boston et à Washington pour entrer en contact avec le gouvernement, avec des sociétés scientifiques et avec des revues scientifiques.

Il était nécessaire de suivre les améliorations apportées aux plaques photographiques, car le foyer avec sa chaleur rouge foncé et ses roches rouge foncé était un sujet difficile à photographier. Heureusement, la plaque panchromatique avait été inventée récemment par le Dr CEK Mees et constituait une aubaine pour les expériences d'enregistrement des éclaboussures de lave liquide la nuit. Le Dr Mees, chef de recherche à la société Eastman Kodak à Rochester, est depuis un visiteur et un bon ami de l'Observatoire. Les relevés et les photographies furent difficiles en 1912 car la fosse intérieure émettait une colonne dense de fumée qui ne diminuait que lorsque la lave liquide devenait plus chaude et développait des fontaines. Il y avait un tel développement sans fumée avec des centaines de fontaines rugissantes de lave liquide en janvier et juillet. Dans l'intervalle, il y avait beaucoup de fumée et, en août, une colonne dense de fumée grise s'élevait silencieusement sur toute la largeur de la fosse, de sorte que rien du fond ne pouvait être vu.

Pour déterminer la hauteur de la lave du fond, il était nécessaire de travailler à partir d'une station fixe avec un transit, d'utiliser une lampe de poche la nuit et d'attendre la vue d'un point lumineux ou d'une fontaine. Cela impliquait de lire les angles verticaux et horizontaux, dépendant d'une détermination difficile à partir de deux stations, de la distance jusqu'au point lumineux mesuré. Souvent, pendant la journée, il fallait attendre des heures pour avoir une vue du fond à travers les fumées, depuis les stations situées aux extrémités d'une ligne de base en bordure de la fosse. Heureusement, jamais plus tard, les conditions de fumées n'étaient aussi mauvaises qu'en 1912. Une procédure fut adoptée consistant à prendre quotidiennement une photographie de la fumée de la fosse éloignée depuis la fenêtre de l'observatoire, et cela s'est avéré utile lorsque les lacs de lave intérieurs ont été détectés. et les rochers sont apparus en 1917.

Comme Perret, j'ai fait des reportages dans les journaux d'Honolulu ; et peu à peu ces rapports prirent la forme d'un bulletin mensuel, édité à Honolulu par le Dr Howard Ballou, qui était le secrétaire de l'Association hawaïenne de recherche sur les volcans. Cette association organisait occasionnellement des réunions de directeurs auxquelles j'assistais et devant lesquelles je faisais des rapports et donnais des conférences. Le rapport des travaux complets effectués au cours des premiers mois de l'année 1912 a été publié à Boston par Massachusetts Tech.

L'histoire antérieure des volcans hawaïens avait été enregistrée dans d'excellents livres par des voyageurs tels que Mmes Gordon-Cumming et Isabella Bird, William Lowthian Green et les Drs. CH Hitchcock et WT Brigham, ainsi que le professeur James D. Dana de Yale. Dana avait reçu des données de 1840 à 1890 par un missionnaire de Hilo, Titus Coan. Quand je suis arrivé à Hawaï, deux livres sur l'activité du Kilauea en 1909 venaient d'être publiés, ainsi qu'une grande monographie de Brun de Genève qui avait déterminé que la lave du Kilauea était exempte de vapeur d'eau et était la lave la plus chaude du monde.

En outre, RA Daly de Harvard avait publié sa « Nature de l'action volcanique » sur la base de son été à Kilauea en 1909. Il y avait une forte controverse contre Brun sur la question de l'eau, mais les experts, dont Day et Shepherd, sont arrivés à la conclusion cette éruption de lave du type Kilauea a été déclenchée par des gaz enflammés tels que l'hydrogène, le monoxyde de carbone et le soufre ; que ces gaz étaient en solution sous une forme élémentaire au plus profond de la terre ; et que la chimie de leur émission a réchauffé la lave lors de sa montée. Les lacs de lave étaient plus chauds en haut qu'en bas. Nous verrons que toute lave se solidifie en partie au fond et reste liquide au-dessus.

Les éléments d'activité du volcan Kilauea au cours de la décennie de 1911 à 1920 ont connu des fluctuations marquées de haut en bas en 1912-1913, avec un niveau bas notable en 1913, culminant avec un fort tremblement de terre en octobre. En 1914, la lave liquide est revenue au fond de la fosse de Halemaumau et, en décembre, le Mauna Loa est entré en éruption dans une fontaine au sommet de son cratère. Les lacs de lave du Kilauea se sont agrandis en 1915 et une île triangulaire est apparue, se soulevant d'un plat peu profond et tournant même ou s'articulant horizontalement. Son soulèvement ressemblait à un escarpement pointu composé de couches de lave inclinées dans une direction, un peu comme l'île Perret de 1911.

Une affinité entre Kilauea et Mauna Loa était évidente. En 1916, le Mauna Loa a achevé son sommet en ouvrant la faille sud-ouest de la montagne et en provoquant une coulée de lave dans les ranchs et les forêts du sud de Kona. Mais juste au moment où l'activité du Mauna Loa prenait fin, l'ensemble du fond du Halemaumau à trente milles de là s'est considérablement abaissé en une journée, laissant une profonde flaque de fonte bouillonnante, entourée d'avalanches brûlantes et rugissantes. La coïncidence, ainsi que les tremblements de terre appropriés, étaient indubitables.

Immédiatement après l'abaissement, la lave liquide de Halemaumau a jailli des fissures du mur frontalier et a coulé en cascade à travers l'éboulis pour former un bassin ovale dans l'entonnoir inférieur de la roche brisée. La colonne de lave s'est élevée de 600 pieds au cours des six mois suivants et un lac lobé s'est développé, ses criques séparées par des secteurs de débordement de lave qui se sont soulevés lentement en rochers au centre. En 1917, les lacs et les rochers à l'intérieur de Halemaumau étaient à moins de 100 pieds de profondeur, les rives du lac sont devenues accessibles pour des expériences avec des tuyaux en fer et les rochers sont devenus visibles depuis l'Observatoire, justifiant pleinement la photographie quotidienne pour comparer les changements de la fosse éloignée.

11. Lac de lave, montrant un banc, 30 mars 1917

12. *Halemaumau, montrant un lac de lave et des rochers, 8 décembre 1916*

En 1918 et 1919, la fosse était pleine et débordait du sol du Kilauea. Pendant toute l'année 1919, Halemaumau, en tant que fosse, fut oblitérée par son dôme de remplissage. En automne, le flanc sud du Mauna Loa s'est à nouveau éclaté, se transformant en un flot de lave qui a atteint la mer au sud de Kona. En nous souvenant de 1916, nous avions prédit que, même si Halemaumau était plein à ras bord, la coulée de la lave du Mauna Loa entraînerait soudainement la lave du Kilauea, comme un siphon. C'est exactement ce qui s'est produit le 28 novembre 1919. Pendant la nuit, les rochers, le lac aux feuilles de trèfle et le dôme bombé de la coulée de lave au-dessus du bord de Halemaumau sont descendus comme un cylindre jusqu'à une profondeur de 400 pieds en deux ou trois heures, laissant des lampes incandescentes. des murs avalanquants, une confirmation réjouissante de la théorie.

Comme en 1916, la lave de Halemaumau retourna immédiatement au fond de la fosse et s'élevait de trente pieds par jour pendant trois semaines, de sorte qu'en décembre, elle formait une flaque en forme d'anneau violemment bouillante, entourant un fer à cheval de rochers avec un lagon intérieur tranquille et ressemblant à un atoll de corail. Le fond du Kilauea, qui est en forme de dôme à l'extérieur de Halemaumau, s'est ouvert radialement vers le sud, a provoqué des inondations de lave dans la vallée des parois du cratère du Kilauea et s'est même échappé dans le désert de Kau. Cela s'est prolongé dans une fissure de montagne, créant des coulées de lave sur les flancs de la montagne Kilauea, à neuf milles au sud-ouest, ce qui ne s'était pas produit depuis 1823 et 1868. Les cratères concentriques comme la caldeira de Kilauea et la fosse de Halemaumau sont ainsi en anneau, ou cup-in-cup, structures au moyen de terrils sur une fracture profonde de la croûte rocheuse, la circularité étant déterminée par des enfoncements centraux occasionnels.

Cette circularité a parfois atteint la perfection. En 1894 et 1909, la mare liquide à l'intérieur de Halemaumau, en jaillissant régulièrement autour d'un trou central, devint parfaitement circulaire à l'intérieur d'un rempart circonférentiel de trop-plein. Il s'agit d'une condition rare qui dépend de la stabilité de la remontée d'eau, de la température et de la viscosité. C'est important car cela montre comment les cercles parfaits et les chaudrons de rempart ont été réalisés sur la lune, où se trouvent également des caldeiras angulaires de subsidence comme le cratère du Kilauea. De toute évidence, le chauffage au gaz et la liquidité ont changé sur la Lune, tout comme à Hawaï. Les sources y sont fissurées, comme à Hawaï. Les analogies sont si complètes dans ces domaines et dans bien d'autres que je ne crois absolument pas à l'impact des météores sur les cratères lunaires. La Lune attend une comparaison complète avec les laves basaltiques terrestres actives, par un volcanologue moderne.

Ceci n'est qu'un aperçu de l'étonnante chance qu'ont rencontré les photographes et les preneurs de notes de l'Observatoire des volcans hawaïens au cours de sa première décennie. Il y a eu des décennies similaires au XIXe siècle, et des rochers déchiquetés similaires se sont élevés sous forme d'îles et de rivages autour des lacs aux feuilles de trèfle en 1879 et à d'autres époques. Il y a sans doute eu auparavant des mouvements de sympathie similaires au cours desquels le Kilauea avait baissé après la fin des épidémies du Mauna Loa. Mais rien de tout cela n'avait jamais été mesuré au jour le jour. Depuis 1912, notre personnel a occupé les stations de déclenchement, chaque jour ou nuit lorsque le temps le permettait, afin de mesurer à un pied près le niveau de la lave vivante vers le haut ou vers le bas. La lave était comme le mercure dans un baromètre et nécessitait une surveillance constante. Cela a été fait avec un télescope, par des personnes qui habitaient au bord du tuyau vertical. Après 1913, les mesures montrèrent clairement que les enfoncements étaient tout aussi importants que les crues. Ils ont prouvé que la matière solide de débordement et les pentes rocheuses autour des bords des lacs de lave et des criques étaient de manière mesurable une pâte. Ce talus montait et descendait à un rythme différent de celui du liquide gazeux qui coulait et jaillissait à l'intérieur. Les résultats compilés ont montré que la source du ruissellement liquide se trouvait toujours du côté ouest du fond de la fosse et que le ruissellement se dirigeait vers les grottes fontaines à l'est. Le liquide pourrait à tout moment déborder de ses rives ou couler, laissant des falaises intérieures, en cas de manque d'approvisionnement complet jusqu'à la fissure du mur ouest.

Tout cela peut paraître très technique ; mais les notes, les photographies, les sismogrammes, les enregistrements météorologiques et les communiqués de presse et rapports incessants aux sponsors, bien que difficiles à décrire littérairement, ont créé une nouvelle technique. La science, lorsqu'on conçoit une nouvelle approche, consiste d'abord en observation, en expérience ensuite et en explication ou théorie en troisième. Quelque chose de cet ordre doit être suivi dans le récit de la vie d'un scientifique.

La surprenante baisse sympathique du Kilauea suite à la fin des éruptions du Mauna Loa n'était qu'une des nombreuses surprises de la première décennie de l'Observatoire. Par exemple, les températures des fissures chaudes ont été mesurées à plusieurs reprises et systématiquement, et rien de comparable au mouvement de la lave n'a été trouvé. On peut en dire autant de la météo. Au début, on pensait que les précipitations, la température de l'air, la pression barométrique et éventuellement les fluctuations de l'alizé affecteraient le volcan. Cependant, le seul effet rapidement évident a été la vaporisation visible de nombreuses fissures sur le sol du Kilauea, qui ont séché et diminué lorsque le soleil est apparu, devenant denses et augmentant par temps froid ou humide. Cela signifiait évidemment que la teneur en humidité des fissures de vaporisation, un peu de vapeur, mais surtout de l'air chaud et humide provenaient d'eau de pluie peu profonde située à une courte distance sous terre.

Un effet plus volcanique, mais similaire en principe, était la vapeur visible à l'intérieur de Halemaumau, à proximité des lacs de lave, qui augmentait toujours lorsque la lave descendait et laissait les eaux souterraines s'infiltrer vers l'intérieur. Ces vapeurs visibles diminuaient lorsque les scories chaudes bouillonnaient et montaient, et acquéraient une lueur plus brillante. Aucune vapeur ne s'élevait des lacs rougeoyants. Les eaux souterraines se sont asséchées par l'augmentation de la chaleur volcanique, tout comme les fissures du plus grand cratère ont vu leur humidité séchée par l'action du soleil.

J'aurai plus à dire au sujet des saisons, des effets du calendrier sur le plateau de lave montante et descendante, et surtout des équinoxes et solstices solaires. Il y avait une trace d'une montée et d'une descente quotidiennes de la lave dans la fosse, semblable à une marée.

Enfin, s'est posée la question de compter les tremblements de terre, de mesurer leur espacement dans le temps et dans l'espace, et de voir lesquels appartenaient au Mauna Loa et lesquels appartenaient aux failles du Kilauea. Nous avons dû tracer la fréquence et la taille des séismes en fonction de la baisse de la lave, du jour et de la nuit ou des saisons. L'étude des gonflements et des craquements rythmiques à l'intérieur des grandes montagnes pâteuses est devenue une quête passionnante. Il promettait des cycles allant des heures de la journée aux décennies du siècle.

Nous avons également découvert, en mesurant les angles verticaux, que les planchers intérieurs s'élevaient et descendaient différemment des lacs liquides, c'est pourquoi les planchers pourraient être appelés magma de banc, par opposition au magma liquide. Cela a conduit à une expérience audacieuse en 1917 lorsque les lacs de lave liquide sont devenus accessibles, après qu'un visiteur occasionnel, M. Walter Spalding d'Honolulu, ait découvert un chemin facile jusqu'aux fonds de débordement au bord du lac nord. Ici, les scories ruisselantes se précipitèrent vers une grotte rougeoyante, transformée par les éclaboussures d'une fontaine frontalière en un immense demi-dôme contenant une caverne rougeoyante ornée de stalactites au bord du lac. La plate-forme à l'extérieur de la grotte a été débordée et s'est construite à mesure que le lac liquide s'élevait, les plates-formes de débordement s'inclinant vers la vallée murale sous la falaise de la fosse. Ainsi, le lac se trouvait au sommet d'un dôme intérieur de mille pieds de diamètre, tout comme le bord de la fosse de Halemaumau était au sommet d'un dôme intérieur de trois milles de diamètre au fond du Kilauea. Le bord extérieur du cratère du Kilauea est un grand ovale au sommet du plus grand dôme incliné vers l'extérieur de la montagne du Kilauea, d'une largeur de quarante ou cinquante milles.

Lorsqu'un petit conelet se formait sur la plate-forme nord ou ouest de Halemaumau, sa pente autour d'une fissure éclaboussante et fontaine formait un quatrième dôme le plus intérieur de quelques pieds de diamètre dans la série de structures cône dans cône de plus en plus petites à partir du bord extérieur de la grande montagne vers l'intérieur des centres d'éruption de Halemaumau. Nous avons vu une telle grotte de Conelet juste à l'endroit où je me trouvais et testé une flamme la veille. Tranquillement, le cône s'est effondré dans un puits de lave bouillante en dessous. La conception de l'anneau dans l'anneau doit être gardée à l'esprit pour tout volcan, car nous avons découvert que les cônes non seulement se construisent et s'effondrent, mais qu'ils sont également gonflés par la percolation interne des fissures et l'expansion de l'eau chaude. truc. Cette tuméfaction, ou gonflement, concerne l'expérience que nous allons maintenant décrire.

Même après que Perret ait décrit son « île flottante » de 1911 et que j'ai vu les îles triangulaires apparaître comme des hauts-fonds dans une vasière et s'élever progressivement en rochers en 1916 et 1917, je suis resté incrédule quant à la possibilité qu'une île basaltique flotte. Lorsque la lave solide s'est détachée en morceaux des falaises intérieures autour des lacs de lave, les fragments ont immédiatement coulé. De plus, lorsque des croûtes solides se formaient au-dessus des scories moussantes et ruisselantes, les coquilles, lorsqu'elles devenaient suffisamment épaisses, se craquaient, s'inclinaient, glissaient vers le bas et s'enfonçaient dans la fonte en dessous. Il était évident que la pierre de lave est plus lourde que la mousse de lave. Ainsi, comme une île est un rocher, elle ne flotterait pas. Cela a soulevé plusieurs questions. Où était le fond du lac de lave sur lequel il reposait ? Le lac de lave avait-il un fond, et si oui, quelle était la profondeur du fond lorsque le même lac s'est élevé de 600 pieds dans la fosse Halemaumau entre juin et décembre 1916 ? En d'autres termes, le lac avait-il une profondeur de 600 pieds en décembre ?

Quelle serait la réponse à tout moment si un tuyau de fer rigide était enfoncé verticalement dans le lac liquide comme tige de sondage ? Personne n'avait jamais soulevé la question. Les dessins en coupe transversale ont toujours représenté le liquide comme s'étendant indéfiniment vers le bas à l'intérieur d'un tube vertical. Lorsque le lac est devenu accessible en 1917, il m'a semblé qu'un long tuyau d'acier pouvait être poussé par-dessus le rempart frontalier, se terminer et laisser se plier et couler, ou heurter le fond. Si le tuyau pouvait être récupéré en le ramenant vers l'arrière, des échantillons fusibles de point de fusion connu pourraient montrer la température des profondeurs.

Pour l'expérience, 200 pieds de tuyau en fer d'un pouce, vissés ensemble en un seul long morceau, ont été posés sur le sol nord d'Halemaumau. Dix assistants étaient répartis le long du tuyau à vingt pieds de distance, et je me tenais sur le rempart avec Alec au bord de la partie centrale du lac de lave. Il s'agissait d'un talus élevé de dix pieds ou plus au-dessus de la lave liquide ruisselante. Les hommes avaient pour instruction de soulever tout le long tube et d'avancer avec lui, de sorte qu'il plonge dans le liquide dans le sens de la longueur, se courbant vers le centre du lac lorsqu'il passait devant moi. Alec aida à guider le tuyau au-dessus de la berge, et les hommes s'avancèrent avec lui d'un pas régulier. L'extrémité du tuyau, recouverte d'un bouchon à vis, était plongée dans la lave liquide, remontant vers le fond à bonne vitesse. Le fort courant vers la gauche l'entraîna quelque peu, mais pas assez pour l'empêcher de couler. Après que deux joints de 20 pieds et demi du tuyau eurent plongé dans le liquide selon une pente d'une cinquantaine de degrés, je sentis le tuyau rencontrer la résistance croissante d'un fond pâteux. La progression continue du tuyau l'a amené à s'arrêter et à se courber, tandis que la lave de surface coulait devant lui, et son extrémité inférieure était définitivement coincée dans la substance du fond du lac.

J'ai alors donné le signal aux transporteurs d'essayer de revenir à pied à l'endroit où ils étaient partis, en vue de remonter la conduite et de récupérer la longueur du terminal. Le tuyau sortait du lac de lave comme une corde chauffée au rouge, puis se coinçait et refusait de sortir. Il s'est approché contre la berge où il était gelé dans les couvertures rigides de croûte de pahoehoe, qui l'agrippaient comme du fer chaud.

La longueur terminale était équipée intérieurement d'une spirale en acier à ressort, contenant des cônes Seger utilisés dans l'industrie de la porcelaine et qui portent des numéros indiquant qu'ils fondent à des températures graduées. Ce premier thermomètre par fusion n'a jamais été récupéré. Les tronçons libres de tuyaux ont dû être dévissés près de la berge, et quatre tronçons de vingt pieds ont été perdus. Lors de tests ultérieurs, nous avons appris à faire osciller le tuyau d'avant en arrière pour qu'il ne gèle pas.

L'importance historique de cette expérience n'a été comprise que plus tard. Le calcul de l'angle d'inclinaison du tuyau, là où il descendait dans le liquide et heurtait le fond, montra que verticalement le liquide avait une profondeur d'environ cinquante pieds. Avec l'aide des soldats du camp militaire de Kilauea, cette expérience a été répétée plusieurs fois ; et chaque fois le lac s'est avéré avoir la même profondeur.

Cette conclusion a ensuite été vérifiée par des affaissements soudains de la lave liquide jusqu'à ce que les falaises bordant le liquide atteignent cinquante pieds de hauteur. Les grottes orientales se sont transformées en cascades, le liquide s'écoulant dans un puits. Le lac liquide était devenu une rivière se déversant sur un rebord de son propre fond, depuis les puits sources occidentaux jusqu'aux dolines orientales. Ces dernières étaient des grottes fontaines lorsque les lacs étaient pleins, mais elles présentaient des dolines internes rectangulaires verticales lorsque le niveau du lac était bas. Cela a été vérifié à plusieurs reprises et les phénomènes de puits sources à l'ouest et de dolines en cascade à l'est ont été confirmés et photographiés. Il est ainsi devenu évident que les lacs de lave n'étaient rien d'autre que des coulées de lave par convection sur une substance pâteuse solidifiée de leurs propres sédiments de fond. La convection signifie une montée de mousse, une perte de gaz et un liquide plus lourd qui coule sans gaz.

Autrement dit, le banc de magma coiffé de débordements sur les plates-formes marginales était une pâte, refroidie par le haut et le bas et les côtés et constituant la soucoupe de liquide ruisselant. C'est cette pâte qui constituait le cœur gonflé du magma du banc. La fontaine de bulles de gaz s'échappant de la solution privait la lave de chaleur et la faisait se solidifier partiellement, toujours à une profondeur d'environ cinquante pieds. Il y avait donc nécessairement trois substances : la lave profonde pétillante de gaz auto-échauffants (qui se révélèrent plus tard être de l'hydrogène inflammable, du monoxyde de carbone, du soufre, de l'azote et de l'argon inertes), la mousse ruisselante dans laquelle la lave profonde se dilatait, et la semi- déchets solidifiés de la mousse créée au fond et sur les rives de la lave liquide lorsqu'elle refroidit d'une chaleur jaune vif (environ 1150° Centigrade) à une chaleur rouge foncé (environ 900° Centigrade).

Le ruissellement du fond d'ouest en est signifiait que pendant six mois de lave montante, d'environ 600 pieds dans la dernière moitié de 1916, la colonne de lave était un cylindre de lave à moitié refroidie, maintenue par la pression ascendante de la lave profonde bouillonnant dans le fond. fissure ouest entre le cylindre et le mur de Halemaumau. Pendant ce temps, à tout moment, les lacs n'étaient rien d'autre que des ruisseaux d'écume de cinquante pieds de profondeur et recouverts d'une peau, se figeant sur leurs fonds et leurs rives et tombant en cascade dans des gouffres dans les fissures de la paroi est du cylindre. Une circulation convectionnelle était ce qui maintenait la montée, la formation de mousse, le chauffage et le refroidissement ainsi que les changements de densité du liquide à mesure qu'il perdait son gaz. Ainsi, tout le phénomène de fontaine des lacs de lave était dû à l'auto-échauffement de ce que l'on appelle une réaction exothermique du gaz s'échappant de la solution dans le basalte en fusion. Une grande partie de cela est en fait la combustion de l'hydrogène dans l'air, créant une circulation convectionnelle partout où la lave profonde peut trouver un exutoire.

Habituellement, ces exutoires se trouvent le long de fissures ou de failles dans le versant de la montagne, où on les voit éclater en fontaines gazeuses de 500 pieds de haut, et souvent couler le long de la fissure jusqu'à une cavité où elles tombent en cascade lorsqu'elles sont moins mousseuses et plus lourdes. Une coulée de lave résout toujours un problème de mousse et de liquéfaction, tout comme le champagne ou la bière.

Reste le problème non résolu de savoir quelle proportion de la lave profonde est gazeuse et si c'est la simple pression qui maintient les gaz en solution, comme dans l'eau gazeuse. L'alternative est que le magma plus profond soit entièrement gazeux, suintant des fissures du globe et réagissant avec l'oxygène de l'air et de la roche solide, s'infiltrant du noyau de la terre vers le haut et faisant fondre ses parois.

En un sens, toute la décennie jusqu'en 1920 était une expérience. Les résultats de cette décennie ont montré que la montagne gonfle et rétrécit au gré des marées avec les passages du soleil et de la lune, mais que les montagnes Kilauea et Mauna Loa font toutes partie de ce qu'on pourrait appeler la montagne de l'île d'Hawaï. L'île d'Hawaï se trouve au-dessus d'un ancien fond océanique de 18 000 pieds de profondeur et n'est que l'extrémité d'une crête de 1 700 milles de long qui, même à son extrémité la plus basse, les îles Midway et Ocean, culmine toujours à 12 000 pieds de haut au-dessus de la boue lisse sur la roche. boule du fond de l'océan Pacifique. Toutes les preuves montrent que la crête est un amas de coulées de lave sur une fissure, avec un placage de corail. Si donc le dôme relativement petit du Kilauea gonfle et rétrécit en réaction au soleil, la longue crête hawaïenne fait la même chose dans une bien plus grande mesure.

Michelson a montré que la roche solide du globe monte et descend selon une marée d'environ un pied toutes les demi-journées. Comme je l'ai dit, nos mesures quotidiennes de 1912 ont montré que la lave de Halemaumau avait une marée quotidienne et que les mouvements les plus importants atteignaient des maxima en juin et décembre et des minima dans les mois intermédiaires, ce qui prouvait qu'il devait s'agir d'un effet solaire. C'était une information très passionnante et laissait présager une longue série d'expériences, qui allaient réussir au cours de la décennie suivante, basées sur l'idée que la montagne entière gonfle comme le montre le nivellement. Cela s'étend sur un rayon de vingt milles autour du cratère Kilauea et s'étend probablement jusqu'au bord de la mer.

La mesure réelle d'une marée de lave à Halemaumau a été effectuée en juillet et août 1919. RH Finch venait juste d'arriver de Washington pour être mon assistant. Oliver Emerson d'Honolulu était un autre assistant, et deux jeunes de Harvard, Sumner Roberts et Charles Thorndike, qui avaient participé à des missions de guerre à bord de chasseurs de sous-marins, ont fait savoir par l'intermédiaire de leurs parents qu'ils étaient impatients de faire quelque chose de dangereux autour d'un volcan actif. J'ai sauté sur l'occasion de les employer pour m'aider à mesurer la marée de lave.

Le lac nord de Halemaumau était tout à fait accessible et nous avons organisé des équipes de nuit et de jour pour effectuer des mesures depuis un abri en toile sur le banc de lave près du lac. Pendant des périodes de vingt minutes, chaque observateur a mesuré de manière critique un certain nombre de monuments sur le banc de magma et de lieux lumineux au bord du lac. Puis une nouvelle mesure a été lancée en nivelant le transit. Cette séquence s'est maintenue nuit et jour pendant un mois lunaire, soit vingt-huit jours. L'un des monuments était un repère fixe Halemaumau, équipé la nuit d'une lanterne et utilisé comme référence pour les points fluctuants du lac.

Une deuxième tente en retrait du bord de Halemaumau servait de base de camping. Des voitures Ford circulaient depuis la Volcano House pour le changement d'équipage, Mme Jaggar veillait à la nourriture et je dirigeais des relevés répétés de la position des monuments et de l'abri d'observation.

Entre-temps, la lave a augmenté régulièrement au cours du mois de juillet et a à un moment donné ouvert le sol du Kilauea, provoquant un écoulement vers l'arrière de l'abri. Les angles verticaux suivaient les mouvements de la lave liquide et semi-solide. L'instrument a été planté sur la colonne de lave elle-même. À une occasion, le gant de Mme Jaggar est tombé dans une fissure du sol à l'intérieur de l'abri et a pris feu.

Au total, plus de 20 000 observations ont été enregistrées. Ceux-ci ont été tracés sur du papier coordonné et les résultats ont été réduits à une courbe lisse par des moyennes qui se chevauchent. La courbe réelle des mesures a été soumise à une analyse harmonique à l'Université de Yale par le professeur EW Brown, mathématicien et spécialiste du mouvement de la lune et des marées lunaires. Les résultats ont montré une marée quotidienne définie dans la lave liquide et la lave semi-solide ; de quelques centimètres pour la marée lunaire, et de plus grandes quantités pour l'effet solaire. La courbe tracée a atteint sa plus grande perfection de vagues quotidiennes de haut en bas en juillet à des périodes où la lave était stable. Cela a été interrompu et irrégulier lorsque des accidents de drainage sur le sol du Kilauea ont fait tomber la lave liquide.

14. *Débit de la rivière Alika, Mauna Loa, 6 octobre 1917*

15. *Lave coulant dans un gouffre du lac de lave Halemaumau, 7 juillet 1917*

16. Volcan Sakurajima, Japon, 1914

17. Fontaine dans un lac de lave, 19 mars 1921

HO Wood, sismologue à l'Observatoire des Volcans, était habile à compiler les hauteurs et profondeurs historiques du volcan au XIXe siècle et à tracer notre courbe d'étude de la lave liquide. Il a publié un commentaire sur de tels tracés pour 1912-1913 en relation avec les courbes solaires du solstice et de l'équinoxe, ainsi qu'avec les oscillations de l'axe global. Il a démontré une corrélation certaine entre les fluctuations saisonnières du soleil et de la lune et la montée et la descente saisonnières de la lave, présentant une analyse approfondie de la marée rocheuse dans le globe et de son application aux volcans hawaïens pendant un siècle. Perret avait fait une analyse similaire pour les tremblements de terre et les volcans en Italie.

Ces courbes appliquées aux saisons, comparées à notre marée de lave appliquée aux heures de la journée, m'ont laissé la conviction que les variations cycliques sont un fait. Ils montrent une correspondance entre le gonflement et le rétrécissement du globe et les mouvements de la lave, lorsque ces mouvements sont libres et soumis à des mesures d'arpentage. Car peu de volcans sont des relevés possibles, et nos mesures ont été les premières au monde avec une quelconque continuité.

Les tremblements de terre ont également été étudiés. Le Dr Arnold Romberg de l'Université du Texas, devenu un inventeur distingué dans le monde de la sismologie, du magnétisme, de la gravité et de la prospection pétrolière, était professeur de physique à l'Université d'Hawaï vers 1918 et est venu pendant plusieurs étés à l'Observatoire hawaïen. pour m'assister en sismologie expérimentale.

De 1917 à 1920, j'ai enregistré les tremblements de terre et autres mouvements sismiques, tels qu'enregistrés par nos instruments Omori, et Romberg a remodelé ces instruments. Grâce à sa connaissance des mathématiques fondamentales des pendules, car à Harvard il avait expérimenté des galvanomètres sensibles, sa facilité à fabriquer des instruments à partir de rien d'autre que du fil, de la soudure et de vieux mécanismes d'horlogerie était merveilleuse et inspirante.

J'ai passé de nombreux mois à mesurer nos sismogrammes sur papier fumé de 1913 à 1918, avec l'aide de Mme Jaggar, à qui je dictais. J'ai mesuré les types de tremblements de terre locaux, de secousses volcaniques (dont certaines accompagnent certainement les fontaines de lave) et l'inclinaison du sol, publiant les résultats en 1920. L'augmentation de l'inclinaison est indiquée en ampleur et en direction par le changement progressif des stylos du sismographe, et ceci est corrélé à la montée et à la descente enregistrées de la lave.

En trois ans, avec les précieux conseils de Romberg, nous avons changé les sismographes pour enregistrer avec de petits miroirs soutenus par des fibres de soie et avec des faisceaux de lumière projetés sur du papier photographique. Et Romberg a inventé une ingénieuse amélioration avec une girouette et un bain d'huile, grâce à laquelle un sismographe sans inclinaison destiné uniquement aux tremblements de terre maintiendrait l'espacement de ses lignes uniforme. L'inclinaison du sol encombre les lignes.

Nous avons également expérimenté avec un cylindre lourd qui pendait comme un pendule normal et qui était capable de se balancer dans n'importe quelle direction, de sorte qu'il projetait un faisceau de lumière verticalement vers le haut vers un chronographe recouvert de papier bromure. Le chronographe pouvait tourner et s'arrêter jusqu'à ce que les mocrosismes et les microtremblements atteignent leur amplitude maximale, pour une période d'enregistrement donnée.

L'ondulation permanente du mouvement du sol, les secousses avec des périodes d'environ deux dixièmes de seconde et les microséismes avec des périodes d'environ cinq secondes montraient leurs maxima de mouvement de va-et-vient lorsque le chronographe tournait jusqu'à une position où le pendule pivoté du nord-est au sud-ouest. Cette tendance nord-est-sud-ouest s'est avérée être une caractéristique de la cave du sismographe pour de nombreuses mesures sismiques, y compris les tremblements de terre locaux.

C'était la direction perpendiculaire au bord de la falaise sur laquelle se trouvait l'Observatoire. Nous avons conclu que ce mouvement était caractéristique des dalles plates verticales, avec des fissures derrière elles, qui constituent la face de la falaise du cratère, et avons décidé que tout mouvement communiqué à ces dalles aurait tendance à être un balancement vers le cratère, plutôt que vers le cratère. direction de rigidité parallèle au bord du cratère. Omori a trouvé une tendance permanente similaire pour la ville de Tokyo, où les directions sont nord-ouest et sud-est pour une amplitude maximale. Cela signifie que n'importe quel endroit sur Terre oscille le plus facilement dans une direction.

Ces dix premières années d'existence de l'Observatoire ont répondu à de nombreuses questions et ouvert la voie à de futures expériences et études. Il apparaît maintenant que la lave liquide est une mousse de gaz, que le Kilauea et le Mauna Loa forment un seul système, que l'hydrogène est le gaz le plus élémentaire de l'éruption, qu'une pâte sans gaz est le résidu de la mousse qui s'écoule à la fois dans les fosses et les coulées de lave. que les tremblements de terre et les vibrations sont dus au fait que cette pâte coince les fissures et retombe sous terre, et que la montée et la descente se font par marées et cycles, courts et longs. Ces choses ne sont pas des suppositions, mais des mesures.

Le problème des tremblements de terre sur les volcans est mal compris en géologie. La superstition selon laquelle les séismes volcaniques sont mineurs est fausse. Le terme « volcanique » en volcanologie ne se limite pas aux volcans. Los Angeles, Charleston, Lisbonne et les fonds marins profonds sont tous volcaniques, tous tremblants ; et tous ont de la « lave » en dessous. Kilauea et l'île Midway ne font qu'un, Rome et l'Etna ne font qu'un, l'Islande et Sainte-Hélène ne font qu'un, Redlands et le mont Rainier ne font qu'un, et la pâte est en dessous. Ces faits concernent le globe, et non un petit paquet de rides comme les Alpes.

Nous ne savons pas ce qu'est un tremblement de terre ni ce qu'est la lave. Cependant, la « lave » tombant soudainement et montant lentement avec de grands et peu de tremblements de terre accompagnant la chute, et peu ou beaucoup de tremblements de terre apparaissant avec la montée, sont des faits observés à Kilauea. À Tokyo, en 1923, le plus grand séisme de l'histoire s'est concentré sur une baisse de lave et un abaissement du fond marin à côté de l'île du volcan Oshima. Le séisme de Messine en 1908 a provoqué un sifflement et la lave de l'Etna à proximité était faible. Il y a de longues fissures dans la coquille terrestre quelque part en profondeur, et nous en savons peu de choses à leur sujet, sauf que les volcans et les failles sont alignés. Tant que les trois quarts du globe sous les océans resteront inexplorés par l'homme, sans spécimens de roches ni même de cartes décentes, et tant qu'il n'y aura pas d'instruments plantés au fond des mers, on ne pourra pas utiliser intelligemment le terme volcanique. La plupart des volcans de la Terre sont inconnus. Les mesures du Kilauea aiguisent l'appétit pour une nouvelle frontière scientifique, la prospection de minerais, de volcans et de montagnes sous la mer. L'absence de carottage et d'échantillonnage de roches sur les trois quarts de la Terre est une honte pour les sciences du forage pétrolier et des carrières de l'humanité.

La décennie fondatrice de l'Observatoire hawaïen a donné lieu à deux expéditions efficaces, une au Japon et une en Nouvelle-Zélande.

L'Association de Recherche a voté pour m'envoyer à Kagoshima, à Kyushu, l'île du sud du Japon, où le volcan Sakurajima a provoqué des tremblements de terre, des explosions et des coulées de lave en janvier 1914. À peu près au même moment, Perret a été envoyé à Sakurajima par Friedlaender de Naples, donc nous nous sommes rencontrés au Japon.

Sakurajima, ou Cherry Island, est un cône de 4 000 pieds dans le détroit de Kagoshima, une crique profonde à l'extrémité sud de Kyushu. Le volcan a menacé 22 000 personnes dans les villages de l'île de Sakurajima et 70 000 à Kagoshima. C'est une terre d'orangers, de pêcheurs, de porcelaine de Satsuma et de commerce maritime, située à l'extrémité nord des îles Okinawa-Ryukyu, une chaîne de volcans s'étendant au nord jusqu'à Nagasaki.

Les autorités de Kagoshima savaient tout sur Pelée ; et l'armée, la marine et le gouverneur ne perdirent pas de temps. Le professeur Omori, qui possédait un sismographe à la station météorologique de Kagoshima, se rendit aussitôt au volcan, et profitant de la leçon de Pelée, guida la vie de 90 000 personnes.

L'éruption du Sakurajima a commencé un samedi et un dimanche avec des centaines de tremblements de terre identifiés localement comme provenant du volcan. Des navires publics et privés ont été mis en service pour transporter tous les habitants de l'île vers Kagoshima et au-delà. Sous le commandement d'un général de l'armée, cela se fit en deux jours. Lundi, à dix heures, le grand pic pittoresque, tout comme la Pelée ou le Vésuve, a soudainement éjecté verticalement et silencieusement, d'une fissure de son flanc, une colonne de « fumée » de 30 000 pieds de haut. Une autre colonne semblable répondit sur le versant opposé de la montagne ; et les deux colonnes se rejoignaient au-dessus en un arc colossal de nuages de chou-fleur constitués de sable, de poussière et de rochers. La fissure de la montagne qui donnait libre cours à tout cela s'ouvrait avec un léger grondement et se comportait comme deux ruptures radiales se rejoignant vers le sommet, s'étendant vers le sud-ouest et le sud-est. Le secteur de la montagne qui les séparait semblait avoir été soulevé comme un morceau de tarte poussé au centre. Mais les cratères sommitaux n'ont joué aucun rôle appréciable dans l'éruption, à moins qu'il ne s'agisse d'un jet de vapeur dimanche soir. La ligne de cratères le long des fissures et seulement à mi-hauteur de la montagne a rapidement développé des coulées de lave, et celles-ci se sont déversées, l'une vers le détroit de Kagoshima, l'autre vers l'étroit détroit d'Osumi, qui séparait le volcan du continent oriental plus sauvage. Ce détroit était rempli de gros blocs de lave, ou aa, transformant l'île en péninsule. Une coulée de lave similaire, d'une hauteur de cinquante pieds devant, a balayé jusqu'à la plage du côté de Kagoshima, avec des rochers aussi gros qu'une maison s'écroulant sur sa façade andésite.

Les raz-de-marée provoqués par ces deux coulées de lave entrant dans la mer étaient petits mais perceptibles. L'effet principal était des milliers de jets de vapeur blanche là où les blocs chauds entraient dans l'océan. Le point culminant de la chaleur étouffante est survenu la deuxième nuit, mardi. Les coulées ont continué pendant des mois, mais le maximum de l'effet sismique s'est produit à six heures du soir du premier jour, lundi.

Il s'agissait d'un très gros tremblement de terre qui a endommagé la maçonnerie et provoqué des glissements de terrain depuis la falaise à côté de la ville de Kagoshima et tué un certain nombre de personnes. Le flux de réfugiés des villages volcaniques lundi a été un événement dramatique. Lorsque l'éruption de lave s'est produite dans la matinée, les écoles ont renvoyé les enfants chez eux. En chemin, les enfants regardaient, fascinés, la formidable voûte de nuages au-dessus de la montagne, vomissant des trajectoires de pierres. Les magasins ont fermé et la ville est restée calme tandis que tout le monde prenait la mesure de la crise. Comme l'écrivait un écolier en classe d'anglais : « Les rochers monstres allaient horizontalement du bas vers le haut, avec des fumées sur les fesses. »

Cependant, après le tremblement de terre du soir, alors que de nombreux bâtiments se sont effondrés, tous, à l'exception des fonctionnaires, ont reçu l'ordre de partir vers l'arrière-pays. Des clubs de jeunes hommes s'organisèrent pour accueillir les réfugiés le long des routes qui menaient à l'intérieur de la province de Satsuma, tandis que des temples et des écoles étaient mis en service pour les héberger. La migration de plus de 50 000 personnes avec des sacs sur le dos et des charrettes à bras transportant des articles ménagers a démontré avec quelle facilité les Japonais se sont lancés dans une existence nomade. Cette hégire a pris fin mercredi, lorsque le Dr Omori est arrivé de Tokyo, a évalué le bilan sismique et la crise enflammée de mardi soir, et a pris la lourde responsabilité d'annoncer que la population de Kagoshima pourrait revenir en toute sécurité. Cela fut fait, il avait raison, et aucun autre dégât ne frappa la ville.

Durant toute cette éruption, si différente de la Pelée en termes de contrôle administratif, personne n'a été tué par le volcan, même si une ou deux personnes âgées sont mortes de choc. Une vieille dame qui refusait de quitter son domicile sur l'île a survécu. Les toits des villages étaient courbés, écrasés et à moitié ensevelis sous une forte chute de neige et de cendres, et il était à noter que les maisons à toit plat étaient écrasées, tandis que celles aux toits plus pentus étaient moins endommagées. Les vergers d'orangers ont été désespérément détruits.

Sur la rive ouest de Sakurajima, à un endroit appelé Hakamagoshi, une explosion de feu s'est précipitée vers la mer depuis la faille. Les arbres ont été dépouillés de leurs branches et de leur écorce, les jeunes arbres ont été pliés loin du volcan et la fibre de bois sur les souches a été déchiquetée par les roches volantes. Cette explosion a été de très courte durée et n'a jamais atteint la ville. Il portait la marque d'être semblable aux descentes de la montagne Pelée. Les coulées de lave se sont poursuivies pendant un an et ont construit de nouvelles îles côtières.

J'ai eu l'expérience remarquable d'être ramé dans une barque sur la langue submergée d'un flux d'est, traînant un thermomètre dans une eau de plus en plus bouillante. Lorsque l'eau fumante autour de nous atteignit une température brûlante, nous avons eu la désagréable pensée que si nous chavirions, nous serions cuits. Nous avons trouvé des chevaux et du bétail bouillis le long des plages, ainsi que des milliers de poissons morts. Une montée près de l'évent du flanc est a montré une partie de la coulée de lave en mouvement se déversant le long de la pente dans une caverne rougeoyante sous une coquille de sa propre texture rocheuse.

Les milliers de dollars d'aide humanitaire venus d'Amérique et d'ailleurs au Japon furent gérés avec une honnêteté scrupuleuse et les habitants de l'île furent réhabilités à Tanegashima, une autre île de l'archipel des Ryukyu.

Des investigations scientifiques ont montré, par nivellement, que la montagne avait été soulevée de quelques pieds par la pénétration interne de la lave, et un réexamen des points de repère le long des routes s'étendant radialement a indiqué que l'extrémité nord du fond de la baie et du rivage s'était définitivement enfoncée, comme si elle était souterraine. la lave avait été retirée de cette région pour soulever, gonfler et déborder la montagne. Cet effet de l'affaissement à l'extérieur a été suivi et montré qu'il diminuait graduellement sur une distance de cent milles à partir du lieu du plus grand affaissement. L'enquête menée par les collègues géologues d'Omori a abouti à une publication monumentale qui démontre la solidarité des méthodes scientifiques japonaises. Et Omori et le professeur Koto ont publié des livres sur Sakurajima en anglais, avec des cartes, des photographies, des courbes et des sismogrammes.

Omori, en 1910, avait prévu que le mouvement de la terre autour d'un centre volcanique se gonflerait à un endroit et s'affaisserait à un autre pendant l'éruption. À cette époque, il a décrit le volcan Usu à l'extrémité opposée du Japon, où les instruments de nivellement montraient des changements progressifs de hauteur provoqués par l'éruption d'Usu. Un caractère physiographique remarquable de la montagne Usu et du bassin adjacent du lac Toya est que le bassin et le dôme semblent complémentaires, tout comme la baie de Kagoshima a été compensée par Sakurajima. Ce même couple lac-volcan a été observé dans d'autres régions du Japon, comme si la tuméfaction par pénétration de lave et éruption de lave avait volé le fondement d'un terrain adjacent, qui s'est abaissé et est devenu un lac en se remplissant d'eau souterraine.

De Sakurajima, je suis allé au Bandaisan, ou Kobandai, un célèbre volcan du centre du Japon, au nord-ouest de Tokyo et au bord d'un magnifique lac. Il ressemble à un pic rocheux ordinaire, mais sa renommée est due à une explosion de vapeur provenant de son flanc qui a fait exploser le flanc de la montagne et a laissé une vaste carrière de soufre avec de nombreuses solfatares et sources chaudes. Bandai était connu des géologues comme faisant partie d'une chaîne de volcans, mais avant 1885, son activité était remise en question. Un matin, le ciel a été assombri par l'explosion écrasante et de vastes volumes de roches provenant de l'épidémie se sont déversés sous la forme d'un glissement de terrain et ont complètement endigué un système fluvial. Cela a laissé des petits tas extraordinaires dans le nouveau lac endigué. Il s'agissait apparemment de blocs de roche individuels contre lesquels des tas de débris étaient empilés de manière à laisser des bosses pyramidales dispersées à la surface de l'eau retenue près du volcan. Un excellent rapport en anglais sur cette éruption fut publié à l'époque, et l'éruption devint le type de ce que les géologues appellent une explosion phréatique, c'est-à-dire de la vapeur pure. Il y avait des doutes quant à savoir si des fragments de nouvelle lave avaient été projetés.

J'ai emmené avec moi à Bandaisan un photographe-guide. Nous avons campé dans une auberge de montagne au toit de chaume, visité une station thermale et fait une randonnée jusqu'au cratère où nous avons mesuré les températures et pris des photos. C'était une vaste étagère à fond plat, creusée dans le flanc de la montagne, avec des jets de vapeur et des flaques d'eau bouillante à l'arrière. En regardant la nouvelle vallée remplie d'eau avec ses nombreuses îles à la base de la pente sous le cratère, nous pouvions voir des niveaux de rivage plus élevés que la plage actuelle, où le barrage avait produit le niveau d'eau le plus élevé. L'éruption et le glissement de terrain ont submergé les villages et tué de nombreuses personnes, même si cela n'a duré que quelques jours. C'était sur le flanc de la montagne éloigné de l'ancien lac. En escaladant les débris brisés, qui ressemblaient plus à des dépôts glaciaires qu'à des agglomérats volcaniques, j'ai ramassé quelques morceaux de basalte vésiculaire qui étaient bel et bien de la lave. Wada, un géologue japonais, avait découvert la même chose, et nous avons tous deux conclu qu'il s'agissait d'un basalte interne vivant réduit en fragments lors de l'éruption du Bandaisan, mais que la majeure partie du matériau provenait de la vieille montagne brisée.

Mon interprétation du Bandaisan est qu'il s'agit d'un ancien volcan situé dans la ligne d'Asama et d'autres volcans du centre du Japon, et que cette ligne est une fissure profonde, toujours pleine de lave dans les profondeurs, dont l'exutoire est sélectif, en fonction de la partie du volcan. la fissure s'ouvre comme le chemin de moindre résistance. L'éruption peut être provoquée par un coin de lave vers le haut sur un volcan, ou par une lave descendant vers un autre volcan, selon la manière dont la faille médiale du Honshu continental est déformée et stressée par les forces du tremblement de terre. Une partie d'une chaîne volcanique est toujours en train de couler, avec la lave retirée. Une autre partie est toujours en gonflement, avec de la lave pénétrant dans les fissures sous les cratères actifs, comme celle d'Asama.

Asama est le Vésuve du centre du Japon, près du village de Karuizawa, célèbre comme lieu de villégiature des missionnaires américains. Bandaisan fait partie d'une ligne de sommets volcaniques au nord d'Asama, qui possèdent tous des sources chaudes et des solfatares. L'explosion de Bandaisan, où le grand lac naturel représente le niveau de la nappe phréatique aux précipitations abondantes, s'est produite lorsque la colonne de lave souterraine s'est soudainement enfoncée rapidement par l'ouverture béante de la profonde faille. L'eau se déversait dans des cavités brûlantes, tandis que la lave montait et éclatait en moussant dans les profondeurs d'un des autres volcans. Les résultats de l'explosion de Bandai ont d'abord été un tremblement de terre, assisté par de vastes jets de vapeur bouillante provenant des eaux souterraines, puis un souffle s'échappant du flanc de la montagne.

L'espacement de vingt à quarante milles entre les volcans le long d'un système tel qu'Asama-Bandai est particulièrement intéressant. Les fissures sous-jacentes doivent être disposées en échelons, et l'espacement est fonction de l'épaisseur de la croûte terrestre supérieure et de sa capacité, au fil des âges, à produire des élargissements ou des courbures espacés dans la fissure, au-dessus de la coque qui confine la lave. Le même espacement entre les nouveaux et les anciens volcans est vrai dans les Caraïbes et sur la ligne Costa Rica-Mexique. Là un vieux pic pourrait faire un bandaisan par casse imprévue et dégagement de vapeur.

Cela s'applique également à la ligne Ryukyu-Sakurajima. J'ai visité Kaimon à l'extrême sud de Kyushu, un dôme abrupt bloqué au sommet par un bouchon de lave. Au sud d'ici, jusqu'à l'île Suwanose, un volcan actif, l'espacement des îles est similaire à l'espacement vers le nord de Sakurajima, Kirishima et Asosan, suivant la même loi de ventilation sélectionnée et de fissures décalées. Kirishima, à trente miles au nord de Sakurajima, est un volcan perfide et dangereux qui a fait une grave explosion juste avant l'éruption de Sakurajima. J'ai vu sur le bord de sa cavité sommitale une bombe en croûte de pain, un bloc de roche triangulaire de huit pieds de long, avec sa surface magnifiquement pavée de fissures béantes. Cette fracture de la croûte de pain indique que le fragment d'andésite rougeoyante a été projeté alors qu'il était pâteux, puis s'est figé sur sa surface pour lisser le verre et a continué à gonfler uniformément avec le gaz interne, de manière à rompre la surface vitreuse sous forme de pâte en expansion.

Au volcan Aso, plus au nord, je suis entré par une porte naturelle dans un chaudron de neuf milles de diamètre, entouré d'un mur et avec un pays vallonné à l'intérieur, d'où une rivière s'échappait par la porte. Le sommet du sommet de ce paysage s'est avéré contenir une fosse active au sommet. La fosse fumait et la source de la vapeur était des flaques de boue bouillantes au fond. Il s'agissait du « Halemaumau » d'Asosan, qui a connu de nombreuses éruptions près de la ville de Kumamoto. La chaîne des volcans de Kyushu se termine, après l'espacement habituel, par un volcan à Nagasaki.

Depuis le détroit de Shimonoseki, en direction du nord-est, de nouvelles ceintures de fissures volcaniques ont construit les montagnes du centre du Japon, coupées au nord-ouest de Tokyo par ce que Naumann a appelé la fossa magna ou grande tranchée. C'est un fait célèbre dans l'histoire de la géologie japonaise, dont ce géologue allemand a posé les bases. La fossa magna s'étend au nord-ouest et au sud-est, à travers les volcans Fujiyama et Oshima jusqu'aux îles Ogasawara et Bonin, théâtre de formation et de disparition de volcans depuis des cratères sous l'océan.

Omori avait découvert des similitudes historiques entre les éruptions de cette chaîne et celles de la chaîne Ryukyu. Ceci est significatif, car à mesure que nous partons du faible espacement des volcans individuels, nous arrivons à une fracturation plus profonde et plus grande de toute la croûte terrestre qui détermine un espacement de centaines de kilomètres entre des arcs de rupture aussi grands que ceux de Kyushu. et les îles Bonin. Comme tous sont volcaniques et le sont depuis la naissance du globe, il m'est impensable qu'ils soient autre chose que de profondes fractures qui descendent jusqu'au noyau terrestre. La géologie de surface des strates marines n'est qu'un simple placage comparée aux roches ignées profondes et anciennes.

Je suis allé en Nouvelle-Zélande en 1920, emportant avec moi sous forme manuscrite les résultats de l'Observatoire hawaïen de la dernière décennie. Parmi les géologues, il y avait le Dr Allan Thomson, directeur du Dominion Museum à Wellington. Le Dr Thomson et son distingué père, l'honorable William Thomson, nous ont guidés, Mme Jaggar et moi, d'Auckland à Dunedin. C'était ma tâche de donner des conférences sur la recherche sur les volcans, de montrer des diapositives de lanternes de la montagne Pelée et du Kilauea, de parler des sismographes et des cycles, et d'insister auprès de la science néo-zélandaise sur l'importance d'établir un système d'observatoire des volcans dans la ceinture de volcans de Taupo.

Ici, en 1886, s'était produite la terrible éruption du Tarawera. Ici se trouvent des volcans espacés s'étendant vers le nord jusqu'aux îles Tonga. Ici, peut-être, le long du canal Cook, entre les îles du Nord et les îles du Sud, se trouve une transition des volcans aux tremblements de terre, et très probablement une autre fossa magna digne de comparaison avec le Japon. À l'est se trouve le profond linéaire Tonga Deep, compensant le soulèvement volcanique de la Nouvelle-Zélande. Ceci est analogue au Tuscarora Deep à l'est du Japon.

Nous avons eu la chance de pouvoir nous loger à Rotorua, le quartier bouillonnant des geysers, lors de la visite du prince de Galles, futur roi Édouard VIII, et de voir les hakas, ou danses, d'un campement de 5 000 Maoris, rassemblés pour honorer Royauté britannique.

Je m'intéressais aux reliques de basalte liquide collectées sur le bord de la grande faille traversant la montagne Tarawera. La rupture s'étend sur toute la longueur du lac Rotomahana, qui a coulé sous la forme d'un phénomène d'eau souterraine en 1886. Ce fut, comme le Bandaisan, l'une des plus grandes éruptions de vapeur de l'histoire. C'était juste sur la ligne d'espacement des volcans s'étendant de l'île White dans la baie de l'Abondance jusqu'aux volcans Ngauruhoe et Ruapehu, au-delà du lac Taupo, au sud. C'était ici un pays d'échelons de fissures profondes, formées sur des dizaines de kilomètres à la suite d'éruptions sous-marines telles que Falcon Island dans le groupe des Tonga. Plus au sud se trouve la dangereuse île White, proche du littoral néo-zélandais, qui ressemble à Bogoslof, et ainsi de suite jusqu'aux volcans de lave au sud. De grands tremblements de terre, ainsi que des soulèvements, ont été caractéristiques des deux rives du détroit de Cook.

Ce genre de gradation ressemble certainement aux transitions de l'éruption sous-marine au soulèvement continental couronné de volcans, si caractéristiques du Japon, des Aléoutiennes, de la Californie et de l'Italie. Il est impossible d'y penser, si l'on considère des profondeurs d'eau de 4 000 brasses, et un échelon jusqu'à des altitudes telles que les Alpes de Nouvelle-Zélande, le tout linéaire sur une distance de plusieurs centaines de milles, sauf en termes de croûte terrestre profonde et faillée. Et les sismologues nous disent que cette croûte a une profondeur de 1 800 milles.

Les associations nouées lors de ce voyage étaient destinées à avoir un effet considérable lors de rencontres ultérieures avec des scientifiques néo-zélandais. J'ai rencontré le professeur Bartrum d'Auckland ; les responsables du Service géologique de Nouvelle-Zélande ; le Dr Ernest Marsden, éminent physicien qui avait travaillé avec Rutherford en Angleterre ; et le Dr CA Cotton, géographe physique et auteur. Cotton nous a montré les rivages surélevés de Wellington associés aux grands tremblements de terre de 1851. D'autres personnages étaient le professeur Speight, géologue du Christchurch College, et à Dunedin, le professeur RL Jack, physicien de l'université d'Otago et notre hôte. Dr CE Adams, astronome du gouvernement de Wellington, nous devions nous revoir sur l'île Tin Can en 1930, lors de l'expédition Eclipse aux États-Unis. Le Dr J. MacMillan-Brown, chancelier de l'Université de Nouvelle-Zélande, et sa fille nous ont reçus à Christchurch ; et il nous a ensuite rendu visite à plusieurs reprises à Hawaï au cours de ses nombreux voyages.

J'étais heureux de stimuler la volcanologie en Nouvelle-Zélande et heureux quand finalement parut le splendide travail du Dr LI Grange, sur le « district de Rotorua », avec un projet d'enquêtes géophysiques rendu impératif par le désastre du tremblement de terre de Napier.

Avant de clore ce chapitre, il convient de mentionner quelques personnalités de la première décennie de l'Observatoire. Au premier plan se trouvait LA Thurston, fondateur de la Volcano Research Association et son président pendant de nombreuses années. C'est son intérêt et son enthousiasme, alliés à ceux des autres membres de l'Association, qui ont rendu possible la création de l'Observatoire. Parmi ces membres, le plus important était LW de Vis-Norton, secrétaire de l'Association pendant de nombreuses années et apôtre dévoué de la volcanologie.

Mme Isabel Jaggar, à partir de 1917, fut mon aide non seulement comme épouse et assistante, mais aussi comme assistante générale à l'Observatoire.

Elle pouvait faire fonctionner des instruments, prendre des notes à la fosse, tenir les registres et servir de tampon contre un public trop curieux.

Il y avait Démosthène Lycurgue, sympathique hôte grec de la Maison des Volcans, qui a fait tout ce qui était en son pouvoir pour nous aider, en nous accordant des terres, en collectant des fonds et en promouvant personnellement la science avec toute la vigueur de sa merveilleuse personnalité. Il est rentré en Grèce pour se marier et, hélas, il est décédé pendant sa lune de miel. Plus tard est venu mon bon ami George Lycurgus, qui exploite toujours la Volcano House.

Parmi les collègues de la décennie fondatrice figurait HO Wood, venu de Berkeley en 1912, qui a agi comme sismologue et assistant géologique et a établi un bulletin sismologique. Il partit pour entrer dans l'armée en 1917. Dans les années qui suivirent, Wood fonda à Pasadena, sous la Carnegie Institution, l'un des plus grands laboratoires sismographiques du monde, et son nom fut associé à celui d'un physicien du California Institute of Technology pour nommer le sismographe Wood-Anderson. . Plus tard vint RH Finch qui avait travaillé avec le Dr Humphreys du Weather Bureau à Washington et avait été météorologue de vol en Irlande pendant la Première Guerre mondiale. Marvin me l'a nommé assistant en 1919, lorsque le Congrès a repris notre travail pour le Bureau météorologique américain.

Enfin, je voudrais citer les nombreux travailleurs de l'US Geological Survey en topographie et en géologie, notamment Birdseye, Burkland, Stearns, Wilson, Clark, Meinzer et Macdonald. Ces hommes ont concrétisé mon estimation du Geological Survey de 1899, lorsque j'ai recommandé à Walcott une étude des îles Hawaï.

L'étude géologique d'Hawaï comprenait des études sur l'eau, les autoroutes et les minéraux, et devait cartographier les laves, les processus volcaniques et la croissance des îles. Le coût annuel des travaux avait été estimé à 22 000 $, dont 6 300 $ pour les salaires en géologie et 10 000 $ pour le coût total de l'étude topographique, soit 90 000 $ pour cinq ans. Le projet a été lancé en 1909 en coopération avec le territoire d'Hawaï. En 1951, la cartographie fut achevée et le coût était plusieurs fois supérieur à l'estimation initiale.

Parmi les visiteurs qui ont contribué aux travaux de l'Observatoire figuraient Sidney Powers, un observateur bénévole qui avait été l'un de mes étudiants à Boston. Il a exploré et publié sur de nombreux volcans à travers le monde et m'a suivi à Sakurajima et dans les îles Aléoutiennes. Il devint plus tard un géologue pétrolier exceptionnel de la société Amerada à Tulsa. Arthur Hannon, un architecte de Cleveland, a agi en tant que cartographe bénévole et a aidé pendant des mois à réaliser des croquis des changements survenus à Halemaumau. William Twigg-Smith, un artiste néo-zélandais, nous a rejoint dans l'expérience de sondage sur la lave et a réalisé de nombreux croquis et peintures. Il est ensuite devenu illustrateur et photographe pour la Hawaiian Sugar Planters' Association. Le Dr AL Day du Laboratoire de Géophysique nous a rendu visite à plusieurs reprises, en association avec le chimiste des gaz ES Shepherd. Il a écrit d'importantes monographies, avec EH Allen, le chimiste de la Carnegie Institution, sur les parcs nationaux de Yellowstone et de Lassen et sur Geyserville. Allen est venu à l'Observatoire pour une analyse critique de la vapeur du Sulphur Bank.

Parmi les autres visiteurs figuraient des géologues, des géodésistes et des biologistes du Pacific Science Congress, tenu au printemps 1920. Parmi ceux-ci figuraient HE Gregory, Griffith Taylor, Frederick Wood-Jones, William Bowie, TW Vaughan, EO Hovey, EC Andrews, F. Omori, HS Washington et le Dr Chilton de Christchurch, qui a été l'une de nos inspirateurs lors du voyage en Nouvelle-Zélande. Ce congrès mondial d'Honolulu a consacré une réunion au volcan Kilauea, ce qui m'a permis de résumer les résultats devant un groupe cosmopolite de scientifiques.

Les dirigeants de Washington qui à cette époque promouvaient l'Observatoire étaient le secrétaire à l'Agriculture David F. Houston, le directeur George Otis Smith du Geological Survey, le chef Charles Marvin du Weather Bureau et Charles D. Walcott, secrétaire du Smithsonian. Vint ensuite WC Mendenhall, ami fidèle de l'Observatoire et directeur de l'Enquête.

J'ai eu la chance qu'entre 1914 et 1919, Mauna Loa et Kilauea accumulaient de la lave en vue d'une crise enflammée, et que le commerce du sucre à Hawaï était en plein essor en même temps. Lorsque le congrès scientifique de 1920 s'est réuni, il y avait beaucoup de lave fraîche à voir, et notre association de recherche était si prospère que le MIT de Boston a maintenu ses intérêts financiers. L' *American Journal of Science* dirigé par Edward Dana de Yale a publié nos résultats. Cela était tout à fait approprié puisque le père de Dana, JD Dana, avait beaucoup publié sur les volcans hawaïens. La fin de la décennie de fondation a donc facilité le financement des cinq années suivantes. Juste à ce moment-là, le Service géologique s'est mis en route, le parc national a été ouvert, l'armée a construit un camp de loisirs et un sentier jusqu'au Mauna Loa, l'Inter-island Steamship Company a repris la Volcano House et un comité de promotion amenait de nombreux touristes.

Fluctuations de la lave Halemaumau de 1790 à 1952, les verticales indiquant un abaissement maximum précédant les périodes de repos ; fluctuations mineures non indiquées.

Chapitre V
Décennie d'expansion

« Il y aura des famines et des tremblements de terre en divers endroits. »

La décennie de 1921 à 1930 fut une période d'événements formidables et d'expérimentations à Kilauea et Mauna Loa. Ce fut aussi une décennie d'expansion pour l'Observatoire et pour moi. Des fonds supplémentaires ont rendu possible la construction de nouveaux bâtiments et équipements à Hawaï ; une activité d'observatoire a été établie sur le volcan Lassen en Californie ; et le travail expéditionnaire comprenait une étude des tremblements de terre de Tokyo de 1923, des explorations des volcans de l'Alaska en 1927 et une visite à Niuafoou aux Tonga, une partie de la grande chaîne volcanique Nouvelle-Zélande-Tonga.

L'augmentation de l'aide gouvernementale était en grande partie due à l'aide de l'honorable Louis C. Cramton du Michigan, leader républicain du Congrès, qui s'intéressait beaucoup à l'extension des activités dans les parcs nationaux. Après que nous soyons passés du contrôle du Weather Bureau au Geological Survey en 1924, Cramton a visité notre observatoire, a conclu qu'il était un enfant orphelin du gouvernement et m'a demandé ce que je voulais. Je lui ai dit que j'avais besoin d'hommes et de machines et j'ai suggéré d'étendre nos études à la Californie et aux Aléoutiennes.

Entre-temps, l'Association de Recherche était persuadée que nous avions besoin d'un bâtiment en fer résistant au feu pour abriter les archives de la bibliothèque, les registres et les négatifs photographiques, ainsi que les sismogrammes et les spécimens de lave. Il s'agissait de précieux vestiges des débordements et des expérimentations très actives de la période 1912-1921. Avec les conseils de Walter F. Dillingham et de l'ingénieur John Mason Young de l'Université d'Hawaï, j'ai construit une maison en tôle avec un sol en béton et des lucarnes en verre métallique, et j'ai installé des meubles en acier. C'est devenu un bureau, une salle de dessin et une salle de travail inestimables, ainsi qu'un lieu de stockage des dossiers.

La Volcano Research Association, en coopération avec le parc national d'Hawaï, a construit un musée et une salle de conférence au bord du sentier au sommet de la haute falaise ouest du cratère Kilauea. Plus tard, lorsque le trajet fut entièrement prolongé autour du grand cratère, le musée se trouvait sur la route de Halemaumau. Ce musée avait une façade en verre, un sol en béton, un puits de lumière et une esplanade donnant sur la caldeira et sur le vaste panorama du Mauna Loa, du Mauna Kea et du désert de Kau. Le bâtiment protégeait la plate-forme d'observation des alizés.

Nous avons abrité dans le musée un sismographe nickelé brillant provenant du Japon, des photographies appropriées et les meilleurs de nos spécimens pour que les visiteurs puissent les voir. Ceci, combiné aux vues magnifiques, a permis d'instruire le public sur la volcanologie comme rien d'autre n'aurait pu le faire. Parallèlement, j'ai équipé des ateliers d'usinage et j'ai ajouté un mécanicien de premier ordre à l'équipe.

C'est au cours de cette décennie et après mon voyage en Nouvelle-Zélande que des personnes comme Omori et Nakamura, au Japon, et des géologues de Seattle, Berkeley et Pasadena ont commencé à s'intéresser au problème des volcans comme dominant dans l'étude des tremblements de terre.

Il existe des théories contradictoires sur la croûte terrestre. Auparavant, à Hawaï, Wood était un disciple des théories tectoniques ou contractantes de la Terre, alors que je croyais de plus en plus que le volcanisme était profond, crustal, océanique et ancien. Elle est plus fondamentale que les strates et les plis montagneux des continents.

Ce conflit s'est étendu à la question de l'eau en volcanologie. J'étais enclin à croire que les eaux de l'éruption étaient de l'hydrogène oxydé, alors que des physico-chimistes comme Day, Shepherd et Allen pensaient que la vapeur d'eau, comme le dioxyde de carbone, était fondamentale dans le magma.

Toute la question de l'origine de l'oxygène – l'élément le plus abondant des roches, de l'air et de l'eau – est un sujet de doute surprenant en géologie. Là où l'on sait qu'il existe des oxydes dans la lave, les flammes d'oxydation provoquent des feux gazeux ; et les eaux souterraines pleines d'oxygène jouent un rôle dans l'éruption du jet de vapeur. Toutes les eaux des glaciers et des océans sont des oxydes et prouvent que l'oxydation volcanique de l'hydrogène a été le plus primitif des processus volcaniques. Le Dr EH Allen a trouvé que la vapeur d'eau était dominante dans le gaz du Sulphur Bank à Kilauea, tandis que Day et Shepherd, qui s'opposaient à Brun, pensaient que l'eau était dominante dans les gaz de lave vivante. Sa grande prépondérance dans la théorie géologique pour des éruptions telles que le Vésuve a conduit Allen à revoir les théories et à publier un long article destiné à réfuter ma notion selon laquelle l'hydrogène oxydant est le principal ingrédient volcanique.

Quant aux tremblements de terre et aux failles dites tectoniques, la pensée de la géologie tout entière est tellement déformée par les continents, demeure de l'humanité, et ainsi détournée des grandes tranchées linéaires et des crêtes océaniques couronnées de volcans parallèles aux profondeurs, que je suis devenu incrédule, tout comme Willis et Oldham, quant à la cause classique des tremblements de terre.

La fascination offerte par les fossiles, par les âges des coquillages et des reptiles, et par les montagnes de strates plissées comme les Alpes et l'Himalaya, fait que les adeptes de la science évolutionniste négligent les roches couvertes de boue et les chaînes de montagnes océaniques qui couvrent près des trois quarts de la surface de l'humanité. le globe. Ils n'ont jamais vu ces soixante-douze pour cent, ni collecté de spécimens de roche dure, ni même cartographié topographiquement. Ils ne le connaissent pas par exploration, et leurs théories à ce sujet sont vides de sens, sauf que les pendules gravitationnels indiquent qu'il s'agit de basalte.

Le soi-disant géosynclinal, ou bassin continental de sédiments, rempli de coquilles et de strates comme l'est la Méditerranée, est au cœur de toutes les théories des continents et des montagnes ; et la géologie exclut expressément le géosynclinal et ses strates des probabilités de vallées océaniques profondes. Les sujets les plus intéressants de la géologie continentale sont tout simplement bannis des conjectures. L'intérêt pour la géologie des grands fonds marins fait défaut parce que la science n'a fait aucun effort sur le terrain pour les forer ou les exploiter, et ainsi étendre la science de l'ingénierie aux fonds marins profonds.

Les tremblements de terre sont un thème sur lequel je me méfie instinctivement du mot « tectonique ». Pendant des générations, l'esprit géologique a pensé que la Terre perdait de la chaleur, se contractait intérieurement et plissait une croûte en bosses, avec de vastes chevauchements de strates brisées, plissant ainsi les Appalaches et les Andes. Toutes sortes d'adaptations à une fine croûte de trente milles de profondeur ont été inventées ; par Dana et Geikie, par Suess et Wiechert, et enfin par celui qui aurait dû être le plus grand expert en failles de blocs, Dutton. Hawaï l'a convaincu que les volcans n'ont qu'une surface superficielle et que la fine croûte est si sensible qu'un déplacement du poids des boues et des sables des rivières suffit à faire descendre la grande vallée de Californie, tandis qu'un sous-versement fait remonter la Sierra Nevada. C'est la doctrine de « l'isostasie ». Cela concorde avec l'idée de Stübel de réservoirs peu profonds pour la lave des volcans.

L'isostasie a été inventée par Dutton et les mathématiciens se sont jetés dessus, jusqu'à ce que la gravité prouve que le monde entier était recouvert d'une fine croûte sur une couche de lave plastique. Les sismologues des continents étaient d'accord, constatant un changement de densité, mais sans preuve de fluidité. Le monde est devenu, mathématiquement et pétrologiquement, une sphère constituée de couches allant jusqu'au noyau chaud et fluide lourd, que l'on a commodément imaginé être constitué de fer et de nickel, car certains bolides du système solaire constitués de ces métaux tombent occasionnellement sur le sol. Terre.

Toute mon expérience des volcans et des océans profonds militait contre une fine croûte, une sous-couche peu profonde de basalte pour alimenter les volcans et un noyau de nickel et de fer. Le noyau est lourd et soixante-deux éléments sont plus lourds que le fer. Toute raison semblait contredire l'idée selon laquelle les vastes fonds marins volcaniques ne seraient qu'une fine croûte se plissant sous la contraction. La raison a trouvé toutes les preuves sur la Terre et sur la Lune d'une épaisse croûte de péridotite ou d'olivine, brisée en blocs anciens, délimités par de longues lignes de fracture, les blocs se déposant et se grattant les uns contre les autres depuis des temps immémoriaux, actionnés par les forces volcaniques du noyau. L'ensemble de la volcanologie indique des bassins océaniques en train de s'enfoncer et de faire face à des failles, aux côtés des restes de continents dressés qui constituent l'élément mineur de la surface terrestre primitive. L'eau condensée et remplit les creux. Les processus du noyau à l'origine de tout cela étaient le volcanisme – la mère de l'air, de l'océan, des fonds marins, de la terre et de la vie. La croûte était suffisamment épaisse pour créer des fissures de 2 000 milles de long sur un globe de 8 000 milles de diamètre. S'il y avait un équilibrage des poids comme dans « l'isostasie », c'était entre la haute teneur en silice des laves continentales et les basaltes à faible teneur en silice qui se répandaient sous les océans. Ce n'est pas statique, mais c'est un processus continu d'une Terre cinétique ou changeante.

Cette excursion dans la théorie est intentionnelle, de sorte qu'au milieu de ce livre, le lecteur formé en géologie comprendra que l'expérience des volcans d'Hawaï, des Caraïbes, de la Nouvelle-Zélande, de l'Alaska, de l'Italie et du Japon a fait de moi un rebelle contre la géologie conventionnelle. La raison en est que la grande chaîne de montagnes submergées du long archipel hawaïen est différente des chaînes de montagnes d'Europe et d'Asie et doit être prise en compte dans l'histoire mondiale. Comment les trois décennies 1921 à 1950 confirmeraient-elles l'idée selon laquelle les fonds marins profonds sont la chose la plus importante et la plus volcanique en géologie, tout comme c'est la chose la plus grande ?

L'observation et la photographie de routine à la fosse Halemaumau ont atteint leur point culminant en enregistrant des événements de feu brillants en mars 1921, et elles se sont transformées en enregistrement de vapeur explosive en mai 1924. Le premier de ces feux d'artifice, après que la lave s'est écoulée d'une faille dans le désert de Kau, drainant la fosse et fluctuant avec les hauts et les bas de la lave de la fosse, se sont produits en 1919-1920. C'était un retour à Halemaumau de l'effervescence en volumes mousseux, si bien que la fosse débordait sur cinq côtés. Le 20 mars 1921 a eu lieu l'éclat le plus intense, culminant avec la montée progressive de la colonne de lave jusqu'à son écoulement après 1918.

Puis vint, dans les derniers mois de 1921, un affaissement et une récupération de la lave. En 1922, un nouveau naufrage se produisit, la lave éclatant dans la chaîne de cratères du rift oriental, comme si elle avait été bloquée par le gel du rift sud-ouest et forcée de fendre les anciennes fissures de la montagne à l'est. . Cela fut confirmé en 1923 par une autre épidémie dans la forêt adjacente au sixième cratère, Makaopuhi, qui, avec la fosse de Napau au-delà, avait été le théâtre des exodes de 1922.

Cette action s'est entièrement étendue en avril 1924 jusqu'à l'extrémité côtière du rift oriental, à trente milles de Halemaumau, lorsque le pays de Kapoho s'est ouvert avec de nombreux tremblements de terre et qu'un bloc de montagne s'est installé sous le niveau de la mer. Les cocotiers de la plage ont été laissés dans un lagon d'eau de mer de huit pieds de profondeur. Soixante-quinze tremblements de terre en une journée ont effrayé les ouvriers philippins des plantations ; les chemins de fer et les routes furent rompus, avec de nouvelles falaises formant neuf pieds de haut ; et tout cela a fait suite à un affaissement monumental du fond de Halemaumau, passant d'une vaste mer de lave à une chute de débris en deux mois.

Il était évident qu'entre 1920 et 1924, la fracture de la longue faille incurvée traversant le chaudron du Kilauea, depuis le désert de Kau jusqu'à la pointe est de l'île, drainait la lave sous l'océan à l'est. A quarante milles du rivage, la pente sous-marine est recouverte par 18 000 pieds d'eau.

Quel est le résultat? L'ensemble de la montagne Kilauea est chargé d'eau souterraine, qui s'écoule chaudement à travers la plage de Pohoiki et réchauffe en partie les étangs près de Kapoho. De toute évidence, ces eaux souterraines du lobe sud-est de la montagne de l'île entourent le puits de Halemaumau à une profondeur indéfinie, et la lave vitreuse qui monte et descend dans le puits se recouvre habituellement d'une peau étanche à l'eau et peut être considérée comme un tube en croûte. . Autour de ce tube, l'eau souterraine n'apparaît que comme la vapeur paresseuse des petits évents des marges de la fosse. Le 10 mai 1924, les parois de la fosse d'Halemaumau s'effondrent, provoquant une éruption explosive de vapeur telle que cinq générations d'Hawaïens n'en ont jamais vu.

Les aventures de cette période furent glorieuses pour les scientifiques. Il convient tout d'abord de mentionner l'étonnant affaissement qui s'est produit soudainement à 2 HEURES DU MATIN le 28 novembre 1919, juste au moment où Mme Jaggar regardait à travers le cratère Kilauea les contours des rochers et des lacs de lave formant un dôme brillant là où aurait dû se trouver la fosse Halemaumau. Nous avons ressenti beaucoup de petits tremblements de terre et avons vu le dôme d'amas de lave, surmonté de lacs lumineux, couler lentement et majestueusement et quitter l'ancienne fosse rougeoyante familière. Pendant presque toute l'année 1919, cela avait été un dôme, avec des débordements, tantôt ici, tantôt là. La veille, à dix heures seulement, le vieil Alec avait conduit les touristes au sommet du dôme, d'où ils contemplaient les lacs aux feuilles de trèfle. Si la température avait commencé à baisser pendant qu'ils étaient là – et n'importe lequel d'entre nous aurait pu y être – il serait effrayant de penser à l'inévitable engloutissement par le feu.

Après avoir observé le naufrage, qui a été suivi de bouffées de poussière, de fumée et de quelques bruits d'avalanche, nous avons immédiatement pris une voiture pour nous rendre au stand. Et quand nous sommes arrivés tôt le matin, nous avons trouvé la fosse élargie à 2 000 pieds de diamètre, avec le motif des lacs de lave toujours apparent au fond, indiquant que le cylindre entier s'était abaissé en tant qu'unité jusqu'à une profondeur d'environ 700 pieds. . Des avalanches brûlantes dégringolaient vers l'intérieur avec un rugissement, provenant du vernis de lave plaqué sur le mur. Dans la matinée de ce jour-là, la lave liquide a commencé à se déverser vers l'intérieur sous la forme d'un anneau de fontaines bouillonnantes tout autour des bords. Ce que cet anneau représentait était la fissure de la paroi entre le cylindre affaissé de lave semi-solide, poussant maintenant vers le haut, et l'entonnoir de la paroi rocheuse à l'extérieur. Ce remplissage en forme de V s'est élargi à mesure que le soulèvement progressait, et ainsi le lac annulaire est devenu plus large, tandis que le sommet de la colonne la plus dure est devenu un anneau de rochers et l'espace à l'intérieur est devenu une flaque de lave tranquille alimentée par l'afflux du lac annulaire. Toute la colonne de rochers annulaires, avec la lagune à l'intérieur et le lac aux fontaines brillantes à l'extérieur, s'est élevée avec une rapidité inouïe au cours des trois semaines suivantes.

À la mi-décembre, j'ai emmené Mme Jaggar et une amie inspecter cette étonnante corolle, ou lys, constituée de rochers durs qui avaient fleuri en moins d'un mois, de sorte que l'anneau extérieur de liquide bouillant était inférieur à cent pieds en dessous de nous. Nous nous tenions près de la faille dans le fond du Kilauea qui se dirige vers la falaise sud-ouest, et tout à coup nous avons ressenti de légers tremblements de terre et avons vu la face de cette falaise s'effondrer dans un écroulement visible de rochers. La montagne s'ouvrait tranquillement à travers le fond de la caldeira du Kilauea, et pendant que nous regardions, nous avons vu quarante ou cinquante fontaines de lave basses en ligne droite jaillir le long d'une fissure du sol entre nous et la falaise.

Rappelons que cette fissure traversait la pente descendante entre le bord de Halemaumau et le mur de Kilauea. En regardant le lac périphérique, nous l'avons vu commencer à s'abaisser et laisser un rivage d'éclaboussures de plâtre noir. Lorsque nous avons regardé dans la fissure à nos pieds, ouverte seulement d'un ou deux pieds, la lave liquide est apparue à environ vingt pieds de profondeur. Nous nous tenions du côté de la fissure, à l'opposé du terminus automobile, et des flots de lave sur le sol du Kilauea se propageaient à droite et à gauche depuis la ligne droite d'aérations entre nous et le mur du Kilauea. Nous avons dû nous éloigner de là immédiatement, car personne ne pouvait prévoir quel terrain pourrait éclater entre nous et notre voiture.

J'ai soigneusement demandé à notre ami d'être délibéré et de franchir la fissure ; mais la jeune fille était sûre que franchir une fissure brûlante exigeait un saut. Elle a marché sur une dalle meuble au bord du gouffre étroit et s'est glissée dans la fissure, où elle est restée coincée jusqu'à ce que nous la retirons. Nous avons ensuite traversé la fissure, car la lave vive était bien en dessous, et sommes retournés à la voiture sans autre problème.

Le lac ne s'est abaissé que proportionnellement au ralentissement du débit noir au fond sud, qui a été de courte durée. Ce fut le début d'une scission du flanc principal de la montagne Kilauea, au sud-ouest et à l'extérieur du cratère, qui s'est poursuivie pendant des mois.

Une autre aventure, et importante, s'est produite avec l'inondation de lave dans le désert de Kau, où se formaient des terrasses après terrasses de lave pahoehoe. Cela devint finalement une colline au-dessus de la faille, longue de trois kilomètres et haute de 200 pieds, que nous appelâmes Mauna Iki, ou petit Mauna Loa. L'exploration, jour après jour, de la lave tranquille qui s'étendait le long de cette faille a rendu nécessaire la recherche de nouveaux sentiers depuis la route de Pahala et à travers le désert jusqu'à la butte qui s'allonge.

En suivant le nouveau sentier Mauna Iki, M. Finch a remarqué que les anciens lits de cendres, épais de deux à trois pieds, avaient des surfaces aussi dures que du ciment Portland. Et sur l'un d'eux, comme Robinson Crusoé, il trouva l'empreinte d'un pied nu, faite lorsque le vieux frêne était de la boue. Sur le sentier traversant ces anciennes surfaces, de nombreuses autres empreintes de pas anciennes et durcies ont été trouvées, d'hommes, de femmes, d'enfants et de cochons montant et descendant la montagne.

18. *Isabel et Tom Jaggar dans les bois du volcan Kilauea à leur retour après avoir observé l'éruption de 1923 dans le cratère Napau*

19. Lac de lave, fontaines et rochers, 20 mars 1921

20. Empreintes de pas dans les cendres à l'ouest du Mauna Iki, qui auraient été laissées par l'armée de Keoua lors de l'éruption du Halemaumau en 1790

Ces gravures rappelaient l'histoire de l'armée de Keoua lors d'une grande éruption explosive de Halemaumau en 1790 et les pluies de boue de l'époque provenaient des cendres cuites par les feux volcaniques. S'il est grillé et humidifié, la composition chimique du basalte en poudre est celle d'un ciment faible, et ces surfaces se trouvaient dans des creux qui avaient résisté à l'érosion pendant 130 ans. Une partie des pentes plus proches de Halemaumau avait été érodée, mais elles montraient également des empreintes de pas. Plus tard, le sentier a été suivi en remontant la montagne près du cratère Kilauea et en descendant vers Pahala, et les cendres de 1790 se sont révélées constituées de pisolites, ou gouttes de pluie fossiles, à de nombreux endroits. De toute évidence, l'éruption avait été accompagnée d'orages torrentiels et les indigènes avaient marché à travers les dépôts de boue qui, en un siècle, avaient été séchés par le soleil pour former une surface résistante. Ces empreintes fossiles allaient devenir l'une des attractions d'un sentier touristique dans le Parc National.

Une nuit de 1922, après quelques tremblements de terre, nous avons été réveillés par des amis qui nous ont dit qu'une lueur semblable à un feu de forêt pouvait être vue depuis les hautes falaises de Kilauea, en direction est de Makaopuhi. Ce grand cratère avait une plate-forme à une extrémité et une fosse à l'autre. Nous avons réveillé M. Finch, puis avons voyagé en voiture aussi loin que possible sur la piste des camions, nous nous sommes perdus et, avec des lampes de poche, nous nous sommes dirigés à pied vers la lueur et la fumée dans une nature sauvage et accidentée, sur un sol fissuré et de vieilles laves et de vieux aa. obstruant la végétation. Nous étions glacés par une bruine froide et ne savions pas du tout où nous allions émerger.

Heureusement, le pays est suffisamment ouvert pour que nous puissions voir la « colonne de feu la nuit ». Il s'est avéré que le nouvel incendie se trouvait dans les profondeurs de Makaopuhi même. Depuis le bord ouest de la fosse de Makaopuhi, nous contemplions dix ou quinze rubans de lave, formés par une ligne de fontaines jaillissantes au sommet de l'amas d'éboulis, et se déversant du haut de la grande pente rocheuse. Nous avons passé la nuit sur le bord dans un grand inconfort et avons observé la flaque d'accumulation au fond de l'entonnoir et les stries lumineuses qui l'alimentaient. Il était évident que la faille orientale de la montagne Kilauea s'était ouverte et que l'écoulement de lave s'étendait jusqu'au cratère Napau, une fosse de soucoupe peu profonde plus à l'est. Au même moment, la lave de Halemaumau s'est effondrée, élargissant la fosse, et des nuages de poussière de chou-fleur se sont élevés à la suite de nombreuses avalanches internes. Cela anticipait et ressemblait aux explosions de vapeur d'avalanche de 1924.

Les aventures de l'éruption explosive de 1924 étaient trop nombreuses et compliquées à élaborer ici. Cependant, il s'agissait d'un événement formidable dans l'histoire d'Hawaï et totalement imprévisible sur la base des expériences antérieures. Mme Jaggar et moi étions à New York en train d'écrire des articles dans des magazines et je donnais des conférences lorsque Finch et les journaux ont appris que Halemaumau cédait et jetait des pierres.

Nous nous sommes rendus en toute hâte à Honolulu, où la Marine a accepté de m'envoyer par avion à Hilo, bien qu'elle ait refusé d'emmener Mme Jaggar.

La voiture de l'amiral nous a emmenés à Pearl Harbor, où un hydravion était prêt et M. Thurston attendait pour m'accompagner, accompagné d'un caméraman de cinéma. Ensuite, le pilote Chourré m'a emmené dans le ciel au-dessus de Diamond Head lors de mon premier vol. Un avion compagnon était piloté par le lieutenant Sinton, qui avait une communication radio avec Pearl Harbor. En traversant le canal de Molokai, j'ai regardé le magnifique motif de crêtes blanches formées par les alizés et j'ai été surpris, après une demi-heure, de constater que les crêtes des vagues étaient plus éloignées les unes des autres. J'ai été encore plus surpris de voir l'avion de Sinton bien au-dessus de nous. Le mécanicien du cockpit avant avait levé les doigts à plusieurs reprises pendant notre vol pour indiquer, je l'ai appris plus tard, combien de cylindres manquaient dans le moteur Liberty supporté au-dessus de nous. Notre avion se rapprochait de plus en plus des vagues et des poissons volants couraient à nos côtés. Finalement, nous avons senti le choc des vagues après les vagues sur le fond des pontons, et le pilote a arrêté l'hydravion, près des vagues du récif de Molokai.

Nous nous sommes retrouvés dans quinze pieds d'eau, la barrière de corail visible en contrebas. J'étais chargé de jeter une ancre et d'attacher la ligne à un taquet, tandis que le pilote et le mécanicien montaient jusqu'au moteur, qui perdait en compression et ne pouvait maintenir la vitesse requise. L'avion pilote du lieutenant Sinton est descendu et a tourné au-dessus de nous jusqu'à ce qu'il ait vu que nous étions en sécurité, puis il s'est dirigé vers Maui. Pendant ce temps, j'observais l'eau avec beaucoup d'intérêt, à la recherche de requins. Lorsque nos garçons ont fait démarrer le moteur avec un rugissement, j'ai levé l'ancre et nous avons décollé contre le vent et les vagues, les pontons faisant bang, bang, bang, contre le sommet des vagues. Mais finalement nous étions en l'air et au-dessus de l'eau bleue.

Puis le moteur a encore lâché et nous sommes descendus. Cette fois, les hommes ont gréé une ancre flottante faite de seaux avec une ligne attachée à la proue, pour maintenir le nez du navire face au vent, et ont fermé les écoutilles avec des couvertures en toile. Nous avons grimpé sur l'aile supérieure pour attendre les secours. Le vent soufflait fort, les crêtes blanches sifflaient près de nous et nous nous couchions sur le ventre. Les aviateurs m'ont dit que c'était leur premier atterrissage forcé. Le mot atterrissage me paraissait inapplicable.

Nous avons dérivé pendant cinq heures, avançant lentement au gré du vent, avant qu'apparaisse un bateau à moteur blanc, venant de Molokai. Au même moment, de la fumée s'échappait de deux navires de sauvetage respectivement dans les directions de Pearl Harbor et de Maui. Sinton, qui avait demandé de l'aide par radio, est revenu et a tourné au-dessus de nous, me rappelant les goonies planant au-dessus d'un oiseau blessé sur une ligne à poisson que j'avais vu dans les eaux de l'Alaska. Le bateau Molokai nous a atteint le premier, a récupéré notre ancre flottante et nous a remorqué jusqu'à Kaunakakai. Nous avons tellement tangué et subi un tel martèlement des gigantesques vagues d'alizé qu'il ne semblait pas possible que la coque en acajou et les deux pontons latéraux puissent tenir ensemble. Cependant, nous avons atteint le port et nous nous sommes amarrés à la bouée.

J'espérais et priais pour que le paquet commercial, le *Mauna Kea* , puisse m'emmener à Hilo. Mais non, le remorqueur de la marine *Navaho* venait de Lahaina, et le capitaine Green a sorti son mégaphone et a annoncé que les instructions de l'amiral étaient qu'il devait emmener le Dr Jaggar à Hawaï. Mon cœur se serra parce que je savais quelle voie maritime se heurterait à cette petite baignoire. Le deuxième navire de sauvetage s'est avéré être le *Pélican* équipé d'une grue pour faire monter l'avion à bord et le ramener à Pearl Harbor.

À bord du *Navaho,* on m'a attribué un lit de camp en toile dans la timonerie circulaire inférieure à la proue ; et toute la nuit, des vagues se sont brisées sur la proue et un pied d'eau a déferlé sous mon lit. Le tangage était si intense et notre vitesse si réduite qu'il nous a fallu toute la nuit pour traverser le canal d'Hawaï, et nous n'avons atteint Hilo qu'à 14 HEURES le deuxième jour. Après cette nuit humide et avec le mal de mer, j'ai trouvé l'humour ironique lors de notre réception à Hilo Wharf, où nous avons été accueillis par Frank Cody avec sa caméra et un groupe de hula girls et de colliers. Au lieu de cinq heures, le voyage en a duré trente et n'a absolument pas réussi à me rendre l'esprit aérien. De plus, je suis arrivé au volcan Kilauea à temps seulement pour les dernières étapes de l'éruption explosive.

Finch avait organisé des bénévoles, dont Oliver Emerson en tant que photographe, et même notre chien colley, Teddy, qui pouvait entendre et sentir une explosion avant que nous ayons reçu un autre avertissement. Tous les observateurs ont écrit des notes et caressé les sismographes pendant les trois semaines de souffle de vapeur et d'effondrement de la fosse, qui s'était élargie par effondrement de 700 pieds radialement vers l'extérieur dans toutes les directions. Quand je suis arrivé, il mesurait 3 500 pieds sur 3 000 pieds de diamètre et 1 300 pieds de profondeur, le fond étant un entonnoir d'éboulis convergents, constitué d'avalanches provenant des parois de la fosse. Les talus étaient mouillés et fumaient vigoureusement en lignes verticales, et la nuit montraient des avalanches brûlantes provenant des murs nord et ouest, où deux corps intrusifs de roche dure étaient brûlants à l'intérieur. Le talus situé en dessous est resté chaud et les glissements ne se sont produits que pendant quelques secondes. La matière incandescente ne coulait en aucune manière, mais était plutôt l'écaillage d'un bossage rocheux de couleur rougeâtre à l'ouest et d'un rebord en forme de canot au nord à environ 600 pieds sous le bord.

Cela montrait la coupe transversale d'anciens éboulis, révélée au-dessus, et des coulées horizontales de basalte se chevauchant au-dessus. C'était une belle section d'une ancienne fosse, de même qualité que Halemaumau elle-même, et le seuil de canoë incandescent au fond semblait être une intrusion de gabbro à grain fin, qui s'était frayé un chemin sous un entonnoir d'éboulis plus ancien, semblable à celui d'Halemaumau. à l'actuelle coupe d'éboulis de Halemaumau, dont le fond était 700 pieds plus bas.

Sur le mur opposé de la fosse, la faille du désert de Kau était représentée comme une caverne ou une arcade verticale, se fondant dans un groupe de digues plus haut et se rétrécissant jusqu'à une minceur nulle au sommet. Ces mêmes digues, moins visibles, recoupaient le seuil de canot sur le mur nord-est, pour indiquer que l'anneau de la fosse était fracturé verticalement par le bas. Cette fracture est la principale faille profonde de la montagne qui passe sous le Kilauea, se courbant en direction du Kilauea Iki, et c'est elle qui s'était ouverte comme un gouffre incurvé pour laisser tomber la lave. La lave était descendue dans une succession d'écoulements de flanc, avec des montées intermédiaires, depuis le désert de Kau en 1920 jusqu'au drainage final sous la mer à l'est. Ce drainage avait laissé entrer les eaux souterraines, créé une chaudière à vapeur et provoqué ainsi l'éruption explosive et l'engloutissement des murs de Halemaumau alors que la montagne s'ouvrait en béant.

AL Day fit une de ses excursions de retour au Kilauea à cette époque et observa ainsi le phénomène extraordinaire des corps intrusifs basaltiques durs à mi-hauteur des parois, s'effondrant en un talus chauffé au rouge. Les explosions, qui ont commencé à intervalles de deux heures, ont progressivement diminué, pour arriver à quatre heures et huit heures ; et le 18 mai arrivèrent les nuages culminants en chou-fleur avec des torrents de roches brisées, dont certaines montraient une faible chaleur rouge. À tout moment, la force motrice était constituée de jets de vapeur de 10 à 15 000 pieds de haut, qui recouvraient le pahoehoe du bord de la fosse de fragments de roches brisées de toutes tailles.

Il n'y avait aucun signe de lave pâteuse ou de bombes vitreuses dans les éjectas, et l'incandescence rouge observée la nuit dans certaines explosions était le matériau d'avalanche du bossage ouest et du seuil du canoë.

Il a fallu moins de deux mois à la fosse, jusqu'à la mi-juillet, pour récupérer sa lave liquide, qui s'est déversée à travers les talus et a formé des flaques d'eau, pour former un nouveau modèle de source conique et de coulées de courte durée. Puis tout s'est arrêté et l'activité de la lave n'y a repris qu'à l'été 1927. Cependant, en 1926, le Mauna Loa est entré en action sur son rift sud-ouest et a envoyé une coulée d'aa dans la mer au sud de Kona, détruisant le village de Hoopuloa. .

C'était l'histoire d'un déclin et d'un rétablissement majestueux dans la colonne de lave de l'île à partir de 1914. L'écoulement dans le cratère du Mauna Loa à 13 000 pieds en 1914 s'est étendu à l'écoulement du rift sud-ouest en 1916 et 1919 à 8 000 pieds. Ensuite, en 1920, l'écoulement s'est produit dans le désert de Kau depuis le Kilauea, à 3 000 pieds. Il y avait des poussées alternées vers le haut dans la fosse Halemaumau, agissant comme un cratère similaire à celui du Mauna Loa au niveau inférieur du Kilauea de 3 700 pieds.

Ensuite, toute cette progression vers le bas s'est déplacée vers la chaîne de cratères à 2 500 pieds, et finalement vers la rupture du rift sismique de Kapoho, à la pointe est d'Hawaï et au niveau de la plage. Quelques kilomètres plus à l'est, sur la même faille sous la mer, la gigantesque montagne sous-marine d'Hawaï a drainé les dernières laves de la fosse d'Halemaumau et laissé s'écouler les eaux souterraines qui ont provoqué des explosions de vapeur.

Juillet 1924 a vu la lave profonde se rétablir dans la fissure et sceller l'eau, de manière à bouillonner dans les débris du fond d'Halemaumau et à se frayer un chemin vers le haut dans les crevasses de l'île. Il a atteint le sommet du Mauna Loa en 1926 et a réactivé l'écoulement au centre de l'île. Cette migration des évents de haut en bas et vice-versa a nécessité douze années de fracturation et a débarrassé de la lave cette grande partie de la crête hawaïenne. En atteignant la phase des eaux souterraines et du jet de vapeur, il a accompli quelque chose qui ne s'était pas produit depuis 1790, créant un supercycle de 134 ans.

La décennie qui a suivi l'explosion à Halemaumau a été marquée par de petites coulées de lave au fond de la fosse, portant la profondeur de 1 300 pieds en 1924 à 750 pieds en 1934. Les couches mesuraient un peu moins de 100 pieds chacune et elles étaient alimentées par des conelets pahoehoe. à la marge du glissement rocheux. Comme d'habitude, la lave jaillissait de la fissure du mur ouest, le long du bord du cylindre magmatique inférieur. Il n'y avait aucune trace de récidive des coups de vapeur.

Malgré l'excitation suscitée par les événements réels, les expérimentations se sont poursuivies ; et j'ai continué à travailler sur des inventions pour les expériences. Deux approches de nos problèmes concernaient les enregistreurs sismiques qui pourraient être mis entre les mains d'amateurs, et les télémètres pour améliorer les relevés des fosses. J'étais convaincu depuis de nombreuses années que le sismographe à trois composants était trop complexe pour être utilisé par des enseignants bénévoles ou des opérateurs téléphoniques qui ont autre chose à faire. Un tel sismographe enregistre avec du papier photographique le mouvement nord-sud, est-ouest et haut-bas du sol, sur un chronographe qui garde l'heure précise et enregistre une ligne ondulée chaque seconde, de sorte que le papier d'enregistrement doit être changé et développé chaque jour. De plus, ces instruments sont destinés à mesurer la distance jusqu'aux origines des tremblements de terre par la physique du mouvement des vagues, et ils sont devenus désespérément mathématiques. De telles mathématiques font des hypothèses d'uniformité sur une croûte rocheuse qui n'est pas uniforme. La science qualitative veut savoir ce qui se passe à un emplacement rocheux spécifique et souhaite que le mouvement soit enregistré par le dispositif mécanique le plus simple possible. Il souhaite également une valeur numérique à chaque emplacement, pour la taille et la direction du premier mouvement. Il s'agit d'un tremblement de terre, identifié comme un incident unique, survenu sur une île comme Hawaï, où les unités rocheuses sont nombreuses et différentes. Cela est particulièrement vrai sur de longues périodes pendant lesquelles il n'y a pas de tremblements de terre à enregistrer.

J'ai conçu un simple enregistreur de choc, constitué d'une flèche horizontale en bois très léger attachée à un poids articulé qui se balançait comme une porte, de sorte que la flèche rayait une ligne sur une carte circulaire qui était tournée et déplacée par un réveil commun. Le résultat était une marque en spirale sur la carte, de telle sorte qu'un tremblement de terre interposé inscrirait un zigzag en face d'un endroit sur le cadran de l'horloge approprié à l'heure de la journée. Il suffisait de retirer et de dater la carte, de remonter l'horloge une fois par jour et de mesurer le zigzag.

M. Ingalls de *Scientific American* a lu un article de ma part dans lequel je décrivais mon enregistreur de chocs et pensais que cela amènerait des machinistes amateurs à concevoir leurs propres machines et à enregistrer les vibrations qui les entourent. De nombreux amateurs ont envoyé des modèles d'instruments, et Ingalls pensait que le passe-temps des sismographes deviendrait aussi populaire que celui des télescopes astronomiques amateurs . Mais cela a échoué parce que les amateurs attendaient des tremblements de terre, ce qui n'est pas arrivé. Ils ne se contentaient pas des vibrations des camions, des trains, des cascades, des vagues sur les rochers, des exercices d'artillerie ou des tempêtes de vent.

Mon enregistreur de chocs amélioré a été utilisé plus tard en Nouvelle-Zélande et à Montserrat, après que de grands tremblements de terre dans ces endroits ont incité les autorités à construire des instruments simples. Cependant, le sismoscope populaire n'existe tout simplement pas.

Le télémètre sur lequel je travaillais depuis mes années d'enseignement à Massachusetts Tech, où j'avais fabriqué un dispositif optique avec un miroir à index mobile qui se déplaçait le long d'une échelle verticale de centimètres, et un télescope sextant. L'idée était un transit, avec une ligne de base autonome à proximité de l'opérateur. Ma théorie était que dans les mesures de distance que nous devions utiliser – jusqu'à environ mille pieds ou moins, jusqu'aux fontaines de lave au fond de la fosse de Halemaumau – nous pourrions lire la distance verticale à partir d'une seule station, alors que toutes les autres stations étaient enfermés dans la fumée.

Dans les îles Aléoutiennes et ailleurs, j'ai expérimenté un télémètre stéréoscopique Zeiss conçu pour les tirs d'artillerie, mais il n'était pas assez précis pour les courtes distances. Tout dans mon instrument dépendait du déplacement d'un télescope parallèlement à lui-même avec une précision superlative, sur une échelle à l'intérieur de l'instrument. J'ai finalement eu recours à une piste de corde à piano tendue, probablement la ligne la plus droite de toutes les mécaniques.

Si l'on regardait d'abord un objet à vingt milles de distance (distance infinie), le télescope pourrait être déplacé à droite et à gauche et l'image resterait immobile sur un cheveu vertical. S'il était maintenant focalisé sur un objet situé à 1 000 pieds, le déplacement du télescope sur l'échelle centimétrique mesurerait la distance avec un haut degré de précision. C'était le principe du stade inversé pour contenir la tige à la position d'observation.

J'ai également réalisé plusieurs dispositifs graphiques pour arpenter quotidiennement Halemaumau à partir des repères de jante. Cependant, lorsque la lave a dépassé le bord et détruit les poteaux de référence, la cartographie est devenue difficile.

Le forage de puits de température dans le fond et le bord du cratère Kilauea était un projet que j'avais prévu lorsque M. John Brooks Henderson de Washington est venu à Hawaï et a proposé de l'aider à le financer. Nous avions pris la température des fissures chaudes à de nombreux endroits et avons constaté qu'elles variaient de 320 ° C à la fissure de la carte postale près de Halemaumau, jusqu'à 96 ° C à Sulphur Bank, puis à des températures plus basses dans de nombreuses fissures qui ont cédé. vapeur visible par temps humide mais pas de vapeur du tout au soleil. Un spectacle pour les touristes était une fissure sur l'appartement de Sulphur Bank, où un cigare au vent ou les gaz d'échappement d'une voiture nucléaient la vapeur invisible et faisaient apparaître une grosse bouffée de « vapeur » blanche. Ce phénomène, qui dépend des particules de fumée condensant de la vapeur d'eau invisible, est bien connu à Solfatara, près de Naples.

L'approche expérimentale pour découvrir quelle est réellement la température du sol consiste à percer un trou et à mesurer la température à plusieurs reprises avec un thermomètre, et à déterminer si possible le changement du gradient thermique verticalement. Cela signifie mesurer dans quelle mesure la température change avec la profondeur. Tout le problème concerne la quantité d'énergie thermique inhabituelle libérée dans un endroit comme le cratère Kilauea.

Avec l'aide de Hobart, un ingénieur en forage, j'ai commencé chez Sulphur Bank avec une foreuse à baratte. Nous avons rapidement découvert que nous traversions un basalte intensément dur, contenant du sulfure métallique qui semblait être de la pyrite mais qui s'est avéré être de la marcassite. Après avoir foré pendant plusieurs années – avec quatre trous à Sulphur Bank, un trou de soixante pieds sous l'observatoire et environ vingt-cinq trous dans la partie orientale du fond de Kilauea sur une carte étudiée – nous avons opté pour une foreuse rotative. utilisant de la grenaille d'acier, puis remplacé à nouveau par une perceuse à percussion actionnée par de l'air comprimé, pour des trous peu profonds afin d'afficher les températures à travers le pays. Malheureusement, le carottage nécessite de grandes quantités d'eau, que nous n'avions pas, car le parc national d'Hawaï dépend de l'eau de pluie collectée sur les toits des réservoirs de séquoias. Sans refroidissement par eau, les mèches rotatives chauffent et se dilatent dans la roche chaude, collent et sont souvent perdues.

Deux trous de soixante-dix pieds, l'un à Sulphur Bank et l'autre au milieu du fond du Kilauea, n'ont montré aucun gradient thermique défini ; et en général, il s'est avéré que les trous de forage dépendaient de la vapeur présente dans les fissures pour leurs températures.

La chaleur était apportée par la vapeur, et dans un certain nombre de trous de dix pieds disséminés sur le sol du Kilauea, les plus chauds se trouvaient au bord du sol. La fissure de la carte postale, près du bord de Halemaumau et à 600 pieds au-dessus des intrusifs chauds au rouge, était exceptionnellement chaude, et on ne sait pas du tout comment l'eau est entrée en contact avec la roche intrusive chaude en dessous. Cet endroit s'est complètement effondré et a été perdu à jamais dans la fosse agrandie de 1924. Le Sulphur Bank lui-même se trouve au bord d'un ancien sol du Kilauea, sur une étagère à un niveau élevé. La chaleur supplémentaire sur les bords du sol signifie une fissure dans la paroi entre le remplissage du cratère et l'entonnoir de confinement, de sorte que des gaz chauds s'échappent de la lave intrusive quelque part en profondeur vers le centre.

Ainsi, lorsqu'un thermomètre à mercure était abaissé, des trous de dix pieds montraient un endroit chaud à mi-chemin et une roche froide au fond. Certains trous n'avaient aucune chaleur, ce qui signifiait qu'une fissure de vapeur inclinée était traversée par le trou ou qu'aucune fissure de vapeur n'était présente. L'approvisionnement en chaleur dépendait des canaux de vapeur provenant de l'eau de pluie chauffée, mais nous n'avons jamais pu, faute de fonds, percer un trou suffisamment profond pour trouver l'approvisionnement en eau qui produisait la vapeur. Il est remarquable que les tubages de trois puits de Sulphur Bank émettent continuellement une colonne de vapeur exactement au point d'ébullition théorique pour cette altitude, comme si les eaux souterraines bouillaient seulement à une courte distance en dessous. Le Dr Allen, par ses analyses, a prouvé que la vapeur du Sulphur Bank était composée à quatre-vingt-dix-neuf pour cent de vapeur et que le reste contenait des fractions d'un pour cent de soufre et de dioxyde de carbone, mais ce soufre était suffisant au fil des mois pour recouvrir l'intérieur de nos enveloppes de cristaux jaunes sur sulfure de fer noir. Il a recouvert le banc de soufre de cristaux jaunes de soufre et a imbibé la roche en dessous pour générer du sulfure de fer cuivré.

Le résultat de ces expériences fut de montrer la complexité de toute solfatare dans sa relation avec la lave souterraine et avec l'immersion d'un pays volcanique par les précipitations. Ceci est particulièrement important pour la Martinique et Montserrat.

Une autre expérience a été menée par Emerson, qui a été équipé par l'Observatoire d'appareils chimiques pour effectuer des analyses qualitatives de nombreux produits du Kilauea, et il a également réalisé un travail photographique critique, y compris quelques photographies dans l'infrarouge. Dans une expérience précieuse, il a fait fondre la lave du Kilauea dans un creuset réfractaire à une température d'environ 1 200 °C jusqu'à ce qu'elle soit aussi fluide que du miel. Laissé refroidir et durcir naturellement, c'était du verre brillant comme de la lave pahoehoe. Si on l'agitait avec une tige de fer, elle produisait des aiguilles noires germées, cristallisées partout, comme une lave. Ainsi, il prouva que le brassage faisait cristalliser et germer la lave hawaïenne comme du caramel au beurre, ou comme la solidification de métaux tels que l'argent et le bismuth. Une épidémie soudaine et un brassage n'importe où convertiront le pahoehoe en aa ; mais jamais aa ne se convertit physiquement en pahoehoe, à moins que la flamme ne le fasse fondre. Les pinacles dressés au milieu d'une coulée d'aa, qui se brise en rochers, témoignent du processus de brassage.

Lorsque la découverte d'Emerson est appliquée aux coulées de lave basaltique, il apparaît que la lave vitreuse d'une source, lorsqu'elle est agitée par une fontaine de gaz ou par un écoulement, passe de son état vitreux à un état de germination et de cristallisation. Tous les flux sont des fontaines vitreuses de pierre ponce pahoehoe au niveau des évents de source, et à un quart de mile de là, ils deviennent aa. Plus tard, le pahoehoe source se conserve dans une peau vitreuse et se déverse sous les coquilles vitreuses et les orteils frontaux.

Les travaux de RM Wilson ont fourni la preuve d'une montagne qui gonfle. Wilson était l'un des trois principaux membres du parti topographique du Geological Survey. Les deux autres étaient C. Birdseye et A. Burkland.

Wilson, que j'avais connu quand j'étais étudiant au MIT, était un produit du département de génie civil de Spofford et devait devenir l'ordinateur en chef du Survey à Washington. En tant que niveleur dans l'organisation de Birdseye, il devint ingénieur topographique de l'Observatoire, et réalisa par nivellement et triangulation précis la brillante expérience qui montra le gonflement et le rétrécissement de la montagne pendant quinze ans.

Grâce à une étroite coopération avec le US Coast and Geodetic Survey, nous avons installé un marégraphe à Hilo, à la fois pour déterminer le niveau de la mer et pour enregistrer les raz de marée. Wilson a également, en 1921, tracé une ligne de niveau depuis Hilo jusqu'au repère Volcano House, où le Geological Survey avait effectué des niveaux en 1911. La route du comté était marquée par des plaques de bronze inscrites avec des hauteurs de nivellement, et les résultats de Wilson montraient le bord du cratère de Kilauea. être trois pieds plus haut en 1921 qu'il ne l'était en 1911.

La détermination par Wilson des hauteurs au-dessus du niveau de la mer a certifié que la montagne entière avait enflé au cours des dix années précédant 1921. Vers 1918, la lave et les sismographes avaient prouvé un débordement croissant au centre, tandis que le bord du cratère Kilauea s'éloignait du centre. Cela s'est produit lors de la montée massive de la lave intérieure de Halemaumau dans un dôme là où se trouvait la fosse, et cela a prouvé que la montagne Kilauea était injectée le long de fissures, non seulement sous la fosse, mais le long des failles, comme l'indique l'écoulement sur la fosse. le sud-ouest et l'est dans les années 1920 et 1924.

Mais cela ne constitue pas l'intégralité du travail de Wilson. Il a revisité toutes les stations d'arpentage après le grand effondrement de Halemaumau qui a accompagné l'éruption explosive de mai 1924, et a constaté que le repère de Volcano House s'était abaissé d'un peu plus de trois pieds en mai 1924 et que les endroits proches de Halemaumau avaient chuté de près de quinze pieds. Cet abaissement de la montagne était progressif vers l'extérieur à vingt milles du centre aux stations de déclenchement, ou poteaux en béton, dans le désert de Kau et aux stations le long de la route vers Hilo. Ces stations ont changé d'altitude pour montrer que la grande montagne s'est tuméfiée ou a gonflé jusqu'à cette distance de vingt milles lors de la grande intrusion de fissures au moment du débordement, comme si le dôme de la montagne était une tumeur de quarante milles de diamètre avec Halemaumau au centre. Bien sûr, il n'y a aucune certitude que le littoral de Puna, ou même le marégraphe d'Hilo lui-même, n'aient pas baissé avec l'affaissement de la montagne, car ce qu'on appelle le niveau de la mer n'est rien d'autre qu'une moyenne des lectures du marégraphe à une heure fixe. quai. Rappelons que la pointe est d'Hawaï a coulé de huit pieds sur le rift du Kilauea lors de la crise d'avril.

Wilson a également étudié par triangulation horizontale en 1921, déterminant que les stations autour de Halemaumau s'étaient déplacées vers l'intérieur vers le centre, d'un nombre de pieds spécifié, différent à chaque station, et que d'autres stations à l'extérieur du cratère du Kilauea avaient changé de position horizontalement sur la carte, comme même si la montagne rétrécissait. Toute cette série de mesures de changement entre 1911 et 1926 concordait avec les mesures d'inclinaison du sol effectuées par le sismographe. Le sismographe a choisi 1918, lorsque Halemaumau a débordé, comme année de gonflement. En 1924, l'inclinaison s'est inversée, se tournant vers l'intérieur en direction de Halemaumau, et est devenue énorme lorsque la fosse s'est effondrée et a explosé.

Il est impossible d'insister suffisamment sur l'importance de la découverte d'un gonflement et d'un affaissement mesurés d'un volcan au cours d'une crise de lave qui a duré quinze ans. C'était si énorme que les ingénieurs critiques de Washington ont refusé de croire aux résultats de Wilson. Cependant, ses découvertes ont été vérifiées par les résultats contemporains des mesures de lave, des dénombrements de tremblements de terre et des résultats de l'inclinomètre. Celles-ci ont montré que la fréquence des tremblements de terre augmentait lorsque le Kilauea s'effondrait et qu'une montagne de lave avait gonflé jusqu'à atteindre un mètre de plus au sommet en dix ans et s'était contractée davantage au cours des années d'une période d'éruption explosive immédiatement après. Tout cela concorde avec les excellents résultats des événements volcaniques et sismiques d'Omori, obtenus par les ingénieurs de l'armée et de la marine japonaises sur plusieurs volcans et tremblements de terre. Cela concorde également avec les faits positifs du Vésuve et des îles Canaries, à commencer par la controverse sur les « cratères d'élévation » lancée par Leopold von Buch dans la première moitié du XIXe siècle et reprise par Mercalli sur le Vésuve en 1894 lorsqu'une colline de lave fut détruite. vu gonfler. Là aussi, les autres ne le croiraient pas. L'opposition a toujours insisté sur le fait qu'un volcan était construit à partir de matériaux accumulés et qu'il ne pouvait en aucun cas gonfler.

Les résultats de Wilson sont d'une grande portée, car l'ensemble de la géologie dépend du soulèvement des continents et de l'affaissement des bassins sédimentaires. La plupart des géologues expliquent ces phénomènes par la théorie de la pondération et du sous-versement au niveau d'une croûte mince (isostasie), refusant d'admettre que la chaleur volcanique et la tuméfaction produisent partout une puissance intrusive à travers des fissures dans la croûte plus profonde.

J'aimerais pouvoir décrire de manière adéquate la haute aventure de cette période fructueuse. Nous avons construit un véhicule à partir d'une Ford modèle T avec un essieu Ruckstell, dépourvu de garde-boue et équipé de pneus ballon doublés à l'arrière, de manière à pouvoir circuler et transporter des charges sur le pahoehoe lisse du sol du Kilauea. Nous avons découvert qu'un puissant appareil léger de ce type, doté d'un équipement excessivement bas, pouvait grimper sur des lobes de lave d'un à deux pieds de haut. Mais cela nécessitait une conduite expérimentée et des méthodes spéciales. En envoyant un homme à pied en avant pour tracer un chemin et tirer un pied-de-biche qui grattait une trace, nous pouvions conduire n'importe où sur la lave. Et nous avons utilisé cette plate-forme pour transporter des fûts d'eau et des appareils de forage. Un jour, j'ai conduit des officiers d'artillerie sur le sol accidenté du cratère et j'ai ensuite vu des voitures similaires utilisées par l'armée pendant la Première Guerre mondiale comme moyen de transport à travers le pays pour les médecins et les blessés dans le No Man's Land.

Avant qu'une route encercle le cratère du Kilauea, M. Finch et moi, portant des planches de deux pouces pour combler les fissures, avons fait le tour complet du cratère à travers le désert de Kau déchiré dans notre véhicule spécial, auquel a maintenant succédé la jeep. le véhicule le plus universel de la Seconde Guerre mondiale. La volcanologie a exploré le champ de la guerre de plusieurs manières, c'est pourquoi j'ai intitulé mon livre populaire « Les volcans déclarent la guerre ».

Les inventions ont conduit à des expéditions à Hawaï et dans des pays lointains au cours des années vingt, certaines sur invitation, d'autres pour offrir une assistance en cas de catastrophe, et d'autres encore dans le prolongement naturel de mon propre travail. Le 1er septembre 1923 eut lieu le grand tremblement de terre de Tokyo. Avec Mme Jaggar, j'ai été autorisé à atterrir au Japon et à étudier les effets du désastre. La destruction de Tokyo et de Yokohama fut une dernière et triste tragédie pour Omori, qui avait travaillé pendant des années pour protéger l'empereur et le Japon en étudiant les prévisions sismiques pour Tokyo et en menant des recherches sur l'ingénierie parasismique. C'était un commentaire cruel que le désastre soit survenu alors qu'il assistait à un congrès scientifique en Australie, d'autant plus que la grande destruction de la vie était provoquée par le feu et les vents du typhon. Mais l'organisation d'Omori a admirablement géré l'événement sismique. Omori revint aussitôt, mais mourut presque immédiatement.

Nous sommes entrés dans le port de Yokohama et avons été accueillis par le capitaine Gatesford Lincoln USN et sa flottille de destroyers. Nous montâmes à bord de son vaisseau amiral et fûmes envoyés dans sa vedette aux jetées brisées de Yokohama, où nous ne trouvâmes ni douane ni police. Nous avons marché jusqu'au camp des marines américains, au milieu des décombres du consulat américain, où le consul avait été tué.

Yokohama, que j'avais bien connue en 1909 et 1914, n'était qu'un amas de ruines ; et le long Bund, avec ses splendides structures riveraines, dont le Grand Hôtel, n'était qu'un tas de décombres. Mon camarade de classe

Purington, un géologue minier qui résidait au Grand avec sa famille, s'est échappé avec un enfant et est retourné sauver sa femme. Un deuxième choc fit tomber davantage de maçonnerie et l'écrasa.

On nous a donné une tente et on nous a permis de jouer avec les marines, et le lendemain nous nous sommes entassés dans un train pour Tokyo. Il y avait plein à craquer jusqu'aux portes et des gens étaient assis sur le toit. Les Américains nous ont conseillé de nous habiller le plus grossièrement possible, car la population était à bout de nerfs et les étrangers ne devaient pas ressembler à des touristes. Par beaucoup de chance, nous arrivâmes à l'Hôtel Impérial qui avait résisté aux secousses et aux incendies, bien qu'il fût considérablement endommagé.

Nous avons visité le district de Honjo, au fond de la rivière, où les dégâts étaient à leur maximum, et nous avons vu les restes d'un tas de cadavres, de vêtements et d'objets ménagers dans une petite cour où 30 000 personnes avaient été incinérées. Le feu s'était rapproché de tous côtés et la foule hurlante d'hommes, de femmes et d'enfants s'entassaient les uns sur les autres, au milieu de charrettes à bras et de paquets de vêtements - du petit bois qui ajoutait de l'huile à l'horreur.

Le maire de Tokyo nous a envoyé dans un petit bateau à vapeur vers l'île d'Oshima, sur laquelle se trouve le volcan Mihara, proche du centre du séisme. Nous avons grimpé et avons regardé dans une fosse rougeoyante qui ne produisait aucune sortie de lave à ce moment-là, bien que Mihara soit célèbre pour ses coulées de basalte.

Les sondages d'eau ont montré un affaissement de 900 pieds dans la baie de Sagami, en face d'Oshima, et des profondeurs modifiées ailleurs, certaines d'entre elles étant peu profondes à cause de glissements de terrain sous-marins. Nous nous sommes rendus dans la péninsule de Boshu, à l'est de Tokyo, où la plage s'élevait depuis de nombreuses années et où le tremblement de terre a laissé les quais hauts et secs. Le principal effet du tremblement de terre, survenu à midi, juste au moment où tous les brasiers à charbon de bois étaient allumés pour le déjeuner dans les fragiles maisons japonaises de bois et de papier, fut d'allumer des incendies dans une zone de centaines de kilomètres carrés et dans une vingtaine de villes. Les réservoirs d'eau ont été détruits, il n'y avait pas de service d'incendie adéquat pour intervenir en cas d'incendie et un vent violent soufflait sous un soleil radieux. Une caractéristique des villes japonaises était l'absence d'autoroutes ouvertes aux réfugiés, d'où l'écrasement, l'incendie, la noyade, l'étouffement et l'anéantissement de centaines de milliers de personnes et la destruction d'usines, de trains, de réserves d'eau, de centrales électriques et de tout ce qui était essentiel. utilité dans une grande zone métropolitaine avec une population de plusieurs millions d'habitants. Le mouvement horizontal du sol lors du choc était d'environ huit pouces et les répliques se sont poursuivies pendant plusieurs mois.

Nous avons exploré Yokohama, grimpé jusqu'au Bluff où tout était détruit et où des glissements de terrain avaient dévalé le précipice. Nous avons visité ce qui restait d'une belle villa de type anglais au toit d'ardoise, qui avait été occupée par deux dames missionnaires et leurs nombreux perroquets. Ces gens campaient, avec leurs perroquets, dans une cabane construite par leur gardien, car la demeure s'était effondrée comme un château de cartes. Une femme avait été emprisonnée entre son lit et le mur et n'avait pas été blessée lorsque le jardinier l'avait déterrée à travers les fissures du toit.

Scientifiquement, ce qui est arrivé au sol lors de ce tremblement de terre ne s'explique pas par une seule faille. Ce qui est arrivé au fond de la baie de Sagami n'a pas été communiqué à travers la plage jusqu'à la côte comme n'importe quelle grande faille. De petites failles ont été identifiées à plusieurs endroits, le rivage à un endroit s'est élevé de quelques pieds et s'est abaissé à un autre ; mais aucun mouvement tel que le grand affaissement du fond de la baie n'a traversé le contact de la mer et de la terre. Il semblait que la marge de la baie elle-même délimitait une zone d'effondrement soudain, en quelque sorte liée au volcan Mihara sur Oshima ; mais le littoral de cette île n'a pas été sérieusement touché. Les grandes montagnes des contreforts du Fujiyama et du district de Hakone ont été ébranlées par des tunnels ferroviaires brisés et des glissements de terrain, mais la topographie n'a pas été modifiée.

Une nouvelle étude des stations de triage à l'ouest de Tokyo a révélé des mouvements qui indiquaient que le pays avait été tordu en spirale. Cependant, cela m'a toujours semblé un mystère que tous les mouvements sur terre soient si minimes, alors que les changements au fond de la baie étaient si grands.

Il y a eu un raz de marée local au bord de la baie de Kamakura, mais aucun grand raz de marée venant des profondeurs de l'océan n'est arrivé à Tokyo. Un effort volcanique de lave profonde s'est ouvert et a secoué le fond marin, mais la façon dont il a agi est totalement obscure. C'était très différent du séisme de San Francisco, avec son glissement latéral de vingt et un pieds et sa fissure de 400 milles de long.

Lorsque nous sommes retournés au Japon en 1926 avec le Congrès scientifique du Pacifique, la restauration de Tokyo était pratiquement terminée et une magnifique grande ville avait été construite avec de larges et grandes promenades. Le gouvernement a généreusement diverti les scientifiques participant au congrès. Le Dr Lacroix et moi avons été envoyés à Osaka pour donner une conférence et montrer des diapositives à la lanterne de la montagne Pelée ; et des expéditions dans tout le Japon furent organisées pour les visiteurs. J'ai eu l'occasion de voir pour la première fois les grands champs de lave basaltique de la région des lacs au pied du Fujiyama, et j'ai été étonné de la similitude du pahoehoe basaltique avec nos écoulements hawaïens et de la fraîcheur des laves et des cavernes de lave. . Je n'avais jamais pensé au Fujiyama comme à une « coulée de lave ».

Ma prochaine expédition eut lieu à l'automne 1924, lorsque je fus invité par SE Gregory, directeur du Bishop Museum, à participer à une expédition sur l'USS *Whippoorwill*, commandant Samuel King, à Howland et aux îles Baker. Les autres membres de l'expédition étaient C. Montague Cooke (malacologue), George Munro (ornithologue), Erling Christophersen (botaniste), Ted Dranga (collecteur de coquillages marins), George Collins (administrateur du musée) et Bruce Cartwright (naturaliste). Ces hommes ont été invités à constituer l'une des nombreuses équipes du Bishop Museum qui ont été envoyées dans les îles des mers du Sud pour collecte et rapport.

En tant que géologue, mon travail consistait à transporter un sismographe portable, à enregistrer les tremblements de terre ou les microséismes et à prendre des photographies. Nous avions confectionné à l'Observatoire un pendule horizontal monocomposant, dont le tambour du chronographe utilisait du papier fumé. Au camp, j'ai descendu la boîte contenant le sismographe dans un trou dans le sable sous mon lit, en vue de découvrir quelles secousses se produisaient sur ces îles coralliennes plates. Cependant, aucun mouvement n'a été détecté pendant la durée de notre séjour, dans la limite de sensibilité du petit sismographe.

Howland et Baker sont des îlots coralliens, et non des atolls, proches de l'équateur, sans lagon et entourés d'eau profonde. Howland est devenu plus tard célèbre dans la tragédie d'Amelia Earhart, pour qui la Garde côtière a préparé un aérodrome sur l'île. Ces îles avaient été exploitées pour des fouilles de guano pour des groupes venus d'Honolulu cinquante ans plus tôt, et nous avons découvert d'anciennes citernes et pistes. Les îles étaient habitées par des milliers de goonies (fous de Bassan), d'oiseaux de guerre et de sternes. À certains endroits, ils couvraient le sol de leurs nids, de leurs œufs et de leurs petits, s'élevant bruyamment en essaims terrifiants tandis que nous marchions parmi eux. La terre était parfaitement plate, composée de guano brun et d'herbes rouges, avec des plages de rochers coralliens et *de Tridacna*, ou palourdes géantes, les crêtes les plus hautes du côté au vent. Les alizés d'est soufflaient la plupart du temps un puissant coup de vent, et notre navire devait nous débarquer sur les plages sous le vent, où nous installions notre camp sous une rangée de tentes. Le personnel était divisé en paires pour chaque tente et des garçons de mess philippins faisaient la cuisine.

L'atterrissage était pénible, car il y avait de fortes vagues, même du côté sous le vent, et il était nécessaire de faire nager un homme avec une ligne entre les dents. Le nageur, Ted Dranga, a fixé la ligne entre une bouée et le rivage, puis a allumé un feu de signalisation pendant que le navire s'éloignait. Hommes et bagages étaient chargés dans une yole et tirés à terre par le marin à l'avant, qui tirait main sur main sur le cordage de la bouée, lorsque les vagues étaient favorables. Le navire devait dériver chaque nuit et revenir, car il n'y avait pas de mouillage. Quelques arbres kou rabougris ont encore survécu après avoir creusé du guano, et de nombreuses herbes et herbes salées à feuilles charnues ont poussé. Les plages étaient couvertes de rats, de bernard-l'ermite et de quelques crabes fantômes blancs. Les crabes fantômes ont été vus la nuit, flottant dans l'eau lorsqu'une lampe de poche était allumée sur les vagues.

Les bernard-l'ermite, aux coquilles empruntées, venaient claquer sur le sol en toile sous nos lits la nuit ; et tandis qu'on marchait sur la plage avec une lampe de poche, des rats polynésiens crépitaient dans tous les sens. Ils avaient été amenés par les goélettes à guano et vivaient sans aucun doute de coquillages, d'oiseaux, d'œufs et d'oisillons.

Les principaux produits de cette expédition étaient des notes, des images, des cartes et des collections.

Au cours des années suivantes, nous devions combiner expéditions et expérimentations dans l'organisation de nouveaux observatoires en Californie et en Alaska.

Les volcans californiens en tant que domaine d'étude des observatoires étaient un choix évident lorsque le juge Cramton a proposé l'élargissement de l'entreprise volcanique. Il a réussi à m'obtenir une section de volcanologie au sein du Service géologique et j'ai envoyé RH Finch au parc national volcanique de Lassen, où il a établi son quartier général à Mineral. Lassen avait fait des explosions de vapeur entre 1912 et 1914 qui s'étaient précipitées dans la forêt avec une destruction horizontale telle que celle survenue à la montagne Pelée. On ne se rendait pas compte que cette explosion était terrible, car elle s'est produite dans les bois au sommet de la Sierra Nevada et était peu connue. Le parc national y a été créé plus tard. C'est une zone avec un cône de cendres récent (1871 ?) et une coulée de lave rocheuse, des lacs bouillants et des marmites de boue, de nombreuses solfatares et sources chaudes, et une caverne de lave semblable à celles d'Hawaï.

21. Le Honukai *sur la plage d'Alaska, 1928. Jaggar à droite*

22. L' Ohiki, *premier camion amphibie, avec les passagers Isabel Jaggar, Tahara, LA Thurston, Jaggar et Ted Dranga, 1928*

23. Coulée de lave entrant dans le village de Hoopuloa, 1926

24. Coulée de lave de l'éruption du Mauna Loa en 1926 approchant du village de Hoopuloa, qui a été détruit. Section photo de l'US Army Air Force

Lassen Peak est le volcan le plus au sud sur la ligne où la chaîne des Cascades se confond avec la Sierra Nevada. La ligne de volcans s'étend au-delà du mont Baker jusqu'au Canada. Au nord de Lassen se trouve la région de Glass Mountain où se trouvent des coulées de lave d'obsidienne. Comme le mont

Shasta, le Lassen est un volcan qui a connu très peu d'éruptions récentes, mais il y a eu au moins deux éruptions au XIXe siècle. Ces deux volcans ressemblent à la Pelée et à la Soufrière. Leur qualité linéaire implique une longue faille irrégulière dans la croûte terrestre, et au sud de Lassen, il est suggéré une faille décalée au mont Sainte-Hélène, près de la célèbre vapeur surchauffée de Geyserville. C'est près de l'extrémité nord du grand rift de San Andreas, qui s'étend sur plusieurs centaines de kilomètres au sud-est de San Francisco. La faille s'est déplacée dans une direction nord-sud lors du tremblement de terre de 1906 et constitue l'une des nombreuses preuves que les failles nord-sud de la Californie font toutes partie de la formation de failles, sur la lave, de la Cordillère, par rapport au Pacifique englouti. Dalles océaniques.

J'ai confié à Finch la responsabilité des sismographes des îles Aléoutiennes, ainsi que de celui qu'il devait établir à Mineral. Avec Wilson comme sismologue et concepteur d'instruments à Hawaï, nous avons commencé à construire des pendules horizontaux, comme ceux utilisés à Hawaï, en fabriquant les poids à partir de gros tuyaux en fer, qui devaient être remplis de sable sur le lieu d'opération. Il s'agissait de sismographes à deux composants, enregistrant sur un seul tambour de chronographe. Nous en avons envoyé un à la station Coast Survey de Sitka et en avons construit deux autres pour Kodiak et Unalaska. Finch a construit et installé son propre sismographe à Mineral. Il a commencé des études systématiques des températures des sources chaudes et des jets de vapeur dans différentes parties du parc Lassen et est resté en contact étroit avec le département géologique de l'Université de Californie à Berkeley. Lassen a fait l'objet d'études géologiques réalisées par Anderson et Finch, et plus tard la zone du parc a été étudiée par Howel Williams.

Je suis allé à Washington pour rencontrer les autorités gouvernementales, en particulier le professeur Charles F. Marvin, chef du Bureau météorologique, et le Dr GO Smith, directeur de la Commission géologique. Je ne pourrai jamais exprimer ma dette envers Marvin, un bon concepteur qui a construit un sismographe à pendule inversé à Washington. Finch avait travaillé avec Marvin lorsqu'il était observateur météorologique dans des avions basés en Irlande pendant la Première Guerre mondiale. C'est pourquoi les méthodes de contact et de rapports gouvernementaux, dans les premiers jours de notre Observatoire, ont été aimablement guidées par Marvin. Le Bureau météorologique était un lieu d'instruments auto-enregistreurs, quelque chose de nouveau pour la géologie et indispensable à l'observation des volcans. Car le temps est une question de changements actuels, alors que la géologie a longtemps été une affaire de spécimens anciens.

Le directeur Smith a joué un rôle déterminant en convoquant une réunion à Washington des scientifiques de tous les bureaux intéressés par les îles

Aléoutiennes. J'ai été choisi pour diriger le symposium, qui comprenait des représentants de la climatologie, de la biologie et des pêcheries, de la géologie et de la géochimie, de l'océanographie et de la géodésie, des cartes hydrographiques, de la gravité et du magnétisme. La péninsule de l'Alaska et les îles ont suscité un grand intérêt, et la Commission a publié un bulletin spécial sur le symposium.

WC Mendenhall, qui avait écrit une monographie sur le volcan du mont Wrangell dans le grand coude du continent autour du golfe d'Alaska, devint directeur du Geological Survey et l'un de mes meilleurs amis.

En 1927, j'étais prêt, avec des voitures tout-terrain et un sismographe, à explorer à nouveau les volcans de l'Alaska. Organiser une expédition coûteuse nécessitant un navire spécial était évidemment hors de question, mais dans les années qui suivirent l'expédition technologique de 1907, j'avais appris de nombreuses économies que je voulais essayer. J'avais également deux tests expérimentaux et mécaniques à faire. Le premier consistait à installer en Alaska un sismographe, le second consistait à tester les plages de l'Alaska avec un véhicule tout-terrain, en vue de construire un bateau amphibie. J'avais lu en plusieurs langues des articles sur les véhicules à moteur équipés de carrosseries de bateaux, et mon expérience de 1907, où je n'avais trouvé aucun mouillage sur l'île d'Umnak, m'avait convaincu de la nécessité d'un navire sur roues capable de grimper sur une plage de l'Alaska et d'être transformé en camp. Je suis donc parti de Seattle avec un runabout Ford à basse vitesse. Je l'ai d'abord déchargé dans le village de Kodiak, où il n'y avait qu'une ou deux voitures, et j'ai fait des essais de conduite le long des plages.

À Kodiak, la station d'expérimentation agricole m'a permis d'installer le sismographe dans un sous-sol vacant et je me suis arrangé avec une femme au foyer locale pour faire fonctionner l'instrument. Aidée d'une feuille d'instructions, elle faisait des tests, changeait les papiers fumés, les vernissait, les envoyait par courrier à Hawaï et prenait des notes sur les tremblements de terre ressentis.

Le roadster et moi avons ensuite voyagé à bord du bateau postal local *Starr*, Captain Johanssen, et avons navigué le long de la rive sud de la péninsule de l'Alaska jusqu'à King Cove, en passant par Bradford. En débarquant à King Cove, j'ai fait des courses sur la plage avec la voiture. Avec l'aide du mécanicien de la conserverie, j'ai essayé d'attacher les bobines du treuil aux roues motrices afin de hisser la voiture sur un terrain herbeux derrière la plage. Aucune voiture n'avait jamais atterri à la conserverie, il n'y avait pas de routes, et le problème du transport du quai à la toundra, et de la toundra à la plage et retour, posait des problèmes mécaniques pratiques dont la solution devait être utile. plus tard. Nous avons couru le long de la plage jusqu'à un promontoire rocheux, jusqu'à ce que nous ayons besoin d'un bateau amphibie pour contourner la pointe et rejoindre la plage de galets quelque part au-delà. La façon dont la carrosserie du bateau devrait être construite a été planifiée à partir de cette expérience.

Le surintendant, le médecin et les constructeurs de bateaux de la grande conserverie de King Cove ont planifié une exploration pour moi, avec John Gardner comme batelier et Peter Yatchmeneff comme second. Ces deux-là étaient en route pour chasser l'ours pour un musée oriental et se rendaient au volcan Pavlof, le Vésuve de la péninsule de l'Alaska. J'ai transféré mes bagages sur leur sloop à moteur, le *Plug Ugly*, et nous nous sommes dirigés vers Pavlof Bay.

À Volcano Bay, nous avons atterri pour une chasse à l'ours, ce qui était très excitant pour moi. Lorsque nous avons trouvé des traces d'ours dans un amphithéâtre au pied de grandes montagnes, nous avons grimpé vers la ligne de partage du sommet ; mais nous ne trouvâmes aucun passage par-dessus. Depuis les hauteurs, nous regardions de l'autre côté de la rivière des touffes d'aulnes. John a emprunté ma jumelle, l'a rendue et m'a montré un point noir au loin sous les buissons. "Je viens de le voir bouger", a-t-il déclaré, "à cet endroit se trouve un gros ours brun où il s'est enfermé."

Je suis resté à regarder pendant que John et Pete, avec leurs carabines Savage de calibre 25, se faufilaient au fond de la vallée, retenant le vent de l'ours à l'abri des buissons. J'ai vu qu'ils se rapprochaient très près du gibier, je les ai perdus de vue pendant quelques minutes, puis j'ai entendu deux craquements aigus et j'ai vu l'ours dans des mouvements violents, se débattant et déchirant le sol, puis s'apaisant rapidement. J'ai traversé la vallée et j'ai découvert qu'ils avaient soigneusement abattu un ours brun d'Alaska âgé d'un an. Le reste de la journée a été consacré à l'écorcher, et nous avons coulé le crâne, attaché à une ligne à poisson depuis le sloop, jusqu'au fond de la baie où les organismes marins rongeraient la chair restante et laisseraient les os propres.

Nous avons ensuite navigué jusqu'au fond de la baie de Pavlof et campé dans un barabara, ou hutte de terre, en préparation d'une randonnée vers un petit volcan situé près d'un lac peu profond du côté nord de la magnifique paire de cônes de volcan enneigés connus sous le nom de Pavlof et Sœur Pavlof. Nous étions en début de saison et pouvions voir un glacier s'étendant du cratère Pavlof, qui est une coupe contenant un conelet sur le côté du sommet. Le cratère est comme un collier, le conelet comme le nœud d'une cravate, tandis que le glacier est le ruban de la cravate lui-même, s'étendant jusqu'à un fouillis de collines enneigées avec des moraines rocheuses au bord du lac. Nous avons établi notre camp et nous sommes heurtés à des conditions météorologiques défavorables, ainsi qu'à un groupe de sportifs du continent. Nous abandonnâmes toute chasse et retournâmes à King Cove, car John avait son ours et cela suffisait. La beauté incurvée des cônes de Pavlof, avec une série de coulées de lave à l'ouest, fortement recouvertes de neige, était exquise et une connaissance des cônes était utile lors de l'élaboration des plans d'une expédition ultérieure.

Mme Jaggar, après un voyage à travers le Yukon jusqu'à l'intérieur de l'Alaska, m'attendait à Kodiak pendant que j'emmenais le SS *Starr du capitaine Johanssen* à Unalaska où j'ai vu mes amis de la Garde côtière et reçu une invitation à monter plus tard sur l' *Unalga*. à Attu. Je suis resté sur le *Starr* jusqu'à la baie de Bristol du côté de la mer de Béring, afin d'apercevoir la péninsule d'Alaska depuis le nord.

Une vue enrichissante m'a montré les Aghileen Pinnacles, presque inaccessibles, une merveilleuse montagne à l'ouest de Pavlof, composée de dizaines de flèches dressées, toutes couvertes de glace et ressemblant à un groupe de cathédrales dans une tempête de neige. Au fond de la baie de Bristol, j'ai visité une des écoles indiennes du gouvernement, j'ai rencontré quelques professeurs et des trappeurs qui sont montés à bord avec d'intéressantes collections de fourrures de renard. Ils m'ont parlé du lac Naknek, qui donne accès à Katmai de ce côté en traîneau à chiens en hiver. Les chiens husky nécessaires étaient attachés dans les champs autour d'une station missionnaire.

Une bagarre sur le pont entre un commerçant du district et le maréchal des États-Unis a éclaté à la suite d'une querelle entre deux villages qui se disputaient au sujet de l'emplacement d'un bureau de poste aux États-Unis. Il n'y a pas eu de tirs, même si pendant quelques minutes la situation a semblé mauvaise, et j'ai réalisé que l'extrême nord était une réplique de l'extrême ouest.

À mon retour à Unalaska, les officiers de la Garde côtière et moi avons été invités à un dîner à bord du croiseur et navire-école allemand *Emden* . Je n'avais rien d'autre à porter qu'un manteau de chasse, alors que les autres étaient en uniforme de grande tenue, mais cela ne dérangeait pas les Allemands. J'ai beaucoup apprécié les officiers *de l'Emden* , dont j'ai eu des nouvelles plus tard, notamment le capitaine Foerster, une connaissance de mon fils à Seattle.

A bord de l' *Unalga,* on me donna la cabine du capitaine, car il était en congé de maladie. Le directeur général Perkins, qui agissait comme capitaine, préférait vivre dans ses propres quartiers. Un autre invité du voyage à Attu était Jack McCord, dont les intérêts étaient l'élevage de moutons et la chasse à la baleine, deux industries qui faisaient des progrès expérimentaux dans les îles. Nous avons vu un élevage de moutons dans la partie ouest de l'île d'Unalaska et avons appris qu'un récent débarquement sur Bogoslof avait trouvé des conditions très semblables à celles que j'avais vues en 1907 lorsque j'avais remarqué le cône fumant, les millions de guillemots, les trois îles, les liaisons entre elles. les plages, le lagon chaud et les dizaines d'otaries.

A Nikolski, à l'extrémité ouest de l'île d'Umnak, un terrain plat où apparaissaient des roches sédimentaires, nous avons dû exploiter et faire sauter une goélette récemment coulée dans le port. En nous dirigeant vers l'ouest, nous avons croisé des cônes en groupes ou sur des îles individuelles, et nous avons rencontré les brouillards et les coups de vent habituels. Les officiers étaient intéressés par le port d'Adak, mais notre projet d'y entrer a été contrecarré par les tempêtes.

Nous avons jeté l'ancre au large de Chugul, où deux hommes des Aléoutiennes et un garçon étaient bloqués depuis des mois par le non-retour de la goélette naufragée. Un commerçant avait loué l'île et les avait laissés ramasser des renards bleus pour lui. Lorsque leurs réserves s'épuisaient, ils vivaient de poisson, de végétation, d'œufs et d'oiseaux marins. Il leur restait des allumettes mais pas de munitions, ils avaient donc chargé des cartouches en assemblant des bouts d'allumettes. Cependant, ils étaient abrités dans une hutte de terre sur un côté du volcan herbeux et étaient la preuve vivante qu'un Aléoute ne peut pas mourir de faim. Ils étaient gros et en bonne santé et avaient une bonne quantité de fourrures. Lorsque nous les avons transportés au village d'Attu, la première chose que l'un de ces hommes a faite a été d'épouser une fille d'Attu, avec l'aide du prêtre local.

Chugul était le dernier des cônes volcaniques galbés. La géologie d'Attu était différente, avec d'anciennes roches métamorphiques et sédimentaires et des laves anciennes, mais sans aucun signe de volcans frais. C'est une île montagneuse avec des fjords profonds, et nous avons traversé une ligne de partage pour contempler la baie de Sarana, rendue célèbre par la Seconde Guerre mondiale. McCord et moi avons marché sur la péninsule à l'ouest du village de Chernofski et avons vu des chaînes de neige au-delà de la baie suivante à l'ouest. Les hautes terres des Aléoutiennes sont couvertes d'herbes luxuriantes, de nombreuses fleurs et de marécages moussus ; et il y a des signes de terrasses par endroits, comme s'il s'agissait d'anciennes plages surélevées. Le pays est trop humide et orageux pour être attractif pour l'élevage. Cependant, lorsque nous avons débarqué sur l'île d'Amchitka, du côté sud de la chaîne, nous l'avons trouvée plus sèche avec de fines hautes terres herbeuses. Nous avons également trouvé les habituelles falaises et renards.

Nous sommes retournés à Unalaska, où j'ai été attiré par le bâtiment de l'hôtel vide et les quais de Dutch Harbor, désertés par l'Alaska Commercial Company après l'essor du commerce maritime de l'époque de l'or du Cap Nome. J'ai parlé aux dirigeants de la compagnie de la possibilité d'utiliser les bâtiments comme station scientifique. Une ancienne poudrière conviendrait pour une cave à sismographe ; la station sans fil était à proximité ; et il y avait de l'eau, du bois et des logements pour tous les usages possibles. C'était l'idéal pour une station géophysique des Aléoutiennes, si le financement et la collaboration pouvaient être obtenus. Plus tard, à Seattle, je me suis adressé à la Chambre de Commerce et j'ai publié dans notre Bulletin une proposition pour un observatoire géographique des Aléoutiennes, mais rien n'a abouti à ce moment-là. Les îles Aléoutiennes sont devenues un centre de péniches de débarquement, d'aérodromes et de forces de défense pendant la Seconde Guerre mondiale, et finalement nos hommes Howard Powers et Austin Jones y ont été employés.

En 1928, Gilbert Grosvenor de la National Geographic Society, en coopération avec le Geological Survey, m'a équipé d'une expédition pour cartographier, photographier et étudier 2 500 milles carrés à proximité du volcan Pavlof. Encore une fois, j'avais John Gardner et Pete comme hommes de camp. McKinley, notre topographe, a amené des bêtes de somme et Alex Bradford nous a transportés jusqu'à notre camp de base à Canoe Bay. J'ai dormi pendant l'été sur le *Honukai* , un bateau amphibie en acier à double hélice, fabriqué à Chicago, après qu'un navire préliminaire en bois et propulsé par des roues à aubes ait été construit dans notre atelier de l'Observatoire hawaïen et testé sur une distance de 400 milles. parcours le long des côtes d'Hawaï.

L'essai du navire préliminaire, que nous appelions *Ohiki* , le terme hawaïen pour crabe fantôme, eut lieu au printemps 1928. Tout le personnel de notre Observatoire y était engagé, avec Mme Jaggar comme hôtesse de l'air, comme d'habitude. M. Thurston m'a accompagné en tant que passager et publicitaire lors du voyage sur la côte ouest d'Hawaï, où j'ai testé les plages de Kona et vérifié la navigabilité de l'embarcation.

Nous avons eu une mésaventure au début, dans la mesure où les roues motrices avaient tendance à s'enfoncer dans les plages molles ; et nous avons jugé nécessaire de construire des planches à laver pour élever le plat-bord au milieu du navire afin d'éviter de transporter de l'eau dans une mer agitée. Lors de la randonnée à travers le pays depuis Kilauea, utilisant le bateau comme camion, M. Thurston a été submergé d'admiration pour le skiff de travail de vingt et un pieds, dévalant les collines escarpées de Kona sur roues, contrôlé par les vitesses basses d'une Ford. Sa carrosserie de bateau a excité tous les enfants du bord de la route avec des pitreries sauvages et ravissantes. Mon excellent constructeur de camions, Boyrie, a utilisé la même Ford qui avait parcouru les plages d'Alaska, en la reconstruisant dans l'atelier d'usinage de l'observatoire.

La photographie de Wilson de l' *Ohiki* , avec M. Thurston à bord, est devenue le frontispice d'une publication top secrète sur les amphibiens des états-majors interarmées de l'armée de la Seconde Guerre mondiale à Londres. La guerre amphibie de l'océan Pacifique et de la Normandie devait développer des dizaines de modèles différents de péniches de débarquement, mais je n'avais pas prévu leur utilisation à la guerre au moment de nos expériences.

Avec un équipage de quatre personnes, nous avons navigué de Kailua à Kawaihae le long de la côte ouest d'Hawaï, débarquant sur des plages et des coulées de lave, et campant à Makalawena, Kiholo et Puako. Nous avons rencontré un vrai chagrin à Kawaihae contre le devant d'une berge molle immergée dans des eaux peu profondes, où les roues avant faisaient trop de résistance et les roues arrière s'enfonçaient dans un fond de boue. Nous avions besoin de tirer la roue avant, mais nous avons finalement réussi à faire remonter l'engin sur la plage en le tirant avec un gitan, un câble et un arbre. D'autres chagrins se sont développés sur notre chemin vers Waimea lorsque nous avons fracturé les attaches en bois de l'essieu arrière. Nous sommes allés avec gratitude dans la boutique du Parker Ranch pendant quelques jours, jusqu'à ce que nous puissions retourner à Hilo et au volcan, complétant ainsi le tour de l'île.

Le navire National Geographic a été construit par George Powell qui a annoncé un « bateau mobile » Ford conçu pour être utilisé par les pêcheurs pour pénétrer dans les lacs du centre du continent. Il avait commencé sur un modèle plus grand, que Grosvenor accepta pour l'expédition National Geographic. Powell et moi l'avons essayé sur les routes et les lacs de Bellingham et sur les plages de Puget Sound. Nous avons fourni tout en supplément, car l'Alaska n'avait pas de stations-service en bordure de route. Un véhicule à roues sur la péninsule était du jamais vu. Nous disposions de tapis d'acier allongés pour assurer la traction sur les sables supérieurs d'une plage, et cela, ainsi que d'un treuil d'étrave, de leviers et de main d'œuvre, nous a permis d'abandonner les plages et d'entrer dans la toundra. Notre planification a porté ses fruits, car sur les 400 milles le long de la côte de l'Alaska, des îles Shumagin à King Cove, au-dessus de l'eau, des plages et de la toundra, nous n'avons même pas eu à gonfler les pneus. Les nombreux rapports trop bas *du Honukai* nous ont même permis de rouler jusqu'à la limite des neiges et de faire ressortir la lourde fourrure et les os d'un ours que j'avais photographié sur un volcan enneigé, le Mont Dana.

L'expédition a été très productive. McKinley a réalisé une excellente carte topographique ; nous avons corrigé des erreurs dans les anciennes cartes ; nous avons obtenu de nombreuses photographies grâce à Richard Stewart, qui portait des appareils photo, couleur et argentiques ; et nous avons obtenu des minéraux, des fossiles, des notes géologiques et de nombreuses plantes que j'ai collectionnées. McKinley utilisait un appareil photo panoramique pour son travail topographique et ses photographies larges étaient d'une valeur inestimable en tant que témoignage du pays.

Pendant ce temps, je restais en contact avec la station sismographe de Kodiak. Les bateaux à vapeur de la Pacific Commercial Company, qui possédait plusieurs conserveries et avait son siège à Bellingham, nous transportaient de Puget Sound à King Cove, et les nombreux remorqueurs des casiers à saumon des conserveries me permirent de faire des explorations locales le long de la côte sud. Dans un casier, les pêcheurs avaient un bébé phoque apprivoisé, qui ne mangeait que de petites truites capturées pour lui dans le ruisseau. Il vivait dans une boîte et partait seul en mer la nuit ; mais il rentrait toujours le lendemain matin.

En 1929, Finch envoya Austin Jones, un sismologue, construire et établir une cabane à la station de radio de Dutch Harbor pour un deuxième sismographe d'Alaska, du type hawaïen conçu par RM Wilson. Jones a appris à l'épouse d'un opérateur radio à manipuler la station et à transmettre les sismogrammes. Les femmes responsables des deux stations de Kodiak et de Dutch Harbour poursuivirent leur travail pendant plusieurs années et entretenaient une correspondance constante avec moi. Bien qu'en hiver ils aient dû dégager les stations des congères et faire face à toutes sortes de dégâts dus à la pluie et à la tempête, ils ont visité les instruments avec courage et fidélité. C'est un pays infernal pour le climat.

Bien que les deux stations se trouvaient à moins de cinquante milles de volcans actifs, les tremblements de terre n'étaient pas nombreux et l'histoire était très différente de celle racontée par nos enregistrements réalisés au bord de la caldeira du Kilauea, à seulement trois kilomètres d'un centre de lave actif. Nous avons ainsi démontré que la seule manière d'étudier un volcan actif est de vivre à proximité du cratère lui-même, même s'il faut construire un abri sous terre.

En concluant cette histoire de nos expéditions en Alaska des années vingt, contrairement à mon expérience de bloquage de 1907, je dois souligner l'importance du transport par eau et remercier ceux qui l'ont assuré. En fait, tous les transports se faisaient par voie maritime jusqu'à ce que l'avion devienne un moyen supplémentaire. Je pense que la Garde côtière américaine, qui s'occupe des phoques de l'île Pribilof, est la réussite suprême de notre gouvernement dans la surveillance de ces eaux tumultueuses. Leur croiseur à moteur de 60 pieds, équipé de voiles, est devenu la norme pour des bureaux gouvernementaux tels que le Biological Survey et a remplacé l'ancienne goélette de phoque de 80 pieds parmi les commerçants.

Les conserveries entretiennent de grands chantiers de construction navale et exploitent de grands et puissants remorqueurs pour visiter les casiers à saumon. Les pièges sont de lourds déversoirs fabriqués à partir de rondins de pin du nord-ouest, qui sont mis en pièces par les tempêtes hivernales et doivent être reconstruits à l'aide de batteurs de pieux chaque printemps.

Ainsi, un sous-produit des activités de conserverie et une aubaine pour les trappeurs, les pêcheurs, les Aléoutes et les campeurs est le bois de pin distribué tout au long des plages à partir des débris annuels des casiers à saumon. C'est le seul bois de chauffage et matériau de construction du pays que l'on trouve à l'ouest de Kodiak, car le pays n'a pas de forêts.

Notre contribution au problème de la navigation de plaisance a été l'exposition de ce qu'un camion de débarquement amphibie fera sur les plages de l'Alaska et de son utilité le long de ces plages où un bateau peut être en difficulté à cause d'un temps orageux.

Je suis retourné à mon quartier général d'Hawaï à l'automne 1928. L'année 1929 a été marquée par une crise sismique qui a commencé à la mi-septembre avec un nombre inhabituel de secousses à proximité du volcan Hualalai, un endroit jusqu'alors particulièrement exempt de tremblements de terre. Ceci était intéressant car les événements sur Mauna Loa avaient montré des sources de lave et des centres de séisme de plus en plus élevés pour le rift sud. L'écoulement de 1926 avait commencé par se diviser vers le nord à travers le cratère sommital, et là, formant un écoulement considérable vers l'est en direction de Wood Valley tandis que Wingate et son groupe topographique étaient dans leur camp près du sommet. Par conséquent, lorsque les séismes de 1929 ont commencé près de Puuwaawaa, il semblait que les éruptions du Mauna Loa pourraient recommencer au nord-ouest.

Un très fort séisme du 25 septembre a été ressenti dans toute l'île, et dans notre cave à sismographe, il y avait un mouvement de balancement particulier qui faisait trembler tous les instruments, démontait les stylos d'enregistrement, et produisait l'étrange impression que le bâtiment flottait comme un bateau dans un tourbillon. Immédiatement, on a appris que le nord de Kona avait beaucoup souffert, en particulier au ranch Puuwaawaa, près du cône de ce nom, où le flux du Mauna Loa de 1859 avait balayé.

J'ai immédiatement pris la route avec Mme Jaggar jusqu'à Puuwaawaa, où nous avons été chaleureusement accueillis par la famille de Mme Robert Hind. Les dégâts tout autour étaient fantastiques, avec des maisons détruites, des murs de pierre jetés vers la mer, des réservoirs d'eau de séquoia détruits et des magasins situés en aval de l'autoroute se dirigeant vers la mer, laissant un gouffre entre eux et la route. Pendant que nous nous reposions dans notre chambre, nous pouvions entendre le tic-tac des cadres de fenêtres comme des horloges pendant de longues périodes, puis se briser soudainement, ce qui donnait l'impression qu'une vague montante avait traversé la montagne sous nous.

Je suis retourné à l'Observatoire pour me procurer un enregistreur de chocs à utiliser sur le porche du ranch afin de compter ces forts chocs de mouvement. Pendant ce temps, les habitants de Kona notaient les heures des chocs, qui se produisaient par centaines. Le 5 octobre vers 18 HEURES , alors que je revenais par North Kona dans ma voiture, j'ai remarqué une petite excitation inexpliquée parmi les gens au bord de la route. Je me suis arrêté à la résidence de Frank Greenwell, dont la femme était une fidèle compteur de tremblements de terre, pour trouver Mme Greenwell et sa fille sur la véranda en larmes. Ils venaient de subir des tremblements de terre effrayants, que je n'avais pas ressentis dans une voiture en marche. Les vases à fleurs étaient renversés, les meubles étaient en désordre, la vaisselle était jetée de la table de la salle à manger et les ustensiles de cuisine et le lait étaient en désordre. Il était difficile de croire que quelque chose d'aussi terrible ait pu se produire sans que je le ressente.

J'ai trouvé une catastrophe encore plus désastreuse à Puuwaawaa. La cheminée en pierre a été renversée, les porcelaines et les verres du placard au sous-sol ont été gravement brisés, un banc en pierre a été renversé et brisé sur la pelouse et un côté de la cave s'est effondré. Nous avons commencé à vivre dans des automobiles. , car il y avait eu des glissements de terrain sur la montagne. Ce tremblement de terre avait été pire que celui du 25 septembre. Même les maisons à flanc de colline étaient divisées.

J'ai installé l'enregistreur de chocs, qui a enregistré environ 3 000 tremblements de terre au cours des trois mois suivants, jusqu'à la mi-décembre. L'intensité et la fréquence de ces séismes ont diminué, comme c'est l'habitude avec les répliques d'un grand tremblement de terre, rappelant 1868 et l'extrémité sud de l'île. À cette époque, le Mauna Loa et le Kilauea avaient tous deux des coulées de rift, et comme le centre sismographique des nouveaux tremblements de terre était proche des coulées de 1800 et 1859 de Hualalai et du Mauna Loa, tout le monde s'attendait à une coulée de lave ; mais aucun n'est venu. Armine von Tempski, qui était un visiteur à cette époque, a été inspiré pour écrire « Lava ». Elle a ajouté une coulée de lave Hualalai en utilisant le matériel que je lui ai donné pour la décrire. Sa description est magnifique même si elle-même n'a jamais vu une coulée de lave.

Le choc du 5 octobre a été violent sur le flanc ouest du Mauna Kea, où des réservoirs d'eau ont été renversés et la station sans fil élevée a été endommagée, ainsi qu'à Kamuela, où des canalisations de plomberie ont été fracturées. Parker Ranch a été endommagé et le soulèvement constant sur toute la longueur des colonies de Kona a provoqué des glissements de terrain et des bris de maçonnerie à de nombreux endroits, endommageant toujours davantage les clôtures en pierre nord-sud que celles perpendiculaires au bord de mer.

Ces trois mois de tremblements de terre au nord-ouest, une condition inconnue depuis 1801, année où la lave de Hualalai s'est déversée dans la mer, ont indiqué que la lave arrivait au nord du Mauna Loa. Cela ne s'était pas produit depuis 1899, car les coulées sur le rift sud-ouest, commençant toujours près du cratère sommital, s'étaient produites en 1903, 1907, 1914, 1916, 1919 et 1926.

La croyance était que la faille sud-ouest de la montagne se remplissait progressivement de ciment rouge solidifié, pas assez cassant pour se fracturer facilement, tandis que les failles nord - telles que les sources de 1859, 1881 et 1899 - étaient maintenant dures, cassantes et prêtes à l'emploi. pour fracture. La fracturation a pris la forme d'une fissuration nord-ouest et il s'agissait d'un coincement de lave, confirmé par les coulées sommitales et nord qui devaient survenir en 1933 et 1935.

Juillet 1929 produisit un nouvel afflux de lave dans Halemaumau, à dix-neuf degrés au nord de l'équateur. Et un événement curieusement simultané s'est produit presque à la même date, à 2 000 milles de là, sur l'île de Tin Can (Niuafoou) aux Tonga, où l'afflux s'est transformé en éruption basaltique à quinze degrés au sud de l'équateur. Apparemment, une contrainte en retard sur le moment du solstice avait agi sur la protubérance équatoriale pour libérer le coin ouvert des fractures de lave des deux côtés de l'équateur.

J'ai été heureux lorsque l'Observatoire naval américain m'a invité à me rendre à Niuafoou en 1930 en tant que géologue d'une expédition destinée à étudier l'éclipse totale de soleil. L'expédition, dirigée par le capitaine CHC Keppler, a utilisé la base navale de Samoa comme base. Mme Jaggar m'a accompagné jusqu'à Pago Pago et a fait des voyages aux Samoa occidentales, aux Fidji et aux îles Tonga. Avec d'autres épouses des membres de l'expédition, elle a été autorisée à faire une courte visite sur l'île Tin Can au moment de l'éclipse en octobre. Passant quelque temps aux Samoa, elle a écouté les audiences du Congrès sous la direction du sénateur Hiram Bingham, qui devaient enquêter sur le gouvernement civil contre le gouvernement naval. Nous avons été ravis de retrouver notre vieil ami, le capitaine Lincoln, des secours du tremblement de terre de Tokyo, aux commandes de la marine à Samoa, et j'ai également renoué connaissance avec le pilote de mon avion compagnon lors de l'atterrissage forcé de Molokai en 1924, le lieutenant Bill Sinton, et son famille, que nous devions revoir à Honolulu. L'un des principaux membres de l'état-major du capitaine Keppler était le lieutenant-commandant Kellers, médecin et naturaliste, dont l'entreprise dans l'expédition Niuafoou, comme la mienne, concernait des sciences autres que l'astronomie.

Vu de la mer, Niuafoou ressemble à un chapeau en forme. Il mesure environ cinq miles de diamètre et compte onze villages, principalement le long des côtes orientales, et comptait à l'époque une population d'environ un millier d'habitants. Au centre se trouve un lac circulaire, bordé de falaises, et qui ressemble beaucoup au Crater Lake de l'Oregon. Situé à environ soixante-dix pieds au-dessus du niveau de la mer et profond de 250 pieds, il a des eaux légèrement saumâtres. Le camp naval fut établi à Angaha, au nord de l'île, et ici un nouveau village abrita les réfugiés de Futu au nord-ouest, détruit en 1929 par une coulée de lave. Ce flux provenait de fissures en éruption orientées vers le nord et le sud, le long du côté ouest de la crête annulaire autour du lac de cratère. Ces coulées de lave étaient du pahoehoe liquide à la source ; s'était déversé dans la mer en de nombreux endroits ; et avait fabriqué des moules d'arbres saisissants autour des cocotiers, qui étaient laissés sous forme d'arbres de pierre lorsque le bois brûlait et que la lave liquide s'abaissait. La fissure source ouest s'étend jusqu'à l'extrémité sud de l'île et est à l'origine de la plupart des éruptions antérieures connues de l'histoire. Futu était la seule colonie occidentale restante.

Angaha se rapprochait le plus d'un port, mais se trouvait en réalité sur une rade ouverte, avec un débarcadère rocheux et une chute à coprah au-dessous du village qui se dressait sur une falaise au-dessus.

Le coprah, le seul produit commercial, est acheté et stocké par deux sociétés australiennes. Les deux fils adultes du gérant de l'un d'entre eux m'ont aidé à parcourir et à photographier toute l'île. Le débarquement à Angaha a donné naissance au nom de Tin Can Island, car les bateaux à vapeur en visite s'arrêtaient à un mile au large et le courrier entrant, soudé dans de grandes boîtes de biscuits par l'ingénieur du navire à vapeur, était descendu dans la mer, attaché ensemble. Les boîtes ont été remorquées par le policier du village. Le courrier sortant était transporté dans des paquets de papier attachés au sommet de bâtons et maintenus en l'air par de robustes nageurs munis de bâtons en bois hau, qu'ils tenaient sous leurs bras comme des flotteurs. Peu de temps après notre voyage, un requin a trouvé un nageur et des canoës ont été adoptés.

Grâce aux rares visites des navires, les indigènes étaient de splendides spécimens intacts de la race polynésienne. Les lois des Tonga exigeaient que chaque jeune cultive une zone de cocotiers et de légumes, et l'île était traversée par de jolis sentiers. Les maisons et les églises étaient de superbes structures voûtées avec des toits de chaume, les poutres étant liées par des cordes en fibre de coco. Il y avait des ministres indigènes et les chorales étaient superbes. Les services commençaient souvent à 4 HEURES DU MATIN

Mon travail consistait à prendre des photos avec trois appareils photo et à dresser une carte géologique. Au nord-est du lac de cratère se trouve un groupe de collines de sable, vestiges d'une éruption explosive inhabituelle en 1878, une autre date d'éruption hawaïenne. Cette éruption s'est limitée à un côté du cratère et a remonté la fissure de la paroi, entre la falaise qui l'entoure et le sommet du bouchon de lave sous le lac. Sa description rappelle beaucoup les jets de vapeur du Kilauea de 1924.

Nous avons trouvé un remarquable habitant du sable chez l'oiseau malau, une petite perdrix aux grandes pattes, avec laquelle il a creusé un trou profond dans le sable pour son gros œuf qui a ensuite été recouvert. La chaleur du soleil a fait le reste, le sable chaud faisant office d'incubateur. Le jeune oiseau s'est frayé un chemin vers la liberté et le vol sans l'aide de sa mère. Un autre élément de l'histoire naturelle du Dr Kellers était le renard volant, une chauve-souris géante au chant aigu et aux colonies odoriférantes au sommet des arbres. Son vol était lourd, comme celui d'un aigle. Un troisième objet était le petit crabe noir, de la taille d'un morceau de dix cents, qui vivait au milieu des plaines calcaires d'un côté du lac, où se trouvaient des croûtes évoquant des algues calcaires. Les petits crabes noirs, qui vivaient par milliers au milieu de la croûte, ressemblaient à des araignées compactes.

Un élément artificiel très pratique était un sentier qui suivait le sommet de la crête annulaire, tout autour du cratère. Les garçons Quensell avaient une barque sur le lac, et le Dr Kellers et moi avons été guidés par eux dans toutes les parties de l'île, faisant la connaissance des habitants des villages le long de la côte est des alizés. Tout comme à Hawaï, l'alizé est un élément déterminant ; et les vagues érodent les falaises à l'est, tandis que les plages sont plus fréquentes le long des coulées de lave de la ligne de rivage ouest. Celles-ci sont abritées du vent mais éloignées des habitations. L'île entière est constituée de dépôts de lave et de cendres et constitue évidemment le sommet d'un cône volcanique s'étendant bien en dessous du niveau de la mer. L'activité de la lave, comme le montre la disposition des anciennes et nouvelles fissures sources, dépend des fissures concentriques autour de la caldeira, qui créent des failles concentriques, plutôt que des longues fissures radiales trouvées à Hawaï. La fissure le long du côté ouest – qui avait évacué la succession de coulées du sud vers le nord, se terminant par la coulée Futu de 1929 – indiquait que la prochaine coulée pourrait menacer Angaha. C'est exactement ce qui s'est produit au cours de la décennie suivante, obligeant la population insulaire à être évacuée.

Mes photographies géologiques et mes images de personnes, de navires et d'habitations ont été développées dans une tente de chambre noire, que j'ai installée dans un hangar à coprah, afin de maintenir le développement des négatifs au rythme des expositions. Les insectes du coprah rampaient sur moi dans le noir et entraient dans l'excitation du développeur, et l'odeur éternelle du coprah a commencé à teinter mes rêves.

La routine de notre travail a été interrompue par deux bons combats, un combat à coups de poing entre un steward philippin et un marin, et un renversement et une traînée entre deux femmes indigènes d'Angaha. Le vrai plaisir était la dispute entre les deux femmes. Une femme plus jeune, au caractère lâche et criard, détestée par les villageois et les marins, a tenté d'attaquer une femme plus âgée qui était une grande dame rauque. Il y avait des cris, des tiraillements de cheveux et des coups de poing, tandis que les hommes de la Marine se tenaient autour et les encourageaient. La plus jeune femme faisait le plus de bruit, tandis que la femme plus âgée riait et arrachait les vêtements de l'autre. Finalement la jeune femme, en larmes et les vêtements en lambeaux, recula et disparut.

Mais pour en revenir à l'éclipse, les lentilles des télescopes furent montées sur de hauts échafaudages, les dames arrivèrent en octobre, et l'éclipse totale de soleil se produisit et fut photographiée à l'heure prévue.

Lorsque le moment est venu pour nous de retourner aux Samoa, certains d'entre nous ont eu la chance d'obtenir une place sur le bateau de coprah des Flood Brothers, *Carisso* , au départ de San Francisco. Avec la famille d'un officier de la marine, nous avons débarqué à Niuatoputapu (île de Keppel) après avoir descendu une échelle de corde jusqu'à un baleinier flottant. Nous avons trouvé de belles nattes, qui font la richesse des habitants de Tonga. Les hommes et les femmes du village qui avaient des nattes à vendre n'étaient pas tant intéressés par les pièces de monnaie, les bibelots et les marchandises que par les vêtements que nous portions. Je me suis littéralement débarrassé d'une chemise et d'un costume pour une belle natte à franges ornée de grappes de coquillages, destinée à être offerte à la reine Charlotte lors de sa prochaine visite. Nous avons eu la chance d'atteindre Samoa par beau temps, mais une grosse tempête après notre arrivée a fait des ravages avec le *Tangara* transportant des plaques photo astronomiques et des paquets de nattes polynésiennes très endommagées par l'eau de mer.

Chapitre VI
Prophétie et espoir

« Car nous connaissons en partie, et nous prophétisons en partie. »

La cinquième décennie de mes soixante années de géologie, de 1931 à 1940, fut une période culminante à Kilauea ; la fin d'un cycle de onze ans sur le Mauna Loa ; et l'introduction, en 1940, d'un nouveau cycle Mauna Loa. Ce nouveau cycle ressemblait étrangement à celui qui suivit 1843 en raison de la similitude des lieux — notamment du côté nord du Mauna Loa vers Humuula, suivi du côté nord-est vers Hilo — et des intervalles d'éruption. Le Kilauea s'est comporté différemment au XIXe siècle, car en 1840, il a déchiré le flanc est pour provoquer un déversement de lave dans l'océan, mais il a ensuite restitué sa lave à Halemaumau.

En 1934, par contre, Halemaumau s'est endormi, après avoir ajouté un remplissage supplémentaire supplémentaire au fond de la fosse d'Halemaumau en septembre, quand il a jailli derrière des dalles murales de 300 pieds de haut, tombant en cascade le long du talus en vingt-cinq rubans de lave. Cela a prouvé que l'effervescence dans une petite fissure peut s'élever bien au-dessus du niveau du lac de lave dans la fosse. Cela produisit un spectacle merveilleux dans l'obscurité du petit matin, et le nouveau lac de lave s'élevait rapidement au sein de l'éboulis plat en entonnoir. Celle-ci était située à trente degrés, de sorte que l'étendue vers l'extérieur élargissait le lac et atteignait au-delà du pied de l'éboulis.

La pente rocheuse bien visible avait été alimentée par des avalanches et s'appuyait contre le demi-cercle de dalle murale derrière lequel s'élevaient les cascades. Cette source a migré autour de la dalle vers le nord et y a développé les plus gros jets de fontaine. En s'étendant vers l'extérieur et vers le haut du nouveau lac, ces jets sont devenus des fontaines de lac, tandis que les rubans en cascade sur la pente s'arrêtaient. Le lac s'est élevé et s'est recouvert d'une croûte. Les fontaines du nord sont devenues un petit étang ovale et un centre d'accumulation et un dôme ascendant, tandis que la lave pahoehoe rayonnait le long d'une pente jusqu'aux bords du tas de sol, au sud et à l'est. Les études menées à cette époque plaçaient définitivement l'étang de lave du nord au sommet d'un amas intérieur. Les fontaines de l'étang se sont transformées en conelets avec leurs propres cratères. Ceux-ci, après un mois, développèrent des explosions de gaz, projetant des lambeaux de lave jusqu'à 800 pieds et parfois plus haut que le bord de la fosse.

Cela a déclenché l'effondrement des cônes explosifs. Les explosions étaient un symptôme de la viscosité croissante de la lave sous le tas inférieur, et la viscosité était révélée par la lave dure jaillissant sur les bords du sol. Cela a rempli la vallée du mur et a ainsi compensé l'affaissement de sorte que le fond est devenu plat. Puis l'activité a cessé. Tout cela a démontré comment un dôme intérieur à Halemaumau pouvait se remplir d'une lentille intrusive qui, en s'étendant sur les bords, pouvait redonner au dôme son horizontalité. C'était comme les « laccolithes » des Black Hills. Après l'éruption de 1934, le Kilauea a tout simplement cessé ses activités pendant dix-huit ans. La lave d'Halemaumau est revenue en 1952.

L'activité du Mauna Loa a repris entre-temps, avec des afflux de cratères sommitaux en 1933 et avec une activité sismique intense sous le rift nord-est. Les profondeurs des centres sismiques étaient d'abord de dix-sept milles, puis de cinq milles, comme le rapporte le sismologue Hugh Waesche. Il a travaillé avec les formules de distance, de direction et de profondeur établies par Austin Jones, en utilisant des tremblements préliminaires, des excursions comparatives de lignes et un modèle de l'île. Celles-ci étaient devenues précises grâce à la triangulation mathématique de l'île d'Hawaï, avec les enregistrements sismographiques des stations de Kilauea, Hilo et Kona. La distance de chaque station a été interprétée à partir de la durée de la secousse préliminaire ; et le point de rencontre des différentes distances à l'intérieur du modèle de l'île localisait le foyer sismique à l'intérieur de la montagne Mauna Loa, là où la lave la fendait. L'épicentre, ou point au-dessus du foyer, lorsque la lave du cratère sommital du Mauna Loa se raidissait, se trouvait sur le rift nord-est en 1933. Par conséquent, l'éruption était attendue sur un vieux cône, d'où était venue la première éruption de 1843. Ceci est arrivé à passer en 1935.

EG Wingate, qui était devenu surintendant du parc national d'Hawaï, était d'accord avec mon affirmation, fondée sur des sismogrammes et des données historiques, selon laquelle le prochain écoulement se produirait vers le nord d'ici deux ans et mettrait Hilo en danger. J'en ai discuté lors d'une réunion publique de la Chambre de commerce d'Hilo en janvier 1934, et le rapport a été publié sous le titre « La coulée de lave à venir ». La prédiction s'est réalisée en décembre 1935, lorsque le flux s'est produit comme en 1843. L'éruption a éclaté au sommet et s'est propagée jusqu'à Humuula, la selle entre le Mauna Loa et le Mauna Kea, puis s'est accumulée dans la selle et s'est tournée vers Hilo.

25. Jaggar au bureau de l'Observatoire dans « Tin House », 1937

26. Bombe éclatant sur une coulée de lave, 27 décembre 1935. Photo de la onzième section photo, AC, Wheeler Field, TH

La coulée de 1843 avait atteint la selle et s'était tournée vers Kona, et les restes solides de ce banc de lave ont dévié la flaque de 1935 vers l'est. Il voyageait vers Hilo au rythme d'un mile par jour. C'était le signal pour tenter de l'arrêter en bombardant depuis des avions, une procédure qui avait été proposée à partir de l'expérience des écoulements dans des tunnels constitués de leur propre croûte, où une personne au sol du Kilauea pouvait regarder à travers un trou effondré dans le toit et voir la rivière rougeoyante à l'intérieur. Thurston et moi avions envisagé de faire sauter un tel toit pour refroidir la lave et l'entasser, la forçant ainsi vers une nouvelle sortie et arrêtant le flux frontal. C'est Guido Giacometti d'Olaa qui a suggéré le bombardement plutôt que le dynamitage. J'ai fait appel à l'armée de l'air et une conférence a eu lieu à Hilo. Avec le Colonel Delos C. Emmons, Wing Commander, j'ai survolé le tunnel source. C'était à 9 000 pieds du côté nord du Mauna Loa, où un ruban argenté brillant de pahoehoe émergeait d'un trou dans le versant nord. Il s'agissait d'une rivière de lave recouverte d'une croûte et les aviateurs avaient pour instruction de la détruire avec des bombes de démolition de 600 livres de TNT.

La matinée du 27 décembre était fixée pour le bombardement ; et sur invitation d'Herbert Shipman, Mme Jaggar et moi sommes allés au Puu Oo Ranch sur Mauna Kea pour voir ce qui s'est passé. Le temps était clair et j'ai vu une explosion faire monter une colonne de lave liquide incandescente de plusieurs centaines de mètres de haut, ressemblant à un geyser de sang. Au premier plan se trouvait le front de la coulée, que nous observions alors qu'elle se dirigeait vers Hilo. Au même moment, nous recevions des rapports de cow-boys indiquant que sa vitesse diminuait rapidement. Pendant environ une semaine, la lave liquide restant dans les tunnels a continué à se répandre vers l'avant, puis elle s'est arrêtée. Le front se trouvait dans le cours supérieur de la rivière Wailuku, l'approvisionnement en eau de Hilo.

Nous avons ensuite visité les cratères de bombes dans la région source, pour constater qu'il y avait eu de nombreux impacts sur le tunnel de lave et que le refroidissement avait solidifié la lave source dans le rift de la montagne. Le reste de l'éruption s'est dépensé en fontaines internes dans les puits sommitaux à l'extrémité supérieure du rift de flanc. De la coïncidence des moments des bombardements et du ralentissement du flux frontal, il ne faisait aucun doute que la destruction du tunnel source était efficace et avait sauvé Hilo. Nous n'avions pas prévu que les fontaines actives seraient repoussées vers le sommet depuis le cratère de 9 000 pieds, mais la fumée du sommet persistant pendant deux mois a confirmé que cela s'était produit. Cela montrait que la chimie physique des scories bouillonnantes était en ajustement délicat et qu'une éruption de lave commençait autrefois à être plus sensible aux chocs que quiconque ne l'aurait imaginé. Cette conclusion a été reconfirmée par le bombardement du flux de 1942.

Durant cette période, les changements au sein du personnel de l'Observatoire ont conduit à de nouvelles recherches. Wingate, qui succéda à Wilson en tant qu'ingénieur, installa des monuments de triangulation à Puna pour tester d'autres mouvements sur la faille de Kapoho en 1924. Il conçut et installa également trois instruments d'inclinaison dans trois caves qui furent extraites de la lave autour de la fosse de Halemaumau. Howard Powers est venu de Harvard en tant que pétrologue et a collecté et cartographié de nombreux spécimens de roches à Kona, à Hualalai et à Olaa. Il a également réalisé des courbes des records d'inclinaison pour les vingt premières années de l'Observatoire. Hugh Waesche a été transféré du Service des Parcs au poste de géologue à l'Observatoire. Radioamateur chevronné, il prend en charge les travaux sismologiques. En 1938, il s'occupa d'un groupe important de tremblements de terre le long de la chaîne des cratères à l'est du Kilauea. Celles-ci étaient accompagnées de failles qui creusaient des fissures, des gouffres et des bosses sur la route, ainsi que de nouveaux points chauds. Cela indiquait une réaction souterraine, de retour vers Halemaumau après la sortie du sous-marin d'avril 1924.

Finch, depuis son quartier général de Lassen, rendait régulièrement compte dans la *Volcano Letter* des températures des sources chaudes et des tremblements de terre. Il a mené deux expéditions en Alaska, inspectant les sismographes et réalisant des explorations volcaniques et des cartes sur l'île d'Akutan. Une autre expédition s'est déroulée au volcan Shishaldin, à l'extrémité ouest de la grande île aléoutienne d'Unimak, pendant l'une de ses périodes éruptives.

Tout au long de cette période et auparavant, HT Stearns a représenté le Geological Survey et le territoire d'Hawaï dans des publications sur la géologie et l'approvisionnement en eau sur toutes les îles. L'île d'Hawaï a fait l'objet d'une splendide carte géologique en couleurs par Stearns et Gordon Macdonald, pétrographe, accompagnée d'un livre sur l'histoire géologique d'Hawaï, abondamment illustré de photographies et de schémas. Leur livre est pratiquement un manuel moderne sur la géologie des volcans de lave actifs.

Richmond Hodges, envoyé par le Geological Survey de Washington, a été formé à la technique du classement gouvernemental et m'a soulagé du travail de correspondance et de routine. Il a également pris en charge la rédaction de la *Volcano Letter* et a aidé M. Wilson à rédiger des articles lorsque j'étais en Alaska. Mes secrétaires après Hodges étaient Ruth Baker et Sutejiro Sato, et le travail de Miss Baker s'est prolongé jusque dans les années 1940.

Les études d'inclinaison réalisées dans les trois caves en bordure d'Halemaumau n'ont pas produit les résultats escomptés, mais elles ont répondu à nos questions. Les trois caves ont été placées à 120 degrés les unes des autres, en référence à un méridien traversant la fosse, un au nord, un à l'est-sud-est et un à l'ouest-sud-ouest.

On pensait, lorsque ces tiltoscopes ont été installés, que le sol du Kilauea gonflerait ou rétrécirait comme un dôme intérieur, avec la fosse en son centre. Mais rien de tel n'a été révélé. L'inclinaison s'est avérée plus ou moins perpendiculaire au long mur ouest du cratère du Kilauea, lui-même une extension du rift sud-ouest de la montagne du Kilauea. Le rift s'étend sous la fosse de Halemaumau, comme cela a été prouvé en 1920, lorsque les écoulements du désert de Kau provenant des fissures du rift ont suivi le rythme de l'abaissement de la lave de Halemaumau. Cela signifie que l'anneau de la paroi rocheuse de Halemaumau est divisé en deux morceaux, divisés par les dykes de rift orientés nord-est-sud-ouest, et que l'inclinaison due à la pression ascendante venant d'en bas n'est pas radiale mais est nord-ouest et sud-est. Les résultats de nivellement de Wilson qui montraient le gonflement de toute la montagne étaient basés sur des repères isolés par rapport au niveau de la mer, et ce gonflement était probablement asymétrique, tout comme le rift sud-ouest et le rift est de la chaîne de cratères font une courbure dans leur plan et sont asymétriques. La montagne n'est pas un dôme elliptique uniforme.

J'ai dit que la décennie des années 1930 fut une période culminante pour le Kilauea. C'était aussi une période de dépression financière et de stress pour nous tous. La Maison du Volcan a brûlé, le nouvel hôtel a été installé sur le site de l'Observatoire et l'administration de l'Observatoire a à peine survécu. L'Association hawaïenne de recherche sur les volcans a fait beaucoup pour maintenir l'Observatoire en vie, mais une année, nous avons tous travaillé à moitié salaire. En raison de cet épisode de demi-salaire et parce que tout le monde insistait sur le fait que les enregistrements des volcans ne devaient pas être laissés à l'abandon, le secrétaire de l'Intérieur a transféré l'Observatoire en 1935 au Service des Parcs Nationaux, mieux financé.

Avec Wingate comme surintendant du parc national d'Hawaï, nous étions assurés d'un soutien fidèle et étions en mesure de combiner les objectifs scientifiques avec les activités du parc national. Ainsi, l'Observatoire des Volcans a retrouvé son statut. Nous avons également été aidés par la publication du succès économique de l'attentat du Mauna Loa, face à la menace qui pesait sur Hilo et qui impliquait quelque 51 millions de dollars de bâtiments et de port. Cette menace, Wingate et moi avons étudié attentivement à la lumière de l'histoire, et nous avons réussi à obtenir 10 000 $ du Congrès pour une enquête menée par des ingénieurs américains sur la possibilité d'une construction pour protéger Hilo d'une coulée de lave désastreuse. Le colonel Bermel a nommé l'ingénieur civil Belcher à Hilo, et Belcher a travaillé pendant un an en 1938 sur ma conception d'un canal de dérivation de lave et de travaux de terrassement, devant s'étendre sur sept milles depuis la gorge de la rivière Wailuku au-dessus de Hilo jusqu'à l'aéroport.

Il s'agissait de traiter une autre coulée de lave comme celle de 1881 en la déviant avec les vallées naturelles vers le sud depuis le district encombré. Une conception critique a été réalisée concernant le canal, la hauteur de l'obstruction et les ouvertures nécessaires pour les voies navigables et les voies publiques. Le plan n'était pas de bloquer le passage de la lave, mais simplement de la dévier au moyen d'une barrière artificielle pour la canaliser vers le bas. Cela l'enverrait le long des pentes naturelles, éloignant en diagonale un courant de lave du quartier des affaires, du port, des usines et de l'aéroport.

La conception a été approuvée par un comité d'examen à Washington comme étant efficace pour l'usage prévu. Cependant, ce projet s'accompagnait d'une refonte du brise-lames de Hilo et d'un plan de dragage du port qui prenait en considération la possibilité d'un violent raz-de-marée. Malheureusement, l'estimation des crédits a été jugée trop importante et a été refusée à Washington. Lorsque le grand raz-de-marée est arrivé en 1946, il a prouvé qu'un brise-lames aussi étendu attaché à la rive nord du port de Hilo aurait réduit les terribles destructions et les pertes de vies humaines.

Une diversion dans la vie de Mme Jaggar et de moi-même fut une invitation en 1936 de la Royal Society de Londres à se rendre à Montserrat, aux Antilles, où, depuis trois ans, ils subissaient de graves tremblements de terre. Sir Gerald Lenox-Conyngham, que nous avions rencontré au congrès du Japon, m'a écrit pour demander mon aide parce que le volcan chaud et endormi de Montserrat produisait un excès de sulfure d'hydrogène dans ses deux solfatares. L'odeur rendait malade et alarmait les habitants du port de Plymouth, et le gaz noircissait la peinture blanche des bateaux à vapeur. Les tremblements de terre s'étaient produits sous forme de spasmes qui ont abouti à d'importants dégâts à la maçonnerie à partir de 1934. Perret était arrivé de Martinique et avait tenté d'aider en appliquant des théories solides à la prévision des contrôles saisonniers des marées du volcan, mais il a été ridiculisé en le traitant de devin vaudou par un capitaine de la marine britannique. La commission scientifique nommée était composée du Dr CF Powell de Bristol, aujourd'hui physicien prix Nobel, et du Dr AG MacGregor du Geological Survey, ainsi que du Dr Lenox-Conyngham, ancien directeur du Geodetic Survey of India. Le Dr Powell a utilisé des adaptations de mon enregistreur de chocs, à la fois horizontales et verticales, construites par l'Observatoire de Kew. Les dessins avaient été obtenus à partir d'instruments que j'avais envoyés au Dr Marsden en Nouvelle-Zélande, après le tremblement de terre de Napier.

Lorsque j'ai reçu l'invitation à aller à Montserrat, j'ai emballé tous les instruments que j'ai pu trouver et j'ai téléphoné à Mme Jaggar à Honolulu pour être prêt à m'accompagner à Los Angeles le samedi suivant. Elle était toujours prête à jouer le rôle de secrétaire dans une nouvelle aventure, et c'est avec beaucoup d'agitation et de bousculade que nous avons emballé ses affaires. Plus tard, je l'ai rejoint sur le steamer, un cargo danois qui devait nous emmener par le canal jusqu'aux Caraïbes. En embarquant comme nous l'avons fait dans un délai si court, on nous a attribué une chambre de steward dans les entrailles du navire ; mais nous avons eu le contrôle de la première cabine. Ce fut un délicieux voyage à travers le Panama et la Jamaïque, que j'étais heureux de revoir, vingt-six ans après mon expérience de 1910 avec les ingénieurs du canal. De grands changements avaient été opérés, et c'était un plaisir de voir le navire tiré d'un pas à l'autre des écluses du canal, par les « mules de fer » de cette merveilleuse machinerie.

Nous avons laissé les charmants gens du cargo à Charlotte Amalie dans les îles Vierges où nous avons séjourné au Blue Beard's Castle. Après quelques jours d'attente, nous avons pris un petit cargo insulaire hollandais pour nous rendre à Montserrat. Nous nous arrêtons à Saint-Martin, un endroit étonnant, français d'un côté et hollandais de l'autre, sans pratiquement aucune douane pour marquer la frontière, même si les vins et la langue changent au milieu de l'île.

Saba est un surprenant volcan éteint s'élevant comme un cône rocheux abrupt directement de l'eau, sans port mais un arrêt en face d'un ravin qui mène au cratère. Après avoir débarqué dans de petits bateaux, nous avons remonté le ravin jusqu'au village, un endroit pittoresque, avec des maisons en maçonnerie et de nombreuses fleurs, où le gouvernement est néerlandais mais où tous parlent anglais, et dont l'histoire remonte aux boucaniers. Le village est situé sur un terrain plat dans la partie la plus basse d'un cratère de coupe, au sommet de notre ascension, mais le nom de la colonie est The Bottoms.

Notre petit navire a rejoint la ligne principale des volcans sous le vent à Saint-Kitts, où nous avons fait des correspondances pour Antigua et Montserrat. A Montserrat, nous sommes restés avec Miss Gillie à la Rainbow House et avons rejoint l'Anglais Powell et l'Ecossais MacGregor. J'ai rencontré Perret à Antigua, et nous avons comparé les notes sur la similitude des tremblements de terre et l'odeur d'œuf pourri (hydrogène sulfuré) de Montserrat avec les éruptions de la Pelée en Martinique, où ces phénomènes étaient suivis d'explosions et de lave. Les autorités de Montserrat craignaient à juste titre ce qui allait arriver.

Perret avait suivi pendant deux ans les événements de Montserrat liés à l'équinoxe et au solstice. Il y avait construit une cabane près de la dangereuse

Solfatara, près de la ville, avait construit un abri pour instruments avec un thermographe et, sur un piédestal près d'une résidence voisine, il avait installé un ingénieux accumulateur de tremblements de terre, qui enregistrait au bout de vingt-quatre heures. la dépense totale d'énergie sismique dans chaque direction. Comme il y a eu des centaines de fortes secousses, les instruments ont enregistré l'énergie sismique totale par jour et sa direction dominante.

J'ai découvert que Powell avait installé mes enregistreurs de chocs parmi des volontaires sur l'île et un sismographe à la station agricole. Une nouvelle forme d'enregistreur de choc Jaggar avait le poids attaché à des ressorts plats horizontaux de manière à osciller de haut en bas. J'ai été particulièrement satisfait des enregistrements de tremblements de terre tenus par un M. English vivant à la campagne. Aidé de son épouse, il avait soigneusement répertorié les heures et les intensités de centaines de chocs, avec des notes sur les événements importants.

Une grande aide nous a été fournie par la Station d'expérimentation agricole, qui nous a fourni un assistant pour nous emmener dans de nombreux lieux géologiques et à la deuxième solfatare, constituée de sources chaudes et de soufre dans une vallée sud du volcan. Le volcan de Montserrat se trouve à l'extrémité sud de l'île, tandis que la partie nord est constituée de collines plus anciennes. Le cratère sommital est une zone boisée isolée et inaccessible parmi les sommets. Le volcan ressemble beaucoup à Pelée en taille et en apparence.

Nous avons été autorisés à prendre un bateau à vapeur pour Saint-Vincent et la Barbade, en faisant escale à la Dominique. Là, le gouverneur nous a gentiment reçus pendant quelques heures, envoyant la vedette du gouvernement et nous conduisant dans la vallée un jour de fête où les femmes noires étaient toutes en costume pittoresque. Nous avons vu sa résidence d'été avec de jolis jardins. Nous avons pris le thé avec sa femme et j'ai discuté avec lui du problème du tremblement de terre. Sur le chemin, nous avons vu une remarquable falaise de colonnes hexagonales, certaines courbées en éventail, représentant les anciennes laves de la Dominique.

Les problèmes administratifs des îles britanniques n'impliquaient pas seulement des ouragans et des tremblements de terre, mais aussi une gestion délicate de la population dominante de noirs, d'Indiens caribéens et de mulâtres, ce qui est très délicat, car il y a eu des émeutes et des troubles du travail. J'ai été étonné d'apprendre dans plusieurs îles que les Anglais distingués des classes gouvernementales et des planteurs étaient en partie de couleur. Dans le club mondain de Montserrat, nous avons rencontré un éminent avocat noir comme du charbon, et nous avons vu des nègres instruits à Londres danser avec des filles anglaises. On retrouve les mêmes coutumes à Saint-Vincent et, dans une bien moindre mesure, à la Barbade.

À Saint-Vincent, M. Abbot, le secrétaire de MacDonald, nous a emmenés voir mon vieil ami TM MacDonald, le planteur, au Château Belair, du côté ouest de la Soufrière, où Hovey, Curtis et moi avions grimpé en 1902. Nous avons voyagé vers l'ouest. en automobile, et j'ai vu l'une des sucreries primitives, où le jus est réduit en sirop pour être expédié aux scieries du Canada. Rien ne pourrait être plus contrasté avec les usines sucrières modernes d'Hawaï, et la main-d'œuvre noire donne à l'industrie un aspect entièrement différent. Pour arriver au Château Bélair, nous avons dû gravir un canyon loin à l'intérieur, contourner des virages en épingle à cheveux au-dessus de falaises verticales et le long d'une crête étroite, puis retourner au rivage de l'autre côté de la vallée. Nous avons longé la plage sous le volcan et avons vu la plantation Richmond réhabilitée, avec le flanc ouest du volcan de la Soufrière sous de gros nuages. A cause des torrents de pluie, nous avons dû faire une partie du retour à Kingstown en chaloupe.

Plus tard, nous avons emprunté une excellente route remontant la côte est jusqu'à Georgetown, et au-delà au pied de la pente du volcan, où un groupe de plantations avait été acheté après l'éruption de 1902 par M. Barnard, qui, avec sa charmante épouse, recevait nous. Des centaines d'hectares de cocotiers, d'arrow-root et de canne à sucre avaient remplacé la dévastation totale de 1902. Barnard nous a montré un alambic moderne pour fabriquer du rhum à partir de canne à sucre, et j'ai été étonné de voir que le produit est aussi clair que l'alcool, le la couleur du rhum étant artificielle. Nous avons parcouru à cheval la majeure partie du chemin jusqu'au cratère de la Soufrière, sur un sentier à travers forêts et ruisseaux, très différent de la randonnée dans une horrible désolation et des crêtes couvertes de brouillard et de bombes volcaniques, comme celles que Hovey, Curtis et moi avions rencontrées sur ce chemin. même pente au moment des éruptions.

Le sentier suivait toujours des divisions tranchantes avec des pentes périlleuses des deux côtés du chemin, mais maintenant masqué par la croissance des montagnes. Nous avons roulé presque jusqu'au bord du cratère, maintenant une image très différente, avec un grand lac à seulement quelques centaines de pieds en contrebas, comme il l'était avant l'éruption de 1902. Deux robustes femmes indigènes venant du Château Belair sont apparues avec des paniers de fruits. sur la tête, parcourant une hauteur de 3 000 pieds pour livrer leurs marchandises à Georgetown, à l'est de l'île. C'est une vieille histoire pour ces indigènes au dos droit, et ces randonnées à travers les montagnes étaient également caractéristiques des créoles de la Martinique et des îles du Nord. Ces gens passaient la nuit près de leur marché, de l'autre côté des îles.

À Kingstown, on nous a montré le processus complexe par lequel l'arrow-root est transformé en amidon comestible, le produit en poudre étant classé de manière critique par de délicates nuances de couleur. Ce bulbe, qui forme des champs discrets de feuilles *de Canna* pointues et basses et de petites fleurs blanches, est tout à fait différent du manioc, ou manioc, que j'avais connu lors de mes premiers voyages aux Antilles. L'arrow-root a été développé par les stations d'expérimentation agricole britanniques, qui recherchaient depuis de nombreuses années un nouveau produit commercial. L'arrow-root de Saint-Vincent constitue aujourd'hui une industrie importante qui s'est étendue aux autres îles et est cultivée par de petits planteurs.

Dans les îles volcaniques, j'ai interviewé des responsables gouvernementaux pour attirer l'attention sur la crise de Montserrat, en l'utilisant comme illustration de la nécessité, dans les nombreux évents, de développer des méthodes d'observation, notamment en géologie, chimie, océanographie et sismologie, y compris des mesures de mouvements et inclinaisons de la surface du sol. Je l'avais recommandé pour la Martinique et Saint-Vincent en 1902 ; et Perret, avec le soutien du gouvernement français, était parti vivre à Saint-Pierre et y fonder un musée, stimulé par l'épidémie Pelée de 1929. En ce qui concerne la géophysique, les gouvernements de Saint-Vincent et de la Jamaïque sont allés dormir depuis le désastre volcanique de 1902 et les réformes de construction sismiques de 1907. Il est décourageant pour un scientifique de savoir que la science de la géophysique et de la géographie économiques, dans un domaine aussi magnifique que celui des volcans antillais, doit être réveillée par des catastrophes telles que celles qui ont eu lieu. qui se produit actuellement à Montserrat, sans aucune prévision. Tout l'épisode de Montserrat ressemblait à nos tremblements de terre imprévus à Hualalai en 1929, et dans les deux endroits, mon enregistreur de chocs a été appelé à l'aide.

Nous sommes allés à la Barbade, un pays plat et non sismique, où, en 1902, j'avais interviewé les victimes *du Roraima* . Nous sommes revenus par Sainte-Lucie, où nous avons roulé jusqu'à la solfatare, qui comme d'habitude se trouve dans une vallée de soufre et de sources chaudes, près du niveau de la mer, et non dans un cratère.

Nous sommes retournés à Montserrat, où les tremblements de terre et les gaz nocifs s'étaient calmés après 1936. Les enquêtes de la Commission (Lenox-Conyngham est venu après mon départ) ont été publiées dans les rapports de Powell et MacGregor sur l'analyse sismique et la géologie. J'ai envoyé un rapport avec des photographies et des cartes sur toute la chaîne des volcans, en relation avec la crise de Montserrat, par comparaison avec d'autres volcans. Lenox-Conyngham a écrit un article pour *Nature* . MacGregor a publié plus tard une analyse critique des données modernes sur les probabilités d'éruption de tous les volcans antillais. Perret a publié une grande monographie sur Montserrat, illustrée de ses belles photographies.

Nous avons traversé la Martinique par la mer et j'ai vu l'énorme amas de lave que l'éruption de 1929 avait ajouté pour former un tout nouveau sommet à la montagne Pelée. La végétation et l'habitation avaient réapparu à Saint-Pierre, mais la montagne était nue.

Nous sommes retournés à Hawaï en passant par les Bermudes, Boston et Washington, où la température était plus chaude que sous les tropiques. En revoyant le voyage, j'ai été encouragé de constater que la géologie avait beaucoup changé depuis la lutte que Hovey et moi, après notre expérience à la Montagne Pelée, avions dû faire comprendre aux sociétés géologiques que les changements dans ce domaine devaient être constamment mesurés. Les véritables obstacles à l'obtention d'un personnel permanent pour les mesures sur le terrain en tant que science pure sont le manque d'argent et les modes d'éducation. Perret et moi avons été deux passionnés isolés pleurant en pleine nature.

Tout jeune scientifique doté de compétences photographiques et qui consacrera sa vie à vivre avec un seul groupe volcanique et à en rendre compte peut apporter une grande contribution à la science. Il doit disposer de bailleurs de fonds adéquats, d'une agence de publication et d'instruments indépendants des éruptions fréquentes. Ce dont la science volcanique a le plus besoin, ce sont des habitants permanents, utilisant toutes les ressources géophysiques et chimiques sensibles et habitant à proximité des cratères ou des solfatares. Des terres telles que le district de Taupo en Nouvelle-Zélande sont idéales, mais pas lorsqu'elles sont observées à distance. Wairaki fait actuellement l'objet d'une enquête pour pouvoir commercial. Hilo fait l'objet d'un examen critique pour un projet de détournement de lave. Mais ces projets ne correspondent pas à ce que je veux dire et ne relèvent pas de la science pure. Le dévouement personnel d'une vie, comme dans le cas de Pasteur ou de Schweitzer, est ce qui produit l'évolution émergente de la vraie science.

J'ai appelé ce chapitre Prophétie et Espoir en raison de six pronostics fructueux et d'espoir pour l'avenir de la volcanologie. Parmi les pronostics, l'un était la menace contre Hilo, qui s'est réalisé en 1934. Deuxièmement, la prévision selon laquelle les bombardements arrêteraient une coulée de lave s'est réalisée. Troisièmement, la croyance selon laquelle un observatoire volcanique serait productif d'instruments s'est réalisée. Quatrièmement, la prédiction du danger pour Hilo a produit des plans défensifs précis de la part des ingénieurs américains. Cinquièmement, les prédictions du moment et du lieu des épidémies de Mauna Loa, sismiquement et historiquement, se sont révélées pratiques. Sixièmement, la prédiction d'un naufrage de lave au Kilauea, basée sur le naufrage du Mauna Loa, s'était réalisée à plusieurs reprises.

Lorsque mon service gouvernemental en tant que volcanologue a pris fin en 1940 et que RH Finch a été nommé mon successeur, l'Observatoire a reçu une reconnaissance substantielle de la part de Washington, de la Nouvelle-Zélande et de la Grande-Bretagne. Une grande aide était venue des présidents Arthur L. Dean et David L. Crawford de l'Université d'Hawaï à Honolulu, et une nouvelle aide était venue du président Gregg M. Sinclair. Cela devait me conduire à mon emploi à l'Université en tant qu'associé de recherche en 1940. Ainsi, je devais continuer, au cours de la décennie suivante, la publication des résultats de l'Observatoire des Volcans.

À maintes reprises, la volcanologie hawaïenne a démontré la nécessité d'une publicité, atteignant parfois des hommes tels qu'Everett Morss, administrateur du MIT à Boston ; Lorin Thurston, chef d'entreprise à Honolulu ; Henderson, financier de Washington, pour nos ennuis ; et Cramton, chef du Congrès. La Volcano Research Association d'Honolulu est un groupe d'hommes d'affaires dévoués qui entretiennent un petit fonds de 6 000 dollars par an, insignifiant comparé aux grands laboratoires de commerce et d'astronomie. Une science pure de volcanologie, dotée de laboratoires à l'échelle mondiale, est désormais nécessaire pour attirer l'attention et l'oreille des hommes d'affaires imaginatifs. Friedlaender à Naples, Perret sur la Montagne Pelée et Omori à Tokyo ont presque créé suffisamment de stimulants imaginatifs pour une véritable exploration des volcans et de la Terre intérieure. Ils ont été frappés par les catastrophes naturelles et par les guerres.

Les années 1940 ont été enrichies par trois bons amis Vern Hinkley, Stanley Porteus et Frank Rieber ; respectivement journaliste, psychologue et physicien-inventeur. Ils étaient tous très intéressés par mes écrits et mes inventions mécaniques, et Hinkley a aidé au travail de l'Observatoire lors de l'éruption explosive et a écrit : « ce fut la plus grande expérience de ma carrière de journaliste ».

Hinkley, qui avait édité le *Hilo Tribune Herald* , est devenu rédacteur en chef du *Honolulu Star-Bulletin* et a publié une série de mes discours radiophoniques sur Kilauea. Il a également envoyé son photographe photographier nos laboratoires, tenant ainsi le public informé de l'étude des volcans. Et il a dressé un historique de mes monographies de la marine et de mes instruments d'essai de dureté. C'était un homme adorable dont l'instinct publicitaire était un grand atout pour la science volcanique. Il ne considérait pas un volcan comme quelque chose de sensationnel, mais restait modéré à ce sujet et informait son public avec précision. Grâce à lui, les rapports de l'Observatoire des Volcans ont été acceptés comme une routine souhaitable et il a été élu directeur de la Volcano Research Association. Ses nombreux amis furent désolés par sa mort prématurée et soudaine.

Porteus est un homme de science australien qui a mené des expéditions parmi les Noirs australiens et les Africains primitifs du Kalihari et s'est spécialisé dans la vision mentale des peuples primitifs. Il a conçu un célèbre labyrinthe pour les tests d'intelligence. Il a publié de nombreux livres sur Hawaï et plusieurs romans, dont « Restless voyage », sur la vie d'Archibald Campbell, qui a vécu avec Kamehameha le grand et a survécu à l'amputation des deux jambes.

Avec Guido Giacometti, qui a suggéré le bombardement aérien des coulées de lave du volcan, Porteus et moi nous sommes réunis fréquemment au cratère pour discuter de la constitution de l'intérieur de la Terre. Porteus n'était pas d'accord avec ma croyance selon laquelle l'évolution de l'esprit était une mutation de l'évolution. Comme Hinkley, il est devenu membre du conseil d'administration de notre association de recherche. Il est juge au tribunal pour enfants, expert dans la guérison de la délinquance. Porteus est un penseur du monde qui est d'accord avec moi pour considérer l'altruisme comme une forme d'énergie. Porteus a inventé le titre de ce livre.

Rieber a débuté ses études à l'Université de Californie où il s'est intéressé à la création d'un écho à partir des strates souterraines pour localiser le pétrole. Il a déménagé à Los Angeles, où son père était professeur de langues classiques et doyen d'une université. Frank a inventé un sismographe d'enregistrement complexe transporté sur un camion à moteur, avec lequel il a déclenché des bombes explosives et enregistré des tremblements de terre en écho dans toutes les couches souterraines importantes. Ces couches identifiaient les strates pétrolifères, de sorte que les marques sur un tambour rotatif cartographiaient pratiquement une section souterraine pour guider le forage pétrolier. Il s'installe à New York et crée des inventions de guerre, parmi lesquelles des disques phonographes permettant de répéter des conférences entières de nombreux orateurs. Il a fondé Geovision Ltd., une société qui a considérablement abrégé le balayage des échos pour la cartographie souterraine. Puis il mourut subitement, comme Hinkley, dans la pleine floraison d'un esprit brillant. Rieber et moi avons correspondu pendant des années sur des gadgets d'invention, comparant des notes par lettres et nous rencontrant trop rarement. Pour moi, il était l'un de nos physiciens les plus productifs, toujours inspirant. Il était convaincu que la découverte du pétrole augmenterait sans cesse et deviendrait automatique. Lui et moi avons regardé vers le bas, dans la coquille du globe.

Cette décennie, je l'ai consacrée principalement à l'écriture et à la publication, certains écrits volumineux et encore inédits. En 1941, j'ai emménagé dans un bureau du Hawaii Hall de l'Université d'Hawaï à Honolulu. Mon travail de rédaction consistait principalement à compléter, réviser et illustrer un mémoire sur « L'origine et le développement des cratères », en coopération avec la Geological Society of America. Le censeur choisi par la Société était le Dr Howel Williams de l'Université de Californie, qui a cordialement approuvé le livre.

La Société a souscrit 350 $ de son Fonds Penrose pour aider à la rédaction et au travail administratif sur les résultats substantiels de nos observations des cratères hawaïens au XXe siècle. Les bases étaient posées depuis longtemps : sous la direction d'Alexander Agassiz, au Musée de zoologie comparée de Cambridge, et lors de ma visite au Vésuve en 1906, j'avais prévu un livre sur la volcanologie. Plus tard, en 1910, après une étude minutieuse des travaux de Dana, Hitchcock et Brigham sur les volcans hawaïens, j'ai commencé l'analyse du volcan Kilauea au XIXe siècle. Ainsi, ce grand volume contenant des photogravures, des cartes et des diagrammes couvre l'histoire des observations et des conclusions des travaux de l'Observatoire des Volcans Hawaïens pendant trente ans.

Ma thèse est qu'il doit y avoir un certain ordre dans le temps et dans l'espace pour ce qui représente évidemment 1 700 milles de construction volcanique sous-marine dans la chaîne hawaïenne. Les volcans actifs sont chauds et entrent en éruption à Hawaï ; ceux engloutis sont recouverts de corail sur l'île Midway ; et les intermédiaires, moitié corail et moitié lave, se trouvent au milieu de la chaîne. Sans tenir compte de l'eau de l'océan, ce sont toutes de gigantesques montagnes situées sous le niveau de la mer. Sur l'île d'Hawaï, j'ai trouvé la symétrie, que j'ai appelée « La croix d'Hawaï » dans un discours à la Chambre de Commerce d'Honolulu en 1912. J'ai noté que Mauna Kea forme le sommet d'une croix sur la carte ; le montant s'étend le long du rift sud-ouest du Mauna Loa, et deux bras incurvés symétriques s'étendent jusqu'au sommet Hualalai et au sommet Kilauea. Les coulées de lave du Mauna Loa au nord et au sud s'organisent symétriquement autour de cette conception, avec toutes les preuves que le dôme du Mauna Loa a été empilé dans une cuillère reposant sur Hualalai, Mauna Kea et Kilauea. Il est évident sur la carte que la construction du Mauna Loa a été empêchée par grand-père Mauna Kea et qu'elle a été poussée vers le sud-ouest par les deux filles, pour construire la pointe allongée de l'île. Kilauea est ancien sur la ligne Haleakala, Kohala, Kea ; et Hualalai est vieux sur une ligne à angle droit à Kea.

Grâce à ma formation en physiographie auprès de WM Davis de Harvard, lorsque j'ai vu Hawaï pour la première fois et étudié les livres à ce sujet, j'étais convaincu que les failles descendantes vers le fond de la mer, constituées de blocs d'îles glissants, étaient évidentes. Cela se voit dans la fracture en forme de V du cratère Haleakala, un secteur brisé, et dans la fracture droite de la moitié nord du volcan Molokai, laissant là les puissantes falaises. Il apparaît dans la moitié orientale du volcan Kohala, laissant les facettes de faille et les vallées suspendues de Waimanu, et dans la baie Mohokea de l'extrémité sud-est du Mauna Loa. La baie montre des preuves de l'effondrement d'un ancien cratère décrit par Hitchcock. De plus, l'amphithéâtre Kilauea, Wood Valley,

Mohokea et Waiohinu sont quatre anciennes caldeiras de failles alignées. Cela m'a semblé confirmé par les marches en pente descendante du versant sud-est de la montagne Kilauea et par l'effondrement du littoral observé à cet endroit lors des tremblements de terre. Ceci, en 1868, a noyé des cocotiers sous la mer et provoqué de grands tremblements de terre sur une faille submergée en 1868 et 1952.

Une telle action a été confirmée par notre expérience d'un bloc en faille lors des tremblements de terre à Kapoho en avril 1924, avant l'explosion de Halemaumau, confirmant l'idée selon laquelle les volcans actifs se brisent en tranches le long des côtes, même lorsqu'ils gonflent autour des cratères. Harold Stearns a toujours combattu l'idée de failles et a créé des formes d'érosion Mohokea, Haleakala et Waipio ; mais cela, je ne peux pas l'accepter.

La logique selon laquelle les anciens volcans d'Hawaï à Midway se sont trouvés sur des tranches de la croûte terrestre faillées au-dessous du niveau de la mer à travers les âges semble incontestable. Les plans de faille sont des diagonales à travers la tendance principale du rift volcanique et forment les canaux entre les îles selon un angle par rapport à la tendance de la chaîne d'îles. Ces canaux sont très profonds. Toute cette philosophie s'est développée dans mon esprit avant mon arrivée à Hawaï.

Je pensais également que l'origine de la vie pouvait provenir du gaz volcanique, en raison de la prédominance du dioxyde de carbone, de la vapeur d'eau, de l'hydrogène, du soufre et de l'azote, tous des ingrédients des protéines et des volcans. J'en ai parlé à RT Jackson, qui m'a appris la phylogénie lorsque j'étudiais les fossiles et qu'il étudiait la génétique. Connaissant la qualité sulfureuse d'un jaune d'œuf, je lui ai demandé s'il n'était pas possible qu'à mesure que l'évolution remonte derrière l'embryon, on retrouve chimiquement des traces volcaniques. La phylogénie signifie que l'histoire de l'embryon reconstitue l'histoire de la race, et j'ai simplement étendu cela à l'inorganique. On s'est moqué de moi parce que j'avais ramené l'origine biologique aux gaz des volcans ; mais Shepherd et moi avons collecté les gaz de la lave enflammée du Kilauea et avons trouvé les cinq constituants élémentaires : le carbone, l'oxygène, l'azote, l'hydrogène et le soufre. Ceux-ci constituent également les acides aminés des protéines, ma philosophie d'origine me paraissait donc toujours raisonnable. Des volcans sont entrés en éruption dans l'océan et la vie est sortie des profondeurs inexplorées de la mer.

Ainsi, en 1910, j'ai commencé un livre sur les cratères qui a abouti dans un Mémoire de la Société Géologique. Celui-ci n'a été publié qu'en 1947, mais j'y travaillais, dessinant les diagrammes, dictant le texte dactylographié à Sato et sélectionnant pour illustration les meilleures de nos photographies des années trente.

L'un des diagrammes montre des cycles de onze ans, commençant par 1790 et se terminant par 1935. J'ai adopté cela après avoir trouvé chez Hitchcock un tableau pour Halemaumau, indiquant de grandes baisses de lave en 1790, 1823, 1855 et 1891, auquel nous avons ajouté 1924. de notre propre expérience. Ces périodes étaient espacées d'environ trente-trois ans, comme je l'ai découvert en traçant les données sur une courbe du tableau d'Hitchcock. En prenant d'autres naufrages majeurs comme points de ponctuation, tels que les exutoires et l'effondrement de Halemaumau en 1832, 1840, 1868 et 1931, une correspondance s'est développée dans les temps d'affaissement traités comme des périodes de repos, les années ayant le moins de taches solaires en moyenne. intervalles de 11,1 ans. Les périodes intermédiaires de maxima des taches solaires se sont toutes produites dans les périodes intermédiaires de montée de la lave.

La courbe dans son ensemble de 1823 à 1924 montre une crête notable de 1855 à 1890, et une crête du plus grand volume de jaillissement du Mauna Loa s'est produite entre 1855 et 1877. Stearns et Macdonald s'opposent à ce diagramme car il ne montre pas tous les petits événements intermédiaires. , mais ce que j'ai pris, ce sont les pics et les dépressions réels au-dessus du niveau de la mer et ceux qui correspondent à l' intervalle des taches solaires de 11,1 ans. Il s'agit d'une moyenne même pour les taches solaires, qui présentaient de longs intervalles au début du XIXe siècle, époque où aucun rapport n'était fait pour le Kilauea.

J'ai deviné qu'une goutte de lave du Kilauea datait d'environ 1800 après JC, correspondant à l'expulsion notable de la lave du Mauna Loa à travers Hualalai, et à un abaissement imaginaire non signalé onze ans plus tard, car il est improbable que l'île soit complètement morte au cours des vingt premières années. du siècle. Les éruptions explosives de 1790 ont certainement provoqué un grand effondrement au Kilauea.

Ma confiance dans ce diagramme repose sur le fait que nos propres effondrements d'éruption à onze ans d'intervalle (1902, 1913, 1924 et 1935) concordent si bien avec une théorie sur onze ans que nous sommes justifiés de regarder en arrière pour des moyennes de onze ans. Perret a trouvé des intervalles d'environ une décennie pour le Vésuve. Toute mon expérience de la lave hawaïenne conduit à la conviction, démontrée par nos marées de lave et plusieurs diagrammes à court terme, que les périodes rythmiques d'un système volcanique sont liées au contrôle gravitationnel du soleil et de la lune. Il existe des contrôles rythmiques du globe par le contrôle gravitationnel du soleil et de la lune. Il y a des contrôles rythmiques du globe par le soleil, et des contrôles rythmiques de fissures volcaniques très profondes par le globe, et des contrôles rythmiques de groupes individuels de volcans par les longues chaînes volcaniques au-dessus des fissures. Nos données expérimentales sont limitées par les petits groupes de volcans, et donc les grands mouvements rythmiques semblent inaccessibles à la science, principalement parce que nous n'avons aucune trace des relations entre des volcans individuels distants de 500 milles dans un endroit comme l'Alaska.

Nous ne soulevons aucune question sur la nuit et le jour, ni sur les marées océaniques, ni sur les phases de la lune. Nous savons qu'il y a une marée rocheuse dans la terre, qu'il y a un noyau terrestre chaud d'environ 2 200°C qui apparaît en sismologie comme un liquide très massif à 1 800 milles de profondeur. La gravitation est la force de contrôle du système solaire, de la galaxie et de l'univers, et elle fonctionne selon des rythmes, depuis les orbites des planètes en années jusqu'aux nébuleuses spirales les plus externes en millions de siècles. Nous sommes nous-mêmes contrôlés par elle dans la locomotion et dans la circulation du sang. Par conséquent, considérer les volcans comme tout sauf périodiques et gravitationnels dans leur relation avec le globe rendrait, à mes yeux, la science des volcans totalement inintéressante. Toute science vit d'une action rythmée.

Un deuxième manuscrit intitulé « Éruptions de vapeur » était basé sur la montagne Pelée en Martinique et une comparaison avec le souffle de vapeur de Kilauea en 1924. Ce dernier avait démontré de manière concluante un écoulement sous la mer et un afflux d'eau souterraine, pour changer la lave déferlante en souffles d'une chaudière à vapeur. Un article publié en 1940 était une étude des collections de gaz provenant du basalte enflammé du Kilauea et du Mauna Loa, réalisée par ES Shepherd et moi-même. J'y ai tracé des courbes d'excellence relative de la collecte par rapport à la quantité de gaz volcaniques, contrairement aux gaz aqueux et océaniques non volcaniques. Ces dernières, notamment la vapeur d'eau, diminuaient proportionnellement à l'excellence manipulatrice du maniement des tubes à vide ; et les gaz volcaniques ont augmenté, notamment l'hydrogène et les gaz carbonés. Cela m'a convaincu que le gaz profond des volcans est l'hydrogène, associé au dioxyde de carbone et à l'azote.

Au cours de cette décennie également, la guerre a mis à rude épreuve mon temps et mon expérience et a eu un effet sur l'Observatoire du Kilauea. Le major James Snedeker du Corps des Marines, officier juridique du général commandant à Honolulu, ayant entendu parler de notre expérience avec les amphibiens automobiles, m'a dit que la guerre dans l'océan Pacifique dépendrait des péniches de débarquement amphibiennes. Et une lettre de l'amiral Bloch m'invitait à transmettre à la Marine les détails de notre expérience avec les amphibiens. Comme il s'agissait de la géologie des plages autour de l'océan Pacifique, j'ai commencé à travailler sur douze monographies pour la Marine traitant du mécanisme des amphibiens et des problèmes qu'ils posaient sur les plages d'Hawaï, de Puget Sound et d'Alaska. D'autres sujets sur lesquels j'ai fourni des informations étaient l'inflammabilité des bâtiments japonais lors du tremblement de terre de

Tokyo, la gestion des catastrophes sismiques et volcaniques et nos informations tirées de journaux sur de nombreux endroits de danger volcanique dans le Pacifique.

Puis WH Hammond, physicien responsable d'un laboratoire d'essais à Pearl Harbor, m'a suggéré de relancer mes essais de 1897-1908 sur l'acier pour la dureté à l'abrasion, poursuivis plus tard par Boynton, pour son laboratoire de la Marine. C'est ainsi que j'ai commencé les essais de dureté à l'Université et que j'ai continué pendant dix ans. J'ai utilisé du diamant et d'autres abrasifs dans des instruments pour afficher directement sur un cadran le taux d'usure de métaux ou de minéraux dans des conditions standardisées, avec un outil moteur constant et reproductible. La dureté à l'abrasion s'est avérée être un problème aussi délicat que celui de mes télémètres et enregistreurs de chocs. Cette activité a rassemblé au laboratoire de l'Université et au laboratoire du parc national d'Hawaï de nombreux documents, manuscrits et spécimens. Ruth Baker, qui succéda à Sato au poste de secrétaire, fit un travail vaillant en triant les matériaux de nombreuses expéditions qui avaient été abandonnés en désordre à cause de la guerre et des incendies à l'observatoire de Kilauea. Bien que le parc ait construit une nouvelle maison pour les naturalistes et pour les sismographes, les magasins et les archives, elle fut reprise par le général commandant à Hawaï, imposant des difficultés considérables à Finch et à ses assistants. L'un des assistants était Burton Loucks, facteur d'instruments, qui a épousé Miss Baker. Un autre, Austin Jones, le sismologue, a été transféré pour s'occuper des sismographes installés pour mesurer les failles et l'inclinaison autour du barrage de Boulder. Le Dr Howard Powers, après avoir travaillé pour le Geological Survey et le territoire de l'île de Maui, rejoignit finalement Jones pour entrer dans une nouvelle section de volcanologie, établie à Denver sous le Geological Survey, en particulier pour aider les études de l'armée et de la marine sur les Aléoutiennes. éruptions volcaniques, qui mettent parfois en danger les ports et les aérodromes.

27. *Fontaine du lac de lave Halemaumau, 23 mai 1917*

28. *Rare fontaine en forme de dôme lors de l'éruption du cratère Kilauea, 20 mars 1921*

29. Ruisseau de lave sortant d'un cône de projection près du bord de Halemaumau, 9 février 1921

Trois événements d'importance volcanique et sismique à Hawaï au cours des années 1940 ont été les éruptions du Mauna Loa en 1940 et 1942 et le raz-de-marée de 1946 provoqué par un tremblement de terre sous-marin au sud d'Unalaska. La vague a englouti les quais et les rivages de Hilo et de l'est de Maui et a causé des dégâts considérables ailleurs.

Nous étions familiers avec l'enregistrement par nos sismographes des centres de tremblements de terre sous la mer d'Alaska et du Japon, ainsi qu'avec l'intervalle d'heures qui s'écoulait avant que de dangereuses vagues d'eau n'atteignent les côtes hawaïennes. Nous avions également eu un mauvais raz-de-marée à Kona, originaire du Japon ; et deux ou trois de ces vagues qui ont endommagé Kahului et Hilo avaient pour origine de grands tremblements de terre sous-marins au large de la péninsule de l'Alaska. Les pêcheurs japonais, d'après nos avertissements publiés, emmenaient toujours leurs sampans en eau profonde, et la Marine m'avait chargé de leur faire savoir immédiatement si les sismographes enregistraient un tremblement de terre lointain capable de provoquer un raz-de-marée.

J'avais déjà eu une expérience malheureuse en avertissant la Marine, lorsque nous avions enregistré un sismogramme d'un grand tremblement de terre en Alaska, qui, s'il était sous-marin, nous enverrait un raz-de-marée. J'ai informé Pearl Harbor de l'heure probable d'arrivée de la vague, si le séisme était sous-marin. Il se trouve qu'un grand dîner de l'armée et de la marine à Waikiki était prévu juste à ce moment-là, mais des ordres ont été émis pour rappeler les officiers à leurs postes et la fête a été interrompue. Aucun raz-de-marée ne s'est produit puisque le tremblement de terre s'est produit sur le continent de l'Alaska. Les journaux se sont moqués de moi sans pitié, mais l'amiral commandant m'a dit de ne pas changer de politique.

La vague de 1946 était très importante et l'eau montait par pulsations jusqu'à ce qu'elle emporte le pont ferroviaire et emporte tout le front de mer de Hilo. Le sismogramme du tremblement de terre est arrivé à 2 HEURES DU MATIN alors que personne ne regardait, et la vague d'eau à 8 HEURES DU MATIN est survenue juste au moment où les employés de l'Observatoire prenaient leur service. Lorsque la crue de l'océan détruisit le brise-lames de Hilo et sauta par-dessus pour endommager les principaux quais, de nombreuses personnes se noyèrent. Des dégâts considérables ont été causés à Oahu et à Maui. Le désastre est survenu alors que le Dr FP Shepard, océanographe de La Jolla, occupait un chalet d'été sur la côte nord d'Oahu ; et il était ravi de vivre un grand raz-de-marée. En collaboration avec des géologues d'Hawaï, Shepard a compilé un rapport très complet sur la hauteur des vagues dans toutes les baies du territoire. Les sismographes et les marégraphes se sont mis à fonctionner tout autour de l'océan Pacifique, l'endroit du fond marin qui avait été secoué a été localisé avec précision, et le Coast Survey et la Navy ont commencé à prendre des précautions de grande envergure pour prédire les futures combinaisons de tremblements de terre et d'eau. Cela comprenait des sismographes qui sonnent l'alarme la nuit. L'objet de la science est toujours de prévoir et d'assister l'humanité ; et il faut toujours plus d'hommes.

Un autre événement marquant de 1947 fut la visite de Hans Pettersson de l'Institut océanographique de Suède qui menait une expédition qui suivait le parcours du *Challenger*. L'objet du projet était d'étudier l'océanographie des fonds marins autour de l'équateur. Pettersson était donc enthousiasmé par mon article sur *l'histoire naturelle* et l'accent mis sur l'étude des fonds marins. Avec lui se trouvait l'inventeur Kullenberg qui avait fabriqué un dispositif permettant de creuser dans la boue des fonds marins et de prélever des carottes plus longues que celles creusées auparavant. Son appareil consistait en un carottier, déclenché avec des valves près du fond de la mer sous un poids lourd, ce qui lui permettrait de couler à soixante pieds dans un limon de fond approprié pendant que le noyau montait à l'intérieur du tuyau sans être comprimé.

Pettersson disposait d'un personnel qualifié composé d'un biologiste, d'un physicien, d'un chimiste et d'un géologue ; et ils avaient des laboratoires à bord de l' *Albatros* pour l'étude des matériaux de fond collectés. Ils ont également pris des données d'écho d'explosions près du fond marin, donnant des profondeurs de matériaux mous sur des roches dures. Ce lieu de transition s'est avéré moins profond sous l'océan Pacifique que sous l'Atlantique. Ils ont découvert des coulées de lave dure dans de nombreux endroits entre Tahiti et Hawaï et sous l'océan Indien, indiquant une vaste éruption volcanique sous-marine. Une tentative a été faite pour mesurer la température d'une carotte, ce qui a suggéré que le fond du forage était plus chaud que le haut, ce qui signifie un gradient thermique du fond marin. Un noyau d'agglomérat volcanique a été obtenu dans la tranchée profonde face aux Indes orientales.

C'est durant cette période que le président Gregg Sinclair de l'Université d'Hawaï a préconisé un plan de géophysique du Pacifique, et le professeur RW Hiatt de cette institution a réussi à susciter l'intérêt pour l'océanographie organique. J'ai écrit un appel, basé sur des travaux tels que ceux de Pettersson, Perret et d'autres, exhortant les régents de l'Université à planifier un grand institut géophysique à Hawaï, pour faire une science des fonds rocheux de l'océan Pacifique.

Des milliers de sondages effectués dans le golfe d'Alaska et dans le Pacifique central avaient montré des monts sous-marins, ou guyots, en forme de hauts volcans au fond de la mer, certains d'entre eux avec des sommets plats, mais présentant les caractéristiques d'anciens volcans isolés. De nouveaux sondages ont révélé des chaînes de montagnes au fond de la mer, probablement volcaniques, l'une d'elles se trouvant au milieu de la chaîne hawaïenne. Personne n'avait encore découvert d'éruption ardente en eaux profondes, mais les océanographes commençaient à utiliser des sondeuses, des caméras, des lampes électriques et des appareils pour déterminer la radioactivité des boues. Comme les fonds marins occupent les trois quarts de la planète, il est inconcevable, comparé aux continents, qu'il n'y ait pas de solfatares chaudes, de sources chaudes et de volcans chauds. En fait, nous connaissons certains de ces derniers en eau peu profonde. Ce n'est qu'une question d'organisation scientifique pour localiser les sources des coulées de lave sous-marines de Pettersson. Le président Sinclair a présenté aux chefs des fondations Rockefeller et Carnegie une proposition visant à créer un institut géophysique de cinq millions de dollars à l'Université d'Hawaï, afin d'utiliser les avantages de sa position centrale dans le Pacifique.

Quant à mes propres expériences, mon département de volcanologie à l'université a été transféré dans une salle en sous-sol en béton d'une superficie de mille pieds carrés dans le bâtiment d'économie domestique, et les dépenses ont été partagées avec l'Association hawaïenne de recherche sur les volcans. Ici, j'avais un bureau, un magasin et des collections de l'Association de recherche, ainsi que l'assistance d'un secrétaire et d'un chercheur junior qui est facteur d'instruments. Ainsi ont été rassemblées dans un endroit résistant au feu mes collections pétrographiques et minérales d'Europe, des Caraïbes, d'Amérique centrale et des terres du Pacifique, ainsi que des manuscrits datant de mes années à Harvard et Massachusetts Tech jusqu'au milieu du siècle et des accumulations classées de ma marine. monographies, diapositives, négatifs, photographies, cartes, dessins, correspondance et instruments, y compris le matériel obtenu par l'Association de recherche pour les expériences toujours en cours sur la dureté des minéraux.

L'un des objectifs de cette mesure de dureté était de créer un instrument destiné aux ateliers d'usinage qui donnerait en une demi-minute la longueur d'une rayure standard réalisée par un disque dentaire standard en carbure de silicium. J'ai appelé cela le « Jaggar Scratch Tester » et M. Paul Rushforth, un opticien d'Honolulu, a réalisé des modèles améliorés de l'instrument. Lorsqu'un livre fut publié sur les expériences réalisées avec quelque trois cents bois, minéraux, métaux et plastiques, le Dr Grodzinski, des établissements commerciaux de diamants de Londres, s'y intéressa et reproduisit l'article dans une revue traitant des diamants industriels, qui sont devenus d'une grande importance. importance dans le monde des rectifieuses. Cela établit un nouveau contact avec l'Angleterre, semblable à celui établi par Boynton avec mon microscléromètre en 1908, lorsqu'il l'appliqua aux constituants microscopiques de l'acier dans le cadre du British Iron and Steel Institute. J'ai envoyé une copie de mon nouveau rapport au laboratoire industriel de Pearl Harbor, avec l'un des instruments. Les partisans de ce rapport étaient MWH Hammond et le Dr Earl Ingerson, directeur des laboratoires minéraux de l'US Geological Survey.

Un résultat des expériences sur la dureté est la connaissance que la qualité importante est la douceur, ou l'abradabilité, et la vitesse d'enlèvement de matière dans tout processus de coupe mécanique uniforme. On pensait autrefois que les grands écarts de valeurs se situaient entre les substances dures. Il s'avère que les plus grands écarts de valeur concernent les substances molles comme le charbon, l'argile et le plâtre. La dureté est une qualité purement négative de la résistance, et les mesures concernent l'élasticité et non la résistance.

D'autres expériences sur lesquelles j'ai travaillé concernaient la localisation du zénith dans le ciel pour une détermination rapide de la latitude et de la longitude à partir des étoiles et des études télescopiques de la lune, un vieux passe-temps de mon maître Shaler. Je suis depuis longtemps convaincu que la lave du Kilauea ressemble à la lave lunaire dans les cratères qu'elle construit, et mon intérêt particulier est que le Mauna Loa et le Kilauea construisent des structures de basalte, petites et grandes, qui sont des expériences terrestres imitant la lune à plus petite échelle. Les astronomes disent que leur domaine, ce sont les étoiles, les géologues doivent expliquer la lune. En fait, un géologue a fait un début. Mon camarade de classe JE Spurr, qui après avoir pris sa retraite en Floride après avoir travaillé comme géologue à l'US Geological Survey parmi les failles et les laves de l'extrême ouest, a publié des livres sur la comparaison de la lune avec la géologie. Compte tenu des tentatives croissantes visant à expliquer les cratères lunaires par impact (Baldwin), je pense que les volcanologues expérimentés devraient également participer à la science lunaire. Les arcs de cercles les plus grands du globe, les îles Aléoutiennes par exemple, ressemblent à des éléments lunaires et sont profondément volcaniques. De plus, de magnifiques photographies détaillées de la Lune prises par des télescopes modernes sont à la disposition de la volcanologie.

J'ai passé mes étés au parc national d'Hawaï, devenant géophysicien consultant. Le Dr Chester K. Wentworth du Board of Water Supply est devenu géologue. Les laboratoires ont été étendus à une station sismographique à sept miles sur le flanc nord-est du Mauna Loa, mais l'exploitation de la cave d'origine adjacente à la Volcano House a été poursuivie. Un sous-sol sous le bâtiment d'histoire naturelle du parc abritait des sismographes, le bureau et la bibliothèque de Finch ainsi que la boutique de Loucks.

En 1948, les travaux de l'Observatoire furent renvoyés à l'administration du Geological Survey, et une branche volcanologique de Denver reprit le Dr Powers pour effectuer des études aériennes des îles Aléoutiennes. C'était sous la direction de M. Walter Frederick Hunt, responsable de la géologie, US Geological Survey.

Lorsque le parc national d'Hawaï a été réorganisé, par Frank Oberhansley, surintendant, le bâtiment d'histoire naturelle a été adopté comme siège du parc, et les bâtiments d'Uwekahuna, avec leur vue magnifique dans toutes les directions, ont été reconstruits pour devenir l'observatoire du volcan hawaïen. Une nouvelle cave à sismographe a été creusée, à l'abri des perturbations de la falaise d'Uwekahuna, et des instruments modernes ont été installés. M. John Forbes est devenu assistant machiniste ; et à la retraite de M. Finch en 1951, le Dr Gordon Macdonald est devenu volcanologue responsable. CK Wentworth quitta Honolulu pour s'installer dans la région du Parc National et prit en charge les mesures magnétiques qui avaient été établies dans de nombreuses stations par les physiciens du Geological Survey. Au cours des dernières décennies, des physiciens et des chimistes ont visité l'Observatoire, parmi lesquels le Dr Stanley Ballard, qui a équipé les laboratoires d'un spectrographe Gaertner ; le Dr Harvey White de Berkeley, qui n'a trouvé aucune radioactivité dans les laves hawaïennes ; et le Dr JJ Naughton, qui a découvert un isotope critique du carbone dans les émanations du Sulphur Bank. La chimie moderne commençait à être appliquée à la volcanologie sur le terrain, et c'était ce que Hovey, Perret et moi espérions il y a cinquante ans. Voilà pour les faits secs d'organisation.

En 1949, le cratère sommital du Mauna Loa est entré en éruption, avec fracture et écoulement de son extrémité sud vers Kona. Cela a été suivi en 1950 par une longue rupture du rift sud-ouest avec les sorties les plus volumineuses et les plus rapides de l'histoire, trois d'entre elles se déversant dans l'océan et causant des destructions dans le sud de Kona.

La séquence de ces écoulements provenait d'abord de sources élevées, d'autres s'ouvrant plus au sud, et les écoulements les plus visibles suivaient la pente abrupte de Kona dans l'océan, commençant à Hookena. Les naturalistes de Macdonald et du parc national ont tout photographié et enregistré. L'ancien bureau de poste de Hookena, sur la route supérieure, chez le vétéran M. Lincoln, a été emporté, ce qui a provoqué de nombreux drames, car le vieil homme ne souhaitait pas quitter sa maison. La maison suivante détruite, un ancien monument, était le ranch Magoon. Le troisième était l'Ohia Lodge, attrayant et moderne, un complexe construit en rondins indigènes dans la nature.

Un grand flux distinct s'éloignait du rift, vers le côté est de la montagne, atteignant l'altitude la plus basse vers l'intérieur de la forêt de Kahuku, et de courts flux se déversaient sur le rift sud-ouest du côté est.

Plusieurs personnes se sont approchées des flux du sud de Kona depuis l'océan. Les premières photographies des premières coulées, où les pousses dures et les rochers d'aa rigide partiellement refroidis entraient dans l'océan, montraient de grandes colonnes de vapeur provenant du contact avec l'eau de mer. Ce n'est pas le cas du troisième flux le plus au sud, exploré depuis un canoë par Jack Matsumoto et un compagnon, équipés de caméras cinématographiques. Les images étaient de bonnes photographies en couleurs, et le torrent de lave coulait le long d'une berge abrupte constituée de sa propre substance, cernée de crêtes durcies sur les côtés, le ruisseau étant intensément liquide et se jetant directement dans l'océan.

Le résultat fut des plus remarquables. La lave liquide jaune entra dans l'eau salée sans former aucune colonne de vapeur ; le fond de la mer l'a simplement reçu avec sa précipitation vers le bas, l'eau bouillante très chaude et la lave prenant la vapeur d'eau en elle. Le phénomène n'était pas dû à une remontée de vapeur sèche, car il n'y avait pas de nuage de condensation au-dessus. Les scientifiques l'ont expliqué en supposant qu'une coquille de lave creusait un tunnel sous l'océan, la croûte se terminant juste au niveau de la mer.

Une telle arche sous-marine n'était certainement pas présente, car les vagues déferlaient et, selon Matsumoto, il n'y avait aucun signe d'un récif submergé. Le film le confirme. Ce qui se passait probablement, c'est ce qui arrive aux scories dans un procédé breveté des aciéries, où le liquide incandescent s'écoule sur une surface perforée émettant des centaines de jets d'eau, et la fonte à 1300° Centigrade absorbe l'eau sans produire de vapeur visible. Les scories se transforment en une myriade de sphères vitreuses microscopiques, devenant une sorte de pierre ponce. Une particularité de cette substance est que si elle est refroidie à 700° Centigrade, elle franchira un point critique et rejettera l'eau absorbée avec des effets explosifs. Il semble probable que le torrent doré de Matsumoto qui se déversait dans l'océan était si excessivement chaud qu'il absorbait l'eau et continuait à couler vers le fond de la mer sous la forme d'un produit chargé d'eau. Les effets de claquement et de crépitement, ainsi que les tremblements de terre sous-marins, provoquant des raz-de-marée localisés comme ceux constatés en 1919 lorsqu'un tel torrent entra dans la mer, pourraient être dus au refroidissement explosif lorsque la scorie cède son eau.

L'utilisation de films en couleur est l'une des nombreuses améliorations dues à la science moderne et à la cartographie des coulées de lave par la photographie aérienne. Cela donna à Macdonald une nouvelle arme pour étudier l'accumulation de volume au moment des écoulements de 1950, car à partir de photographies aériennes, il obtint les contours exacts des écoulements. Celles-ci, comparées aux épaisseurs calculées, lui donnent des volumes comparables à des volumes d'écoulements plus anciens proportionnés aux surfaces. Ces calculs ont montré que rien depuis 1868 n'a produit d'aussi grands volumes de lave, par jour d'écoulement.

Mme Jaggar et moi revenions à Hawaï après un voyage en Nouvelle-Écosse, et le bateau à vapeur Matson *Lurline* nous a emmenés sur la côte de Kona vers la fin de l'éruption de 1950, pour inspecter les coulées rougeoyantes tard dans la nuit. Ils ressemblaient à des charbons ardents s'étendant loin sur le flanc de la montagne sous les nuages, avec des fusées éclairantes occasionnelles où les arbres s'enflammaient. Il n'y avait aucun mouvement visible, car nous étions trop en retard pour le flux rapide et trop loin pour voir un mouvement détaillé. Cette éruption ressemblait au flux volumineux du Mauna Loa en 1868, provenant d'un évent bas à l'extrémité sud de la montagne, et n'a duré que peu de temps après les explosions préliminaires du sommet. La similitude était une grande série de tremblements de terre, et cela devait se reproduire à Kona en 1951. L'ouverture cataclysmique du rift sud-ouest lors de l'éruption du XIXe siècle a suivi un quart de siècle d'exodes vers le nord, ceux de 1843 à 1859. Viennent ensuite ceux de 1929. à 1952 au XXe siècle. Les séismes souterrains de 1929 ont marqué le début de la série nord.

Le même argument s'applique aux vingt-six années d'écoulements sommitaux et sud, de 1903 à 1929, qui ont suivi un quart de siècle d'alternances nord et sud. Rien de tout cela ne tient compte de toutes les éruptions de cratères sommitaux, charnière entre les bousculades des secteurs de rift nord et sud. En gros, tout l'argument tourne autour d'un supposé basculement des secteurs montagneux du Mauna Loa, vers le nord et vers le sud à partir du cratère. Les deux fractures se raidissent et se scellent pendant vingt-cinq ans, puis s'ouvrent pour une nouvelle période de relâchement. Le puits du sommet est toujours plein.

Un événement remarquable, à savoir le repos du Kilauea pendant dix-huit ans après 1934, pourrait être une autre réaction. L'excitation précédente était l'accumulation, l'effondrement et la récupération de la montagne au cours du quart de siècle précédant 1934, avec pour point culminant le souffle de vapeur en 1924 des eaux souterraines, la dormance du Kilauea commençant dix ans plus tard. En 1790, le Kilauea a connu une éruption explosive plus importante et est resté au repos pendant dix-huit ans à partir de dix ans plus tard, à savoir en 1800. Il semble donc probable que le Kilauea exécute à lui seul un quart de siècle de crise. Ces temps ne sont pas exacts, mais sont des approximations de la recherche scientifique de l'ordre dans une grande machine, le système volcanique hawaïen, où des pulsations rythmiques existent partout où la gravité opère. Un tiers de siècle peut s'avérer plus exact que l'estimation d'un quart de siècle.

La fin de cette décennie 1940 complète un demi-siècle d'expérience des volcans et des tremblements de terre, de vivre avec un seul cratère et d'apprendre que les volcans et les tremblements de terre sont liés. Ils semblent liés à des ruptures profondes de 2 000 milles de long, dans l'épaisse coquille de la terre au-dessus d'un noyau liquide chauffé à blanc.

J'ai récemment commencé une expérience avec un épais globe de ciment, constitué d'une coquille, proportionnelle en épaisseur à la croûte terrestre, qui a 1 800 milles de profondeur, comme en conviennent tous les sismologues. En frappant cette coquille avec une masse, je constate qu'elle se brise en lignes droites perpendiculaires les unes aux autres. La théorie sera forcément influencée par les réponses d'observation dérivées de l'observation de la lave émergeant des failles montagneuses, à l'extrémité de la longue ceinture droite de failles de toute la chaîne hawaïenne.

Je passe continuellement en revue mes propres confusions géologiques, les controverses sur la vapeur, les flammes, le gonflement des volcans, les cratères d'explosion, les couches de la croûte, l'alourdissement et le sous-écoulement, le soulèvement des continents, la plaque de blindage du globe, les rides de contraction des bassins de sédiments, les volcans sous-marins, les chaînes linéaires. de volcans, coquille siliceuse, blocs soulevés ou coulés, planètes solaires ou du jumeau binaire du soleil, chaleur originelle ou chaleur radioactive, croûte épaisse ou coquille mince, réservoirs de lave ou noyau de lave, ancêtres prégéologiques des volcans et cratères sur la lune. La seule façon de calculer à partir d'observations sur les volcans hawaïens est de copier les mathématiciens ; à savoir, deviner les réponses.

Chapitre VII
Envoi

" Le monde sur le monde en myriades de myriades roule autour de nous

Chacun avec des pouvoirs différents et d'autres formes de vie que les nôtres. »

J'ai passé soixante ans dans des expériences qualitatives en géologie. J'ai commencé avec d'anciens volcans et geysers du Yellowstone et de l'extrême ouest, et j'ai terminé avec des expériences sur le volcan hawaïen actif, Kilauea. Sur la base de ces expériences, j'ai écrit des livres sur l'évolution des cratères et sur les particularités distinctes des éruptions explosives provenant des eaux souterraines.

L'accusation selon laquelle je ne suis pas orthodoxe en géologie professionnelle est fausse. La géologie professionnelle est en grande partie continentale car ses travaux de terrain se sont déroulés sur des continents. Mon travail a été océanique ; mon champ, soixante-dix pour cent de la surface terrestre, s'étendant sur une épaisse croûte jusqu'au noyau terrestre. Le noyau terrestre est fluide, massif et chaud, comme l'accorde toute la géologie. L'isostasie, qui postule une coquille mince et flexible, est violée par les profondeurs océaniques et les crêtes volcaniques. Les échelons de rift volcanique comme la Cordillère et la crête hawaïenne sont trop longs pour être générés par la fracture d'une croûte de cinquante milles de profondeur. La circularité et la taille graduée des étendues linéaires des arcs du Pacifique sont fonction d'une sphère fracturée à coque épaisse. Une gradation similaire des arcs se retrouve sur la surface lunaire. Les arguments, basés sur la connaissance des météores, en faveur d'un noyau de fer et de grands cratères lunaires sont sans analogie. Les théories du substrat, de Stübel à Daly, ne sont pas d'accord avec le volcanisme océanique. L'équilibre gravitationnel de la croûte s'applique mieux à une croûte primitive de blocs de failles épaisses qu'à une coquille mince. Les laves terrestres, en tant que modèles expérimentaux naturels, imitent les caractéristiques lunaires à petite et grande échelle. Les deux constituent une histoire cohérente pour deux globes similaires. La volcanologie doit être considérée comme mondiale et ancienne, et tout géologue peut accepter les raisonnements énumérés ici sans être peu orthodoxes.

Les certitudes incontestées de la sismologie moderne, la transmission des ondes élastiques à travers le globe aux pendules sensibles d'enregistrement, sont que la croûte a une épaisseur de 1 800 milles, que le noyau est une lourde boule de fluide chauffé à blanc et que sa température au contact de la croûte a été estimée par Verhoogen à 2200° Centigrade. La croûte profonde est moins dense que le noyau et est communément admise comme étant une roche basique et lourde, un peu comme les météorites pierreuses. La coque extérieure sous les océans et plus des trois quarts de la terre est recouverte de lave basaltique, et partout où des roches ignées ont été formées par l'action volcanique, de la lave basique noire intrusive ou extrusive apparaît sous forme de digues et d'écoulements.

PLAQUE DE BLINDAGE SUR LES OCÉANS

PLAQUE DE BLINDAGE SUR LES CONTINENTS

EXTÉRIEUR DU GLOBE FONDAMENTAL AUQUEL TEND L'AJUSTEMENT

LIMITE DE BASE À LAQUELLE TEND L'AJUSTEMENT

VOLC. CHAÎNES OCÉANIQUES DE VOLCANS OCÉANIQUES

VOLC. SUITE. CHAÎNES DE VOLCANS FRONTIÈRES CONTINENTAUX

SUR LA PAGE CI-CONTRE *est un diagramme d'une section hypothétique d'un globe près de l'équateur, montrant les océans et les continents dans leur rapport de surface réel ; des segments de blocs faillés de croûte rigide supportés isostatiquement sur un noyau liquide ; seize cloisons volcaniques, océaniques et continentales ; et la « plaque blindée » de Stübel issue d'une éruption volcanique vierge. Il est possible que le profil soit tétraédrique. Mon argument en faveur de cette section globe est basé sur les éléments suivants :*

Un globe composé d'un noyau, d'une coque siliceuse et d'une plaque de blindage a été formé par des éruptions volcaniques primitives.

La coque résulte d'une agrégation externe de solides et de gaz et d'une ségrégation interne autour d'un noyau fondu.

Les blocs de faille provenaient du retrait de la coquille sur un noyau liquide, ajusté par la gravitation luni-solaire et la rotation à travers les âges prégéologiques.

Les limites continentales et océaniques des blocs faillés ont été déterminées par des blocs élevés et enfoncés avec un volcanisme central constitué de parois de fusion de gaz s'échappant et par la pose d'une plaque de blindage siliceuse extérieure sur le premier globe solidifié. Sur les continents, il s'agit de la couche extérieure plus légère des sismologues, recouverte par une roche plus dense au fond de la plaque de blindage.

Le volcanisme continental (VOLC.-CONT.) s'est différencié du volcanisme océanique par une légère pression atmosphérique sur les blocs surélevés et une pression d'eau beaucoup plus grande sur les trois quarts de la terre, les blocs engloutis.

La subdivision est représentée dans la coupe schématique du globe par les trois quarts de la coupe étant l'océan, soit les douze seizièmes.

La section montre les douze seizièmes sous forme de blocs enfoncés, les quatre seizièmes sous forme de blocs surélevés. Les quatre seizièmes par l'hypothèse tétraédrique de Lowthian Green et Michel-Lévy constituent les quatre protubérances continentales.

Les douze seizièmes de la surface sont rompus par des failles fondamentales de formes irrégulières, certaines nord-sud, contrôlées par des contraintes centrifuges et correspondant aux profondeurs et amas nord-sud et aux failles connues. Celles-ci perdurent depuis le premier volcanisme des temps primitifs.

Le volcanisme circumcontinental est représenté sur le schéma par VOLC.-CONT., le volcanisme océanique est représenté par VOLC.-OCEAN. Les deux sont représentés comme des failles interblocs, ajustées au fil des âges (exagérées sur le dessin) et toujours tendues par la pression expansionniste du noyau, avec des agences de chauffage exothermiques.

Les seize limites de blocs fondamentaux correspondent approximativement à seize blocs de failles volcaniques fondamentales vaguement connus sur le globe. Quelque chose de similaire est connu sur la Lune. Les failles sont les limites de seize blocs, certains polyédriques, d'autres allongés. Certains sont océaniques comme la Nouvelle-Zélande-Tonga, d'autres sont anciens et continentaux comme l'Arabie. Les profondeurs océaniques imparfaitement cartographiées constituent des lignes de démarcation. Les divisions Afrique-Chili-Patagonie constituent des lignes de démarcation. Les grands arcs de l'Himalaya, de Java-Sumatra et des crêtes des Aléoutiennes sont des lignes de démarcation de blocs circulaires. Il s'agissait peut-être de caldeiras circulaires d'engloutissement sur le sphéroïde primitif. Le bord de Mare Imbrium sur la lune présente des failles. L'alignement rectiligne des caldeiras lunaires fait allusion à des failles lunaires sous une mosaïque non cartographiée. Les blocs de la théorie de la dérive des continents sont des suppositions sur une mosaïque de blocs de croûte. Mais la théorie de la dérive possible omise est que les blocs sont profonds. À l'exception des spéculations de Lowthian Green, Wegener, Holmes et Daly, basées sur de minces blocs de croûte de continents, aucune cartographie de la mosaïque de coquilles n'existe. Cela n'est pas réalisable tant que nous n'aurons pas cartographié en détail les fonds marins. Les blocs primitifs nécessitent l'acceptation d'une croûte épaisse et justifient de nouvelles spéculations. Les fissures entre les blocs sont les cloisons volcaniques de la terre, que j'appelle des ignisepts.

Il existe de nombreux points de spéculation, dont certains sont sujets à une enquête mathématique. Les eaux de surface pénètrent-elles dans les cloisons ? Est-ce qu'il y a de la haute pression et de la salinité sous les océans ? Comment les tremblements de terre profonds proviennent-ils de frictions à 300 milles sous la Cordillère et dans le Pacifique occidental ? Les sphères terrestres et lunaires sous forme de tétraèdres arrondis se fissurent-elles de la même manière ? En raison de la rotation, les fissures nord-sud sont-elles dominantes ? Les fluides centraux modifient-ils le volcanisme à travers les âges ?

Les vingt-huit pour cent de la surface terrestre qui s'étend au-dessus de la mer dans les continents sont constitués de sédiments siliceux de bassins d'eau peu profonde, avec le quartz comme minéral dominant, leurs strates ridées et érodées en chaînes de montagnes. Les déserts et les fonds de lacs ou de rivières constituent la majeure partie du reste. Cette matière, lorsqu'elle était ancienne, a été transformée par la chaleur et par infiltration dans ce qu'on appelle gneiss, schistes et granites ; et le processus de granitisation fait partie des processus métamorphiques. Il s'agit d'un processus d'enfouissement profond, de chaleur, de gaz et d'eau qui a toujours été un casse-tête et qui peut affecter d'anciennes laves volcaniques partout où elles ont recouvert la terre. Il s'agit d'un processus de dissolution de silice, et son dépôt se fait par vapeur et autres vapeurs.

De la même manière, l'action volcanique par l'effusion de lave à travers les fissures est un processus de dissolution de la croûte terrestre la plus profonde par des gaz chauds, brûlant en grande partie de l'hydrogène. Les laves émergeant de l'Etna ou du Mauna Loa sont des croûtes terrestres fondues, dissoutes et remontées par ce même hydrogène et par d'autres gaz provenant des parois de fissures profondes menant jusqu'au noyau terrestre. Le volcanisme et le métamorphisme sont donc le même processus, à savoir l'action des gaz qui s'accumulent dans les fissures de la croûte terrestre profonde. Mais le métamorphisme agit sur les sédiments continentaux, alors que les éruptions volcaniques modernes agissent à travers les failles des fonds marins et des rivages marins, caractéristiques très anciennes de la Terre et distinctes des continents. À Hawaï, aucun fragment de roche métamorphique n'a été trouvé.

De telles fissures de failles océaniques primitives s'étendent sous les continents, vestiges de l'époque de l'évolution des continents. Ils font remonter les gaz chauds métamorphiques qui, dans les sédiments siliceux, fabriquent des granites, des gneiss et des schistes à l'aide des eaux souterraines. La géologie ne sait absolument pas si ce processus métamorphique affecte la roche dure située sous les boues océaniques, car elle n'a jamais collecté un seul morceau de cette roche. La géologie connaît cependant des inclusions et des fragments explosifs issus des volcans océaniques, et elle n'y trouve ni granit, ni gneiss, ni schiste. Cependant, la généralisation ne s'applique pas aux volcans continentaux comme ceux d'Italie et d'Afrique.

On considère généralement que l'apparition des fossiles sur les continents remonte à 500 millions d'années, et cela peut s'étendre encore sur 1 500 millions d'années pour les roches continentales identifiables les plus anciennes, et sur une épaisseur totale estimée à 120 000 pieds jusqu'au fond des sédiments les plus anciens. sur Terre. Nous ne savons rien de l'épaisseur des dépôts volcaniques les plus anciens sous la boue océanique.

Cela nous amène au grand explorateur allemand Stübel, qui a cartographié les volcans des Andes, fondé un musée de son travail à Leipzig et publié des monographies sur les Andes. Il a écrit un dernier livre, comprenant des informations sur la montagne Pelée, sur les « différences génétiques des montagnes volcaniques ». Mais des continentalistes modernes comme Daly et Bucher en Amérique n'ont pas tenu compte de Stübel. Daly est l'autorité en matière de coquille terrestre peu profonde et de substrat de basalte, et Bucher de l'Université de Columbia est un spécialiste des sédiments continentaux et de la granitisation.

Le fait est que Stübel a fait une généralisation profonde à laquelle personne n'a prouvé qu'elle avait tort. La Terre a au moins 3 milliards d'années, et lorsque les blocs de failles océaniques ont coulé et ont reçu de l'eau atmosphérique en condensation et que les blocs de failles continentales sont restés hauts et ont été érodés, il existait déjà une épaisse coquille de laves volcaniques. Car le volcanisme était le processus le plus ancien à la surface de la Terre. Il avait toujours fait remonter des gaz dans les fissures du noyau, créant de l'atmosphère, de l'eau et des extrusions. Stübel, a appelé la coque extrusive à l'extérieur de la croûte primitive la plaque de blindage du globe. Les gaz primaires qui s'échappaient, quelles que soient les turbulences ancestrales à l'intérieur, devaient remonter des fissures et former des dépôts volcaniques. On suppose généralement que la croûte interne très épaisse s'est formée rapidement par refroidissement et solidification de l'extérieur du noyau vers l'intérieur et de l'intérieur de l'atmosphère vers l'extérieur. Cette dernière surface a finalement été refroidie par l'eau sur la majeure partie de la Terre et par l'air sur la petite zone continentale, une différence marquée de température et de pression pour les deux zones.

La sismométrie enseigne que la majeure partie de la croûte a une densité assez uniforme. On peut donc supposer qu'une croûte épaisse a été obtenue très tôt. Il y a évidemment eu une période de conflit entre le poids de la croûte par ses accumulations plus lourdes près du noyau, par ses accumulations plus légères à l'extérieur sous l'eau et l'air, et enfin par sa plaque de blindage externe de poids comparatif inconnu, constituée de lave volcanique. D'après ce que nous savons, il pourrait s'agir de pierre ponce volcanique. La rapidité de l'épaississement de la croûte est spéculative.

Il y a ici un élément de mystère dans la spéculation quant à savoir lequel doit tenir compte de la comparaison avec la lune, de la fusion de la condensation atmosphérique avec le volcanisme et de la fusion de la condensation sous-océanique de lave avec une éruption vierge. C'est une question trop difficile à résoudre, dans notre ignorance actuelle des roches situées sous les boues des fonds marins. Mais l'insistance de Stübel sur une couche de plaques de blindage de lave sur les continents et les fonds marins, comme lors du volcanisme antérieur, et sur un revêtement externe sur la terre, est inévitable. S'il s'agissait uniquement de basalte, comme les volcans océaniques actuels, nous trouverions du basalte dans les continents situés sous les granites. Nous ne le faisons pas. S'il s'agissait uniquement d'une granitisation légère par ségrégation de silice, nous trouverions couramment des fragments de granit et d'obsidienne dans les laves océaniques. Nous ne le faisons pas. Force est donc de constater que nos coupes, topographiques et géologiques, ne vont pas assez en profondeur. Et en ce qui concerne les fonds marins, nous n'avons aucune section. Mais Stübel avait raison. Une période d'éruption volcanique inconnue devait précéder les volcans géologiques.

La question des anciennes pierres vertes en Afrique, en Scandinavie et au Canada est très discutée, car il y avait d'anciennes laves volcaniques en de nombreux endroits ; mélangé à des gneiss, des schistes et des granites. Il ne s'agissait pas d'une couche profonde, mais présumée être d'anciens restes de laves dispersées parmi les sédiments. Ils constituent une preuve supplémentaire que l'éruption volcanique remonte à l'époque des roches les plus anciennes des continents et que ses laves ont été affectées par le métamorphisme. Mais aucune strate profonde continue de roches vertes n'est connue. À des profondeurs de cinquante milles, sous les continents uniquement, le Mohorovicic se transforme en roche plus dense. Il s'agit d'une surface d'écho dans les ondes sismiques, mais elle est absente dans tout le Pacifique. Il s'agit peut-être du haut de la plaque de blindage.

Le juge Holmes a écrit que la Constitution des États-Unis était une expérience. Que toute loi de la nation opère le salut par des prophéties basées sur l'expérience. Les expériences ont été étendues à la Déclaration des droits et à tous les amendements à la Constitution. Je pense que la géologie – compte tenu de son extrême ignorance des roches sous-marines, des minerais, des métaux, des huiles, des eaux de source, des températures, du magnétisme, de la gravité et des gaz pour la majeure partie de la terre – a besoin d'une déclaration des droits et de nombreux amendements à sa constitution. Son salut par la prophétie doit être basé sur des expériences avec des instruments, des appareils de forage et des laboratoires ancrés dans cette vaste zone. Ces expériences, superficiellement, ont été menées par échantillonnage océanographique des matériaux du fond, par pendules gravitationnels actionnés dans les sous-marins, par des caméras sur les fonds marins et des collectes d'eaux de fond, par des tests de radioactivité des matériaux du fond, par échosondage pour déterminer l'épaisseur des boues. , par la volcanologie des îles océaniques, par les relevés topographiques des fonds marins, et par tout l'excellent travail des stations océanographiques et géologiques et de leurs sismographes, avec quelques études de chimie, de physique et de biologie marines. Les conclusions de ce livre ne constituent qu'une petite prophétie basée sur des expériences avec des volcans. Mais la roche sous la boue des profondeurs océaniques n'a toujours pas été récupérée.

Mes expériences sur les volcans ne sont influencées par aucun consensus de manuels. J'ai été formé sur la base des opinions des manuels scolaires et j'ai trouvé la science géologique déficiente en matière de mesure expérimentale de la progression sur le terrain de l'érosion, de la sédimentation, de la déformation et de l'éruption. J'ai consacré l'essentiel de mon enseignement à plaider en faveur d'observatoires de terrain permettant de mesurer le temps de ces quatre processus. Ce plaidoyer a fait du bien et, au cours de ce siècle, nous avons vu se développer l'Union géophysique internationale. Les stations expérimentales se sont multipliées, pour faire de la géophysique et de la géochimie de pures sciences quantitatives. Mais ils sont généralement commerciaux et ne se sont pas étendus au forage profond sous les océans.

Alors que je travaillais depuis des observatoires volcaniques pour l'extension de la géologie en Alaska, au Japon, à Hawaï, aux Tonga, dans les Caraïbes et en Italie, ainsi que sur le continent californien, en Amérique centrale et en Nouvelle-Zélande, je me suis retrouvé à la périphérie de vastes océans, engagé dans une science presque aussi insatisfaisante que la science théorique de la géologie historique et continentale. C'est toujours un compromis, car nous sommes confrontés à un besoin criant de cartes du substrat rocheux sous les boues des vastes océans. Le volcanisme réclame une connaissance du globe, et des travaux tels que ceux de Gutenberg et de Richter y contribuent. Ces hommes ont compilé des cartes critiques des tremblements de terre, mesurés par la théorie élastique dans le monde entier. Leurs travaux ont nécessairement fait naître de nombreux contacts avec les volcans. On peut en dire autant des résumés géophysiques de la gravité, du magnétisme, de la climatologie, de l'hydrologie et de l'océanographie. Mais toutes nos sciences s'arrêtent aux immenses fonds marins et ont besoin d'être sauvées par l'expérience.

La science ne fait pas tout ce qu'elle peut. Les finances et l'ingénierie sont compétentes pour entrer en contact direct avec le fond marin avec des machines coûteuses qui n'ont pas encore été inventées et pour créer une science des roches océaniques. La recherche de pétrole en mer ne suffit pas. La science pure a besoin de l'exemple de financiers comme Carnegie et Rockefeller qui ne recherchent pas le profit. Les conseils techniques peuvent positivement pénétrer sous quelques centaines de pieds de boue, trouver la roche et la percer à 2 000 brasses. Le premier homme qui le fera ouvrira une nouvelle frontière. Tout honneur à Shepard, Ewing, Piggot, Pettersson et Kullenberg, des hommes qui ont à peine innové dans cette science. Toute la volcanologie dépend de la collecte de la roche crustale sous la boue.

Le livre de Hoyle « La nature de l'univers » nous amène un peu plus loin. Cela montre que toute science est essentiellement cosmologie et que la science traite de l'origine et du progrès de toute la nature. J'irais plus loin que l'univers. J'inclurais la science de la vie et de notre cerveau. Nous avons besoin d'une image imaginative commençant par l'univers extérieur. Nous terminons sur terre avec les volcans et la naissance de la vie.

Hoyle et Lyttleton de Cambridge ont présenté un condensé de l'astrophysique actuelle, qui inclut la Terre, la Lune et les planètes ; le soleil et les étoiles ; origine et avenir des étoiles ; et l'origine des systèmes solaires. Une conclusion des plus réjouissantes est que la matière de base de l'espace crée de l'hydrogène. Ceci est prouvé par des équations mathématiques précises. Cela explique l'expansion de l'univers sous la pression d'une telle création. Les nébuleuses les plus extérieures dépassent continuellement la vitesse de la lumière. Les galaxies se déplacent sans fin dans l'espace infini. Ils se renouvellent à l'infini par gravitation à partir de l'hydrogène éternellement créé.

Le soleil, selon les connaissances acquises depuis l'époque de Jeans et Eddington, contient plus de quatre-vingt-dix pour cent d'hydrogène, le petit reste étant constitué d'hélium, d'oxygène, d'azote, de carbone et de fer. Il maintient sa température de surface par des réactions nucléaires de l'intérieur vers l'extérieur, à une vitesse appropriée pour fabriquer de l'hélium à partir de l'hydrogène, de manière à compenser l'énergie rayonnée par le soleil.

Cette domination de l'hydrogène à l'intérieur de l'étoile solaire rend impossible que la Terre soit solaire. Il s'agissait plutôt du produit d'une étoile compagne, une supernova qui a explosé et, avec une chaleur excessive, a créé des éléments de manière atomique. Le soleil était une paire binaire d'étoiles et sa compagne occupait la place des quatre plus grandes planètes. Le reste du corps, après l'explosion, s'est éloigné.

Un anneau gazeux formé autour du soleil, condensant de nombreuses molécules en superplanètes en rotation. Ceux-ci se sont divisés il y a plusieurs centaines de millions d'années en Jupiter, Saturne, Uranus et Neptune. De petites taches se sont échappées pour devenir les planètes intérieures, y compris la Terre. La Terre a capturé de petits solides et a acquis la Lune comme satellite. Il contient de la matière radioactive à l'extérieur, ainsi que de l'azote, de l'eau, de l'oxygène et du dioxyde de carbone.

Il y a cent fois plus d'hydrogène par unité de masse dans le Soleil que dans les planètes. Son approvisionnement durera 50 000 millions d'années. Le système solaire creuse un tunnel à travers le gaz interstellaire variable. Il ramasse plus ou moins de matière et change donc occasionnellement de climat. Cela donne lieu à des épisodes tels que les périodes glaciaires sur terre. Lyttleton estime que les nuages de poussière rencontrés forment des amas de particules capturées par le soleil pour fabriquer des comètes.

Les mathématiques de l'intérieur du soleil, appliquées par Bethe à l'utilisation du carbone et de l'azote comme catalyseurs et à la transformation de l'hydrogène en hélium, constituent un modèle d'expérimentation. Il faudrait l'imiter pour expliquer le basalte hawaïen. Le noyau terrestre produit des réactions gazeuses dans les fissures. Les gaz agissent sur la croûte profonde. Le produit de surface est du basalte olivine. Quelles sont les réactions entre le gaz et la croûte pour fabriquer les fontaines à mousse Mauna Loa ? Ce problème n'a pas été résolu. Les géologues se sont accrochés à la théorie des réservoirs peu profonds.

Les astronomes de Cambridge, successeurs de l'expérimentateur américain George Ellery Hale et d'Eddington et Jeans, ne sont pas le dernier mot en cosmologie. Il y aura un dernier mot. L'image créée à partir du matériau de fond jusqu'au gaz, du gaz aux galaxies et des galaxies aux systèmes solaires se termine pour nous, sur notre planète, par un noyau liquide chauffé à blanc. Les réactions nucléaires ont créé cela à partir de la surchauffe d'une supernova explosive. Nos volcans en éruption sont le produit final. Nous pouvons nous asseoir à côté de fontaines de lave en éruption et observer les flammes d'hydrogène, le même gaz qui a été fabriqué à partir de la matière de base de l'univers.

Tout cela est le résultat de la gravitation. Il s'étend des premiers tourbillons d'hydrogène dans l'espace jusqu'à la rotation finale de la Terre. L'hydrogène final, avec le carbone, a créé la vie sur terre. Les cinq éléments du gaz volcanique sont identiques aux cinq éléments de la chimie organique. Le Dr Hoyle conclut à tort que nous n'avons aucune idée de notre propre destin. Mais il souligne que l'univers est une création continue. Notre image est un instant dans un présent éternel. L'esprit est une unité éternelle au-delà de laquelle nous ne pouvons pas aller.

Il est illogique de prêter attention à l'existence après la mort si l'on n'accorde pas la même attention à l'existence avant la naissance. Tout est création continue. La production d'hydrogène est tout aussi vraie dans la création de la vie que dans l'univers. La vie est sous gravitation. La gravitation contrôle l'image instantanée en mouvement, et même l'émergence de la vie à partir des gaz volcaniques sous l'énorme pression de l'eau au fond de la mer. Elle est tout autant sujette à l'expérimentation que la limite extérieure de l'univers.

La vie est un produit final ; et il pense, adore et expérimente. Traiter la vie et les volcans comme des produits finaux de l'univers de Hoyle fait de la science une cosmologie fondamentale.

Un dernier commentaire, après avoir observé les éruptions des fonds marins à travers toutes les époques. La vie continentale est issue de la mer, et la vie originelle vient continuellement du noyau terrestre. Cela donne une nouvelle dignité à la recherche future d'une action mondiale sur les fonds marins.

L'« évolution émergente » de Lloyd Morgan fait grand cas de la mutation comme rendant compte du progrès de la vie inconsciente à la conscience, de la conscience à la mémoire, de la mémoire au raisonnement et du raisonnement à la spiritualité. Chacun d'entre eux est une nouvelle mutation, au même titre qu'un nouveau fruit de Burbank. La première vie inconsciente peut être considérée comme une mutation de l'inorganique du globe. Les conditions de pression et de température totalement inconnues de l'éruption volcanique à travers la terre craquelée du fond de l'océan et les eaux souterraines sous l'océan confèrent une dignité finale à l'exploration de cette frontière.

Hoyle écrit que le but ultime de la Nouvelle Cosmologie est la création continue dans l'espace. Le but ultime de la Nouvelle Volcanologie est la création continue dans les profondeurs océaniques.

www.ingramcontent.com/pod-product-compliance
Lightning Source LLC
LaVergne TN
LVHW040015200726
843493LV00005B/1269